Hans Christ

Reichlich belämmert

V. F. SAMMLER

Hans Christ

Reichlich belämmert

Neue heitere Episoden aus dem Leben eines Landtierarztes

V. F. SAMMLER

Umschlaggestaltung: Werbeagentur Rypka GmbH, 8143 Dobl/Graz, www.rypka.at
Titelbild: Hans Christ
Illustrationen: Hans Christ

Bibliografische Information der Deutschen Nationalbibliothek
Die Deutsche Nationalbibliothek verzeichnet diese Publikation in der Deutschen Nationalbibliografie; detaillierte bibliografische Daten sind im Internet über http://dnb.d-nb.de abrufbar.

Hinweis: Dieses Buch wurde auf chlorfrei gebleichtem Papier gedruckt. Die zum Schutz vor Verschmutzung verwendete Einschweißfolie ist aus Polyethylen chlor- und schwefelfrei hergestellt. Diese umweltfreundliche Folie verhält sich grundwasserneutral, ist voll recyclingfähig und verbrennt in Müllverbrennungsanlagen völlig ungiftig.

Auf Wunsch senden wir Ihnen gerne kostenlos unser Verlagsverzeichnis zu:
Leopold Stocker Verlag GmbH
Hofgasse 5/Postfach 438
A-8011 Graz
Tel.: +43 (0)316/82 16 36
Fax: +43 (0)316/83 56 12
E-Mail: stocker-verlag@stocker-verlag.com
www.stocker-verlag.com

ISBN 978-3-85365-295-4

Layout und Repro: Werbeagentur Rypka GmbH, 8143 Dobl/Graz, www.rypka.at
Druck und Bindung: Christian Theiss GmbH, 9431 St. Stefan

Inhalt

In memoriam
meinem langjährigen Freund und Kollegen

Dr. med. vet. Ernst Arlt

....

Keiner soll das Heilen üben,
eh' sein eigen er genannt
kaltes Blut und warmes Lieben,
weiches Herz und feste Hand!

Ottokar Kernstock

Und der Tierarzt,
zum Verschärfen,
braucht dazu noch
Drahtseilnerven!

Hans Christ

Das Schweigen der Lämmer

„Da, schaun S' einmal, Herr Doktor, was ich da hab'! Sie werden Augen machen!"

Ich muss gestehen, dieser freundlichen Aufforderung nachzukommen, fiel mir um diese Uhrzeit nicht leicht. Es war immerhin dreiviertel sechs in der Früh und mir steckte ein anstrengender Wochenenddienst in den Knochen – getreu dem müden Witz „Was haben eine vergrößerte Prostata und ein Tierarzt gemeinsam? Beide müssen jede Nacht raus".

Am Freitag hatte sich eine Kalbin beharrlich geweigert, ihren Zwillingsnachwuchs ohne meine Mithilfe zur Welt zu bringen, am Samstag wollte ein Pferd partout, dass ich mir seine mitternächtlichen Koliken ansah, und gestern, am Sonntag, beschloss eine alte Kuh bei der zehnten Geburt, dass es ihr nun reichte und sie deshalb unmittelbar nach dem Kalb auch ihre Gebärmutter ins Strohbett schleuderte. Das ganze Programm also.

Daher waren meine Batterien (ich bin auch kein fabrikneuer „Duracell-Hase" mehr) noch nicht vollständig aufgeladen, als der Grundner-Bauer um fünf Uhr anrief, um mir aufgeregt mitzuteilen, dass seine junge Muttersau damit begonnen hätte, ihre frischgefallenen Ferkel aufzufressen.

Als ich ankam, waren drei schon vertilgt. Die restlichen sieben hatte der Grundner vorerst in einer Kiste in Sicherheit gebracht, aber lange durfte dieses Arrangement nicht mehr andauern. Schweine werden nämlich ohne nennenswerte Energiereserven geboren, und wenn sie nicht gleich danach an die nahrhafte Muttermilch gelangen, sterben sie.

In der Theorie gestaltet sich die Sache einfach: Man verabreicht der Mutter einen leichten Narkosecocktail in die Ohrvene, und während sie selig dahinschlummert, legt man die Ferkel ans Gesäuge. In den allermeisten Fällen ist das ganze Aggressionsverhalten nach dem Aufwachen wie durch Zauberei verschwunden und der Nachwuchs ohne weitere Probleme akzeptiert. Da sieht man wieder, wie sich ordentliches Ausschlafen positiv auf den Gemütszustand auswirkt, dachte ich neidisch.

Aus der Praxis gesehen war die Sache schon schwieriger. Wie spritzt man ein Medikament in das dünne Blutgefäß am Ohrwaschl einer tobsüchtigen Sau? Ich ging zurück zum Auto, holte die Rüsselschlinge, streifte sie dem wütend grunzenden Vieh mehrmals vergeblich über die Nase und versuchte dabei, ihren Zähnen auszuweichen. Endlich hatte ich sie! Ich drückte rasch den Haltegriff der Schlinge dem Grundner in die Hand, damit er das

Instrument auf Zug hielt. Die Sau protestierte unter ohrenbetäubendem Geschrei, beutelte heftig den Kopf und wehrte sich mit Leibeskräften, indem sie den Rückwärtsgang einschlug. Es war wie beim Seilziehen, aber kein fairer Kampf. Die Sau wog gute zweihundert Kilo und der Grundner ungefähr siebzig, darum stolperte er ihr keuchend quer durch die Box nach. „Ich kann sie nicht halten, Herr Doktor!", schnaufte er. Ich verfolgte das ungleiche Pärchen auf seinen Runden wie ein Ringrichter mit gezückter Spritze, schließlich stieß das Schwein mit dem gut gepolsterten Hintern an die Boxenwand und musste für einen Augenblick verdutzt stoppen. Das war die Gelegenheit! Ein Sprung, ein Stich, ein Drücker auf den Spritzenstempel und das rabiate Mädchen hatte seine Dosis intus. Ich öffnete die Rüsselschlinge und schrie gleichzeitig: „Jetzt raus hier!" Keine Sekunde zu früh. Die Sau, offenbar von rachsüchtiger Wesensart, hatte nämlich auf Vorwärtsgang geschaltet und den Grundner fast noch am Hosenboden erwischt, während er über die Holzplanken hechtete.

„So ein Luder!", pfauchte er, „so was hab' ich ja noch nie gehabt! Woher kommt das?"

Ich lehnte mich entkräftet gegen die Wand und setzte mit matter Stimme zu einer Erklärung an: „Meistens handelt es sich um den Geburtsstress und Schmerz bei Erstgebärenden. Sollte sich die Sache beim nächsten Mal wiederholen, was aber unwahrscheinlich ist, dann handelt es sich um eine genetische Veranlagung. In diesem Falle empfehle ich, eine andere Sau anzuschaffen."

Mittlerweile hatte sich unser aktuelles Prachtexemplar beruhigt, sich mehrmals auf der Stelle gedreht und sich schließlich mit einem schweren Seufzer in die Einstreu fallen lassen. Gleich darauf fing sie zu schnarchen an.

„Schnell, die Ferkel", rief ich und sprang auf. Gemeinsam holten wir den zappelnden und quiekenden Verein aus der Kiste und setzten ihn einzeln an die Zitzen. Der uralte Instinkt schlug zu. Sofort begannen alle emsig zu saugen, wie ich an den rotierenden Schwänzchen der rosaroten Bande zufrieden feststellen konnte.

Allerdings brachte mich das eifrige Schmatzen auch auf den Gedanken, dass ich noch nicht einmal gefrühstückt hatte.

Aus der verführerischen Vorstellung eines großen heißen schwarzen Mokkas daheim und einem Toast mit Speck und Ei oder wenigstens einem Honigbrot riss mich der Grundner allerdings mit den Worten heraus: „Jetzt muss ich Ihnen noch was zeigen!" Obwohl ich von so einer hemmungslosen Zeigefreudigkeit am frühen Morgen wenig begeistert war, trottete ich ihm gehorsam und schicksalsergeben über den Hof hinterher, dort hinüber, wo er voriges Jahr den alten Maschinenschuppen durch einen modernen Schafstall ersetzt hatte. Die breite Schiebetür glitt lautlos zur Seite und wir betraten einen großen luftigen Raum, wo die kleine Herde brauner Bergschafe ihre Köpfe aus der Heuraufe hob, um zu schauen, wer beim Frühstück störte. Die kannte ich bereits, also das war nichts Neues, bei dem ich Augen machen sollte. Der Grundner öffnete eine weitere Schiebetür und jetzt machte ich tatsächlich Augen. Vor mir standen vierundzwanzig ausgewachsene Brillenschafe, eine hochgefährdete alte Rasse. Sie haben eine vollkommen weiße Wolle, mit Ausnahme der schwarzen Flecken um die Augen, denen sie auch ihren Namen verdanken. Außerdem sind die Hängeohren in der unteren Hälfte auch schwarz gefärbt.

„Woher haben Sie denn die? Und so viele?"

Der Grundner grinste: „Ich hab' da einen Tipp bekommen, dass in Kärnten ein Bauer aufhört. Natürlich waren mehrere Interessenten da, aber weil die Viecher ziemlich teuer sind, ich aber alle nehmen wollte, hab' ich den Zuschlag bekommen!"

Ich nickte. Seltene Tiere, wenn sie reinrassig waren, hatten eben ihren Preis. Natürlich bekam der Grundner, wie jeder, der vom Aussterben bedrohte Rassen hielt, eine Förderung, aber das war in diesem Fall nicht ausschlaggebend. Der Grundner, obwohl selbst noch ziemlich jung, war ein Mensch, dem es einfach gegen den Strich ging, wenn in Zeiten moderner Leistungszüchtung die bunte Vielfalt, die unsere Vorfahren noch kannten, den Bach hinunterging. Darum hatte er im Obstgarten hinter dem Hof auch zahlreiche Bäume gepflanzt, worauf noch alte Sorten wuchsen.

Wer sich zum Beispiel jemals so einen Roten Gravensteiner, taufrisch, direkt vom Ast gepflückt hatte, ließ künftig jeden Supermarktapfel im Regal liegen.

Vielleicht war es diese Vorstellung, die meinen Magen statt mir so laut antworten ließ, dass es sogar im blökenden Schafstall zu hören war.

„Jessas, Herr Doktor! Sie müssen ja einen Hunger haben. Kommen Sie ins Haus auf einen Kaffee!"

Normalerweise lehnte ich Einladungen von Bauern ab. Nicht aus Arroganz, aber als Landtierarzt war man nicht Herr seiner Zeit. Jausnest du bei einem, ist der nächste beleidigt, weil du womöglich zu einem dringenden Fall musst. Das hatte ich gelernt. In dem Fall machte ich jedoch eine Ausnahme, weil ich spürte, dass, wenn ich mein Auto wäre, die Tankanzeige bald zu piepsen anfangen würde. Und ein niederer Blutzuckerspiegel ist bekanntlich der Laune abträglich.

Die Grundnerin war in der Küche gerade beim Buchtlnbacken. Ihrem roten Gesicht und der Glut nach, die der alte Holzherd ausstrahlte, hatte sie bereits vor Stunden damit begonnen. Auf der Kredenz standen auch schon zwei Bleche mit der Köstlichkeit zum Auskühlen.

„Guten Morgen, Herr Doktor! Wie geht's den Ferkeln?"

„Gut, gut. Die trinken schon wie am Münchner Oktoberfest."

„Da bin ich aber froh!" Sie stellte mir ein Häferl schwarzen Kaffee auf den Tisch und einen Teller mit zwei schmalzglänzenden, preiselbeergefüllten Buchteln, dick mit Zucker bestäubt.

Als ich in die warme Mehlspeise hineinbiss, musste ich aufpassen, dass der Saft mir nicht in den Bart tropfte. Der Grundner servierte dazu noch zwei ordentliche Stamperln Birnenschnaps. Er hatte damit, ohne es zu wissen, die Schihüttenrezeptur von Red-Bull-Wodka, nämlich reichlich Coffein, Zucker und Alkohol um Jahre vorweggenommen. Allerdings viel g'schmackiger!

Das Radio auf einem Wandbord dudelte ländliche Klarinettenmusik, der Grundner redete von seinen Brillenschafen und den zu erwartenden Lämmern und das sanfte Knistern im Herdfeuer verbreitete mit der Hitze im Raum eine Atmosphäre, bei der mir langsam die Augen zuzufallen drohten. Ich konnte nur mehr monoton nicken und antworten.

Zum Glück läutete in diesem Moment das Handy in der Brusttasche. Klar, es war gerade sieben Uhr vorbei und die ersten Vormittagsvisiten kündigten sich an.

Der warme Föhnsturm draußen schickte sich an, den letzten Kunstschneepisten den Rest zu geben, aber er blies mich auf dem Weg zum Wagen so tüchtig durch, dass ich wieder bereit für neue Aufgaben war …

Einige Zeit später stand ich gerade unter der Morgendusche, als Karin mit dem Telefon in der Hand ins Bad platzte: „Beim Grundner-Bauern kann ein Schaf nicht lämmern! Du sollst dich beeilen!"

„Eines seiner Brillenschafe?", versuchte ich, den Schaum aus den Ohren loszuwerden.

„Das hat er nicht gesagt!"

Fünf Minuten später saß ich im Wagen. Als ich auf den Hof einbog, erwartete mich der Grundner in finsterer Verfassung schon vor dem Schafstall: „Acht!", sagte er mit dem Tonfall eines Leichenbitters.

„Dreiviertel!", korrigierte ich ihn nach einem flüchtigen Blick auf die Uhr. Niemand soll mir vorwerfen, ich wäre beim Autofahren langsam.

„Ich meine die Brillenschafe! Sieben haben schon verworfen. Das ist das achte!"

Ich starrte ihn an: „Was? Sieben? Und da haben Sie sich bisher nicht gerührt?"

„Hätten Sie was dagegen machen können?"

„Zumindest Proben einschicken! Um die Ursache herauszufinden!"

„Na, das können Sie ja jetzt nachholen!" Der Grundner drehte sich um und ging zum Schafstall hinüber. Ich marschierte hintennach. Normalerweise zählte der Grundner zum umgänglichen Schlag, so verbiestert hatte ich ihn noch nie erlebt. Offenbar ging ihm die Sache gehörig an die Nieren! Kein Wunder bei der Stange Geld, die er für die Herde hingeblättert hatte.

Das Schaf stand mit gekrümmtem Rücken in der Streu und presste wie wahnsinnig. Dabei stöhnte es vernehmbar. Der aufgedunsene Kopf eines Lamms schaute bereits zur Hälfte aus der Vagina heraus. Höchste Zeit also, einzugreifen. Nachdem ich einen Kübel warmes Wasser, ein Schöpfhäferl und ein Handtuch erhalten hatte, machte ich mich an die Arbeit. Mit dem desinfizierten Arm drückte ich den Kopf wieder in den Geburtskanal zurück, um hineingreifen zu können: „Drillinge! Aber tot und ziemlich kreuz und quer!" Das Sortieren der einzelnen Beine zum jeweiligen Kopf erwies sich als weit schwieriger als die Begriffszuordnung in der Millionenshow. Endlich hatte ich es und ein paar Minuten später lagen drei leblose Lämmer in einer bräunlichen Pfütze aus Fruchtwasser im Stroh. Der Grundner seufzte: „Schon wieder alles tot. Und da ist schon das nächste!" Er deutete auf ein Schaf mit geschwollenem Bauch, das in einer Ecke stand und bei dem ebenfalls schon dunkler Ausfluss unter dem Schwanz zu sehen war. „Es ist zum Verzweifeln!"

Ich schaufelte wortlos mit der Hand die Nachgeburt in einen langen Rektalhandschuh, ein praktischerweise immer zur Verfügung stehendes Plastiksäckchen für den Tierarzt, und band ihn oben zusammen. „So! Das schicken wir jetzt ins Labor und schauen einmal, was die Ursache ist!"

Zur Sicherheit nahm ich noch eine Blutprobe vom Schaf und wollte gerade die Box verlassen, als ich beinahe über die kleine Grundner-Tochter Tina stolperte, die unmittelbar hinter mir aufgetaucht war. „Sau", was in ihrer Ausdrucksweise so viel wie „schau" hieß, „Onkel Doktor!" Auf ihrem Patschhändchen hielt sie mir einen getigerten Katzenwelpen, der noch die Augen geschlossen hatte, entgegengestreckt.

„Der ist aber lieb!", bewunderte ich ihn, obwohl ich im Moment andere Gedanken wälzte. Aber man soll Mädchen mit dreieinhalb Jahren nicht enttäuschen. Übrigens besser in keinem Alter!

„Wir haben noch ganz viele! Soll ich sie dir zeigen?" Damit nahm sie mich an der Hand und dirigierte mich an die Rückwand des Stalls. Dort stand eine große Holzkiste, in der sich ein wolliger, dicht gedrängter Haufen Katzenkinder befand, der im Schlaf leise maunzte. Die Katze selbst lag daneben und funkelte mich feindselig an. Ich funkelte zurück, weil mir gerade eine Idee durch den Kopf schoss. „Toxoplasmose! Ich wette, es ist Toxoplasmose!", rief ich.

Der Grundner konnte meinen Ausbruch begreiflicherweise nicht nachvollziehen: „Toxo … was?"

„Plasmose!", ergänzte ich, „winzige Parasiten, die hauptsächlich über Katzenkot übertragen werden. Sie führen bei einer Erstinfektion der Mütter zu Aborten oder lebensschwachen Früchten. Sie sollten nie Katzen im Stall halten!"

„Wollte ich eh nicht. Meine Weiberleut' haben die Kiste von der Garage in den Stall getragen, weil es dort angeblich zu kalt gewesen ist.", knirschte der Grundner und starrte grimmig auf das Katzenkinderzimmer. „Ich könnte den Viechern den Hals umdrehen!"

„Dazu wäre es jetzt ohnehin zu spät! Die Infektion ist bereits geschehen. Aber keine Angst, das nächste Mal haben die Tiere eine Immunität entwickelt und die Lämmer sind dann durch die Antikörper geschützt!"

„Und jetzt kann man gar nichts dagegen machen?"

„Ich fürchte, nein. Nur auf den Laborbefund warten, ob meine Vermutung richtig ist. Es könnten natürlich, muss ich zugeben, auch andere Erreger in Frage kommen! Chlamydien, Vibrionen, Salmonellen, Campylobakter und so weiter!"

„Hören Sie schon auf! Mir wird schlecht!" Der Grundner war nicht in der rechten Stimmung für einen Kurzvortrag über Verwerfensursachen.

Vierzehn Tage später hielt ich das Untersuchungsergebnis der Bundesanstalt für Tierseuchenbekämpfung in der Hand! „Toxoplasmose! Wie ich gesagt habe!", rief ich ins Telefon.

Der Grundner konnte meine Euphorie über die Richtigkeit meiner Diagnose nur bedingt teilen: „Bravo! Und in der Zwischenzeit haben noch sechs Schafe verworfen!" Eigentlich sagte er *„hin'keit"*, was im lokalen Dialekt dasselbe bedeutete.

„Haben Sie denn überhaupt keine lebenden Lämmer bekommen?"

„Fünf! Aber drei davon waren so lebensschwach, dass sie den ersten Tag nicht *‚derpackt'* haben. Zwei scheinen in Ordnung zu sein!"

Das erschreckte mich doch. Normalerweise rechnet man bei Toxoplasmose mit zwanzig, maximal dreißig Prozent Ausfällen. Entweder trugen seine Katzen einen besonders virulenten Stamm in sich oder diese seltene Rasse war höchst empfindlich.

Einige Wochen danach musste ich nochmals Hebamme bei einem Grundner-Schaf spielen. Diesmal handelte es sich um ein Einzellamm, sogar ziemlich groß, das aber auch schon tot war.

„Vier Lämmer von vierundzwanzig Schafen! Es ist zum Heulen!“

Ich musste ihm beipflichten. Die lämmerlosen Schafe standen herum und man konnte sich des Eindrucks nicht erwehren, dass sie die beiden privilegierten Artgenossinnen, welche ihren Nachwuchs umhegten, neidisch beobachteten.

„Na, in ein paar Wochen ist Schluss!“ Der Grundner schlug mit der Faust auf den Holzrand der Boxenwand, „da wandert die ganze Herde noch vor dem Almauftrieb zum Metzger!“

„Das dürfen Sie nicht!“, brach es aus mir heraus.

Er schaute mich an, als ob ich auch Toxoplasmose übertragen würde: „Warum nicht?“

„Weil ich Ihnen erklärt habe, dass die Muttertiere jetzt durchseuchen, wie wir das nennen, das heißt, nächstes Jahr sind sie immun!“

„Hören Sie, Herr Doktor! Die Schafe haben mich eine Stange Geld gekostet, abkaufen will sie mir keiner aus Angst, er holt sich die Krankheit in den Stall, und noch so eine Katastrophe steh' ich nicht durch! Was ist, wenn Sie danebenliegen?“

„Ich liege nie daneben! Schon als Student habe ich nach einer Feier immer ins Bett gefunden!“ Mit diesem Scherz versuchte ich, den Ärger darüber, dass er mir nicht vertraute, zu überspielen. Wenn ich mir nämlich in einer Sache nicht sicher bin, pflege ich für gewöhnlich dem Tierbesitzer meine Zweifel auch freimütig mitzuteilen.

Der Grundner aber schüttelte nur den Kopf und ließ mich einfach stehen!

„So ein sturer Bauernschädel, so ein verdammter!“, schimpfte ich, als ich daheim im Vorhaus auf Karin stieß, die sich gerade für den Nachmittagsunterricht bereitmachte. „Hat da wertvolle Exemplare einer bedrohten Rasse und will Salami daraus machen, nur weil er mir nicht glaubt!“ In kurzen Worten schilderte ich ihr das Problem.

„Rede doch einmal mit seiner Frau. Vielleicht kann sie ihn ja umstimmen.“ Karin verstaute ihre Unterlagen in der Schultasche. „Frauen beweisen in Krisen oft mehr Durchhaltevermögen als die Männer. Wir werfen nicht so schnell die Flinte ins Korn …!“

„Klar! Weil Ihr die Flinte noch braucht, um sie auf uns zu richten!“

„Haha! Sehr komisch! Das Essen steht übrigens auf dem Herd!“ Damit entschwand mein holdes Weib ziemlich geräuschvoll in die Garage.

Schien mir kein glücklicher Tag für Witzchen zu sein.

Aber ihrem Ratschlag konnte ich etwas abgewinnen. Der Appetit war mir sowieso vergangen, also rief ich bei den Grundners an.

„Der Xandl ist nicht da!“ erklärte mir die Bäuerin.

„Das trifft sich sogar äußerst gut! Ich möchte nämlich mit Ihnen was bereden!“

Nachdem ich ihr meine Ansicht lang und breit dargelegt hatte, beschwor ich sie: „Sie müssen unter allen Umständen verhindern, dass Ihr Mann einen Riesenfehler macht!“

„Na schön“, kam es nach längerem Zögern, „ich werde es versuchen. Obwohl er auf mich momentan nicht gut zu sprechen ist, weil ich auf Bitten unserer Tina die Katzenkiste in den Stall gestellt habe.“

Das war das Letzte, das ich vom Grundner-Hof für ein Jahr hörte. Sicher, mit seiner extensiven Bewirtschaftung war er nie ein Großkunde gewesen, aber dieser Zeitraum kam mir doch höchst seltsam vor. Vielleicht, so nahm ich an, war er verärgert, weil er sich von mir zu etwas gedrängt gefühlt hatte, was gegen seine Überzeugung war. Und offenbar hatte er deswegen den Tierarzt gewechselt. Soll schon vorgekommen sein.

Darum war ich ebenso überrascht wie schlaftrunken, als im darauffolgenden Mai eines Morgens um Punkt sieben das Telefon läutete und sich der Grundner am Apparat meldete! Seine Stimme klang wie ein einziger Vorwurf: „Herr Doktor! Sie haben mir und meiner Frau doch voriges Jahr den famosen Rat gegeben, die Brillenschafe nicht abzuschaffen, sondern es mit einer neuerlichen Belegung zu versuchen. Jetzt schauen Sie sich gefälligst das Ergebnis ihrer Beratung an!“

Augenblicklich hellwach war für meinen Zustand ein Hilfsausdruck: „Um Himmels willen! Schon wieder so eine Abortusserie?“

„Anschauen, hab’ ich gesagt!“ Mit einem drohenden Unterton hatte er aufgelegt.

Ich verzichtete auf alles, was einen verregneten Morgen erträglich macht: Klo, Dusche, Espresso! Mit klopfendem Herzen steuerte ich das Auto durch das trübe Tageslicht, der Himmel hing grau und wolkentief im Tal, es goss in Strömen. Von Wonnemonat keine Rede, weder draußen noch in mir drinnen!

Der Grundner erwartete mich wie ehedem vor dem Schafstall, von seiner Hutkrempe rann das Wasser in Strömen.

„Was ist los, zum Teufel?“, schrie ich, während ich über den aufgeweichten Vorplatz auf ihn zu platschte.

„Los ist, dass Sie sich das mit eigenen Augen ansehen sollen!“ erwiderte er mit unheilvoller Miene. Er riss das Schiebetor auf und eine Sekunde später stand ich im heuduftenden Stall vor einer großen Box, in der es von Brillenschafen und Lämmern nur so wimmelte.

Der Regen trommelte auf das Dach und verschmolz mit dem vielstimmigen „Mäh“ zu der beglückendsten Symphonie, die man sich nur vorstellen kann!

„Vierundzwanzig Mutterschafe und fünfundvierzig Lämmer! Sie haben Recht gehabt“, schrie der Grundner, während er mir ausgelassen auf die linke Schulter haute, die ich mir vor einigen Tagen bei einer Gebärmutterdrehung fast ausgekegelt hatte. „Jetzt hab’ ich Sie aber schön drangekriegt, was?“

„Keine Frage!“ Ich rieb mir die schmerzende Schulter: „Ihr Schafbauern seid die Einzigen, die sich geschmeichelt fühlen müssen, wenn man von euch behauptet: reichlich belämmert!“

Er haute mir vor Freude ein zweites Mal auf die Schulter. „In so einem Fall dürfen Sie alles zu mir sagen!“

Strategie ist alles!

Es ist unbestritten, dass man im Laufe des Tierarztstudiums eine ganze Menge nützlicher Dinge lernt.

Ebenso unstrittig aber ist auch, dass ein großer Haufen Wissen dazu gepackt wird, welcher für die Berufsbefähigung von keiner wie immer gearteten Bedeutung ist und ein reines Steckenpferd des jeweiligen Professors oder seines weiblichen Pendants darstellt.

Ich hatte bereits in meinem ersten Buch geschildert, dass unser damaliger Physiologievorstand von seinen Hörern verlangte, Lebenslauf und wissenschaftliche Leistung von ca. sechzig Nobelpreisträgern zu kennen, weil eine solche Frage jederzeit von ihm in der Prüfung gestellt werden konnte.

Aber gut, Universität kommt eben von universal und umfassende Bildung schadet bekanntlich keinem Akademiker. Sollte ich daher einmal in der Millionenshow schwitzen und einen dieser Nobelpreisträger zur Frage haben, würde ich mir, dank unserem Professor, glatt einen Joker ersparen.

Was die Hochschule sträflicherweise jedoch nicht unterrichtet, ist die Konfrontation des künftigen Veterinärs mit seinem größten Problem: Tierbesitzer vom Schlage eines Oberst Hablich!

An jenem denkwürdigen Tag betrat ein kleiner älterer Herr mit kampflustig gebürsteter Frisur den Warteraum und zerrte an der kurzen Leine einen sich heftig sträubenden Foxterrier hinterdrein. Es heißt ja immer, Hund und Herrchen würden sich im Laufe der Jahre immer ähnlicher, hier war es aber unmöglich zu sagen, wer sich wem angepasst hatte, da beide dieselbe Haarfarbe, das stachelige Fell und den etwas feindseligen Blick zur Schau trugen.

„Schönen Tag! Mein Name ist Oberst a. D. Hadlich! Sie wurden mir empfohlen! Das heißt, um genauer zu sein, meiner Frau!"

So etwas hörte man gerne und deswegen fragte ich geschmeichelt: „Aha! Von wem?"

„Von einem gewissen Herrn Ruppegger. Wir sind hier auf Kur und er hatte die gleiche Anwendung wie wir. Als er hörte, dass wir einen Tierarzt benötigen, hat er uns Sie genannt!"

Ruppegger? Der einzige, der hier so hieß, war der Metzgermeister. Und ein Tierarzt, der von einem Metzger empfohlen wird, fühlt sich genauso wie ein Arzt, den der Leichenbestatter anpreist. Ich verzichtete deshalb lieber auf weitere Erklärungen und sagte: „Bitte, kommen Sie herein."

Doch der Oberst blieb stocksteif stehen und umklammerte die Hundeleine mit weißen Fingerknöcheln, als befürchtete er, ich würde mir seinen Flocki in die Mittagsbratpfanne hauen: „Haben Sie gedient?"

„Wie bitte?"

„Ich meine, waren Sie Soldat? Beim Bundesheer?"

Es war mir zwar schleierhaft, was das mit der gegenwärtigen Situation zu tun hatte, konnte ihm aber versichern, dass ich nicht nur meine staatsbürgerliche Pflicht als Präsenzdiener erfüllt hatte, sondern darüber hinaus die Einjährigen-Freiwilligen-Laufbahn eingeschlagen hatte und mich nunmehr im Glanze goldener Kragenspiegelsterne eines Oberleutnants der Reserve sonnen durfte.

Diese Botschaft entspannte ihn, im Gegensatz zu seinem Hund, offenbar ein bisschen, weil er erleichtert schnarrte: „Dann ist es gut! Wissen Sie, mit Zivildienern, diesen Drückebergern, pflege ich keinen Umgang! Geschäftlich nicht und privat schon gar nicht!"

Daraufhin bequemte er sich endlich, die Schwelle zum Ordinationsraum zu überschreiten, blieb aber gleich darauf wieder wie angewurzelt stehen, während seine stechenden Augen die beiden Glasschränke hinter mir musterten: „Sie betreiben Homöopathie?"

Ich hatte zwar keinen Spiegel bei mir, war mir aber sicher, dass mein Lächeln ein wenig als selbstgefällig bezeichnet werden konnte: „Seit mehr als zwanzig Jahren!"

„Das ist schlecht! Wissen Sie, davon halte ich gar nichts. Eine ordentliche Spritze und die Sache geht klar. Leider denkt meine Frau ein wenig anders. Obwohl man dauernd liest, dass Homöopathie nur Placebo und Schwindel ist, hier ein Kügelchen, da ein Wässerchen mit nichts drinnen, aber natürlich sündteuer! Ich glaube nicht daran! Und er", er deutete auf den noch immer widerborstigen Terrier, „er auch nicht!"

„Niemand muss an Homöopathie glauben, nicht einmal der Arzt! Er muss sie nur richtig anwenden!", entgegnete ich kurz und, ich kann es nicht beschwören, hatte die Empfindung, dass erstmals leichter Ärger in meiner Stimme mitschwang.

„Na schön, wollen wir es versuchen! Komm Jacky!" Mit einer behänden Bewegung hievte er den Hund auf den Untersuchungstisch und hielt ihn fest: „Aufpassen! Er kann ganz schön kratzbürstig werden!"

„Was fehlt ihm eigentlich?"

„Fehlen tut ihm überhaupt nichts! Aber er hat etwas zu viel!" Auf diese kryptische Aussage hin, musterte ich den Hund aus der Distanz und hielt

Ausschau nach einer sechsten Zehe oder einem dritten Hoden. Fehlanzeige! „Na, das da!" Während der Oberst den Kopf von Jacky mit dem einen Arm im Schwitzkasten hielt, hob er mit der anderen Hand den Schwanz hoch, was der Hund mit schmerzhaftem Winseln quittierte: „Der Dippel! Seh'n S' den nicht?"

Jetzt sah ich ihn auch. Oberhalb des Afters saß eine kastaniengroße Schwellung, die Haut darüber war ein wenig ins Bläuliche verfärbt.

„Halten Sie ihn gut fest, bitte!" Ich tastete das Gebilde vorsichtig ab.

„Meine Frau ist schon ganz hysterisch, sie fürchtet, es könnte ein Tumor sein! Ist in den letzten Tagen ziemlich gewachsen!"

Ich befühlte das Gebilde, was Jacky mit einem tiefen Knurren quittierte.

„Möglich. Vielleicht ist es aber auch ein Abszess!"

„Vielleicht? Hören Sie, Herr Doktor, entweder ist es ein Abszess oder keiner! Im Krieg gibt es kein Entweder-Oder. Unentschlossenheit kann einer Kompanie das Leben kosten! Wenn es ein Abszess ist, nehmen Sie ein Messer und schneiden Sie es auf. Das haben wir beim Militär auch so gehandhabt!"

„Wir sind hier aber nicht beim Militär, auch wenn die Medizin manchmal einem Schlachtfeld gleicht", blaffte ich. Der Mensch ging mir langsam auf die Nerven. „Ein Abszess muss erst reifen, bevor man ihn eröffnen darf. Wenn man zu früh hineinschneidet, macht man die Sache nur noch schlimmer! Übereilte Handlungen können im Krieg sogar eine ganze Division kosten", setzte ich süffisant hinzu.

Zuerst starrte er mich verblüfft an, wahrscheinlich hatte ihm gegenüber noch nie jemand so einen Ton angeschlagen, dann dämmerte ihm offensichtlich, dass der nächste Tierarzt ziemlich weit weg saß, darum sagte er resigniert: „Also bitte! Dann verpassen Sie Jacky halt ein paar Ihrer homöopathische Mittelchen, damit das Ding da reif wird."

„Dazu brauche ich nicht einmal Homöopathie. Warme Erdäpfelkompressen tun ihre Schuldigkeit genauso."

Der Oberst a. D. schaute drein, als hätte ich ihm befohlen, die Latrine zu putzen: „Sagten Sie Erdäpfel? Wird das hier ein Kochkurs oder was?"

„Meinetwegen können Sie sie nachher auch essen!" Der alte Knacker legte ein arrogantes Verhalten an den Tag wie ein englischer Kolonialoffizier, dabei hatte er wahrscheinlich in irgendeinem Ergänzungskommando Personalbögen gewälzt!

Einen Moment lang standen wir uns feindselig gegenüber wie damals Napoleon und Blücher, dann grunzte er: „Schön! Also Erdäpfel! In einer Woche komme ich wieder!"

Mit dieser Drohung hob er Jacky vom Tisch, der sicherheitshalber erneut knurrte!

Um meinen Blutdruck wieder auf Normalniveau zu senken, außerdem hatte ich noch zwei Stunden Zeit, bis ich zu den Nachmittagsvisiten aufbrechen musste, schenkte ich mir einen Cognac ein, steckte ein Pfeifchen in Brand und griff zu dem dünnen Bändchen über Augustinus und seinen Erkenntnissen „Von der Ruhe des Gemüts".

Nach zwei Seiten klappte ich das Buch wieder zu. Augustinus hatte leicht reden! Wahrscheinlich war ihm nie ein Oberst Hadlich über den Weg gelaufen. Der Cognac half jedenfalls besser!

Die Woche verlief, nicht zuletzt wegen der zahlreichen Fälle, die jedes Mal eine echte Herausforderung darstellten, wie im Fluge, und, hast du es nicht gesehen, stand das Wochenende vor der Tür und mit ihm der Oberst samt Jacky.

Ich hätte diesmal den Cognac vorher trinken sollen.

„Na, was macht der Dippel?", bemühte ich mich trotzdem um einen freundlichen Ton.

„Weg ist er!"

Eigentlich wäre zu erwarten gewesen, dass ihn dieser Umstand ein wenig heiter gestimmt hätte, aber er stand vor mir wie ein gegen den Strich gebürsteter Igel.

„Also schon aufgegangen?"

„Gar nichts ist aufgegangen!"

„Dann war es kein Abszess", murmelte ich. „Ich möchte mir das noch einmal ansehen!"

Jacky wurde trotz heftigen Sträubens nochmals auf den Untersuchungstisch bugsiert, wo er mir wesentlich bereitwilliger die Zähne als sein Hinterteil präsentierte. Trotzdem gelang es mir, die Stelle unter dem Schwanz in Augenschein zu nehmen. Da war wirklich rein gar nichts mehr von einer Verdickung zu spüren, auch die blaurote Hautverfärbung darüber war verschwunden und der normalen Pigmentierung gewichen.

„Seltsam", murmelte ich wieder, „ein Tumor war es also auch nicht."

„Was war es dann?", wollte der Oberst wissen, der mit Jacky im Schwitzkasten langsam die gleiche Farbe im Gesicht bekam wie sein Hund vor einer Woche am Hintern.

„Ich weiß es nicht!", gestand ich, „vielleicht ein Hämatom, das durch die warmen Auflagen wieder resorbiert wurde!"

„Kann das wiederkommen?"

„Das weiß ich leider auch nicht! Weil ich auch nicht weiß, wodurch das erste entstanden sein könnte", antwortete ich wahrheitsgemäß.

„Wissen Sie was, Doktor?" Der Oberst lockerte den Klammergriff um Jackys Hals und richtete sich auf, „für einen Fachmann sagen Sie verteufelt oft: das weiß ich nicht! Guten Tag!"

Damit klemmte er sich den Hund wie eine Schlummerrolle unter den Arm und marschierte schnurstracks aus der Ordination.

Es gibt wenige Situationen, in denen mich mein bekannt loses Mundwerk im Stich lässt, das war einer dieser raren Momente. Erst als sich sein Auto vor dem Ordinationsfenster in Bewegung setzte, fiel die Erstarrung von mir ab. „Du mich auch", fluchte ich und versetzte dem unschuldigen Papierkorb einen Tritt. Während ich seinen Inhalt vom Ordinationsboden wieder einsammelte, fiel mir plötzlich ein, dass er nicht einmal die erste Konsultation bezahlt hatte. Durch sein nassforsches Auftreten war ich völlig aus dem Tritt gebracht worden. Eine alte erfolgversprechende Militärtaktik: den Feind verwirren und dann zuschlagen!

Das österreichische Heer besaß nach Radetzky offenbar doch noch den einen oder anderen genialen Strategen!

Eine verblüffende Lösung

Das Sprunggut, oder „Sprunggütl", wie es aufgrund seiner Größe von den Einheimischen genannt wird, liegt ziemlich weit hinten dem Talschluss zu und verdankt seinen Namen einer Legende. Angeblich soll vor zweihundert Jahren der damalige Graf einen Landstreicher verhöhnt haben, indem er ihm versprochen hatte, wenn er die hohe Felswand hinunterspringen und dieses Wagnis überleben würde, wäre der Grund und Boden darunter künftig sein Eigentum.

Diese Überlieferung ist natürlich Unsinn, die Felswand aber existiert und sie sorgt dafür, dass das Sprunggütl im Winter drei Monate lang ohne Sonnenstrahl auskommen muss.

Sechs Mutterkühe, ein Schwein und eine erkleckliche Anzahl Hühner nebst ein paar Gänsen bildeten den regelmäßigen Viehbestand.

Der alte Sprunggütler war vor etlichen Jahren gestorben, seither bewirtschafteten seine Tochter und deren Mann das Anwesen. Hätte man aber Letzteren als Bauer bezeichnet, wäre er darüber höchstwahrscheinlich ziemlich erschrocken gewesen und hätte nicht gewusst, wer damit gemeint sei. Denn die kleine Landwirtschaft war einzig und allein die Angelegenheit seiner tüchtigen Frau Marianne, deren leuchtend rote Haarpracht zusammen mit den zahlreichen Sommersprossen sie wie ein ausnehmend hübscher Pumuckl aussehen ließ.

Ihr Göttergatte, der Herbert, hingegen machte einen Riesenbogen um den Stall. Jedoch nicht etwa aus Arbeitsscheue, sondern weil er dafür völlig ungeeignet war. Er gehörte zu der Sorte von Zeitgenossen, die man mit den Begriffen ätherisch oder versponnen am treffendsten charakterisierte. Wenn es nicht gerade ums Klavierspielen ging, besaß er zwei linke Hände und viele wunderten sich, dass dieser schüchterne Mensch als Musiklehrer in der hiesigen Hauptschule von seinen wesentlich robusteren Schülern nicht jeden Tag gegabelfrühstückt wurde. Es soll vor der Heirat heftige Auseinandersetzungen zwischen Vater und Tochter gegeben haben, der Alte hielt seinen künftigen Schwiegersohn für einen nichtsnutzigen Schwächling – aus der Sicht eines Bauern vielleicht nicht ganz unberechtigt – und hätte die Marianne lieber als Frau vom ältesten Sohn des Kaserer-Bauern gesehen, aber sie hatte schließlich mit der finalen Drohung, eher selbst nochmals über die Felswand hinunterzuspringen, als so einen muffigen Kerl zu heiraten, ihren Willen durchgesetzt

So saß der frischgekürte Herr am Sprunggut daheim eben stundenlang am Klavier und oft, wenn ich mit der Marianne in ihrem alten Holzstall zu tun gehabt hatte, wehten zauberhafte Klänge von Chopin, Beethoven oder Mozart vom Haus her zu uns herüber. Sein Lebenstraum war es, dereinst als Komponist Anerkennung zu finden, als aber die Kurkapelle der Gemeinde eines schönen Tages seine erste Komposition, eine kleine Gefälligkeit des Kapellmeisters, zum Besten gab, war die Kurverwaltung eingeschritten mit dem Argument, man möge die Gäste, bitteschön, unterhalten und nicht vertreiben.

Jedenfalls kannte ich aus den genannten Gründen den „Musi"-Herbert, wie er allgemein oft liebevoll, manchmal auch despektierlich genannt wurde, nur von flüchtigen Zufallsbegegnungen.

Umso mehr überraschte es mich daher eines heißen Junitages, als kurz vor Mittag das Telefon läutete und sich der Musi-Herbert persönlich meldete: „Bitte", er klang in völlige Verzweiflung aufgelöst, „bitte, Sie müssen sofort kommen. Ich bin gerade vom Unterricht heimgekommen, und weil die Kühe so gebrüllt haben, musste ich im Stall nachsehen und da hat eine offenbar gekalbt, ich glaube, das Kalb ist tot, aber hinter der Kuh schaut ein Haufen Fleisch heraus! Bitte beeilen Sie sich!"

Das klang wieder einmal nach Gebärmuttervorfall! „Ich fahr' sofort los! Keine Sorge! Aber sagen Sie, ist Ihre Frau nicht zu Hause, weil Sie selbst anrufen?"

„Die Marianne liegt auf der Entbindungsstation. Heute Nacht haben wir ein Mädchen bekommen!" Trotz seiner seelischen Notlage hörte man das Glück des neugebackenen Papas heraus. Überflüssig zu fragen, ob er dabeigewesen war. Andernfalls wäre er jetzt nicht daheim, sondern höchstwahrscheinlich auf der Intensivstation.

„Herzlichen Glückwunsch!", sagte ich daher schlicht und legte auf!

Gratuliere, sagte ich hingegen voll bitterem Sarkasmus zu mir selbst, während ich den uralten Meixner vor mir, der beim Traktorfahren den speckigen Hut nicht nur über die Ohren, sondern auch über die Augen zu ziehen pflegte, mittels Hupe aus seinem Wachkoma schreckte. Wie sollte ich bloß allein mit so einem filigranen Helferlein wie dem verhinderten Komponisten die herausgequollene Gebärmutter wieder an Ort und Stelle bringen. Dazu braucht es mindestens zwei kräftige Leute, die sich links und rechts hinter der Kuh platzieren und das Brett, auf das der Uterus gelegt wird, so hochhalten, dass ihn der Tierarzt nur geradeaus hineinstopfen muss. Der nächste Nachbar war der Brandt-Bauer, aber der war um diese Zeit sicher nicht daheim. Das konnte ja heiter werden.

Als ich am Sprunggütl ankam, hockte der Herbert wie ein Häuflein Elend am hölzernen Brunntrog.

Kaum sah er mich, sprang er auf wie von der Tarantel gebissen: „Gott sei Dank, dass Sie da sind! Ich glaube, das Kalb ist schon tot!"

„Das sagten Sie schon am Telefon!" Ich schnappte den Geburtskoffer hinter dem Beifahrersitz und marschierte in den Stall. Der Herbert ließ mir dabei freiwillig den Vortritt. Die Kuh lag auf der linken Seite, die massige Gebärmutter mit Resten der Nachgeburt türmte sich im Stroh. Das Kalb wirkte im ersten Moment wirklich leblos, aber als sich meine Augen an das Zwielicht gewöhnt hatten, bemerkte ich die flache Atmung. Es war eindeutig zu klein, wahrscheinlich eine Frühgeburt! Das erklärte auch den Vorfall. Die Natur hat eine bestimmte Anzahl von Presswehen vorgesehen, um die Geburtswege zu erweitern. Ist das Neugeborene jedoch, wie in diesem Fall, sehr schmächtig, schlüpft es ohne größere Anstrengung heraus und es gibt nichts mehr, an denen sich die Wehen abarbeiten können. Dadurch stülpt sich die leere Gebärmutter um und wird ausgestoßen.

Ich hatte jetzt aber keine Zeit für medizinische Vorträge, außerdem war der Herbert schon kreidebleich genug, daher befahl ich kurz: „Kaltes Wasser, so kalt wie möglich, aber schnell!"

Ich entnahm dem Koffer eine Akupunkturnadel und bohrte sie dem winzigen Stier in den Notfallpunkt am Nasenspiegel. Dann hob ich ihn an den Hinterbeinen hoch, damit das Blut Richtung Kopf strömte und schwenkte ihn auf und ab, hin und her. Bei einem normalgewichtigen Kalb bricht einem dabei fast das Kreuz ab, aber bei diesem Zwerg war es eine bessere isometrische Übung. Zumindest hustete er jetzt ein bisschen Fruchtschleim aus Mund und Nase. „Wo bleibt das Wasser?", brüllte ich über meine Schulter zurück.

„Bin schon da!" Ein gut gefülltes Viertelliterglas tauchte in meinem Blickwinkel auf.

„Was soll ich damit, zum Teufel?"

„Ich habe geglaubt, Sie haben einen Durst!", stotterte Herbert.

Himmelherrgott noch einmal! Doch nicht für mich! Für das Kalb. Bringen Sie einen Eimer. Oder noch besser", mein Blick war auf den Wasserhahn samt Schlauch an der Wand gefallen, „nehmen wir gleich den Schlauch!"

Herbert schoss hinüber und wickelte hastig den Schlauch von der Rolle. Bis er damit bei mir war, hatte er auf sieben Meter zwei Knöpfe hineingebracht. Langsam wurden mir die Einwände des verstorbenen Sprunggütlers gegen so einen Eidam begreiflich und ich wunderte mich höchstens, dass er am Tag der Hochzeit nicht selbst vom Felsen gehüpft war.

Ich legte den Stier wieder nieder und entwirrte den Schlauch. Dann richtete ich einen kräftigen Wasserstrahl auf den Körper des Kalbes. Der Schock des kalten Wassers regte nämlich den Kreislauf an. Endlich hob das Tierchen ein Stück den Kopf und blökte kläglich. „So genug! Wir wollen es schließlich nicht unterkühlen!“ Zum guten Schluss verabreichte ich ihm noch eine Coffein-Injektion in die Muskulatur des Hinterbeins.

Jetzt konnte ich mich meiner eigentlichen Aufgabe widmen. Der Kuh!

Aber was war das denn? Durch meine Konzentration auf die Lebensgeister des Kälbchens hatte ich natürlich nicht auf die Mutter achten können. Sie lag noch immer in ausgestreckter Seitenlage, aber atmete schwer und die Beine zuckten. Ich rannte zu ihrem Kopf und zog ein Augenlid herunter: die Schleimhaut leuchtete papierweiß. Detto das Zahnfleisch!

„Sie verblutet uns innerlich!“, schrie ich. Ich drehte mich um … von Herbert keine Spur!

„Haben Sie nicht gehört? Sie verblutet!“, brüllte ich durch die offene Stalltür ins Freie. Da erst bemerkte ich, dass neben dem Kalb noch jemand in der Streu lag. Herbert musste beim Wort „verbluten“ ohnmächtig zusammengesunken sein. Kaltblütig nahm ich nochmals den Schlauch zur Hand und verpasste ihm eine ordentliche Dusche! Was soll's? Waschlappen schadet Nässe nichts!

Er rappelte sich langsam auf: „'tschuldigung, aber wenn ich nur an Blut denke, wird mir schlecht! Wie kommt das?“

„Wenn die Gebärmutter, die ein beträchtliches Gewicht hat, plötzlich herausschnalzt, reißt manchmal innen ein Gefäß. Soll ja beim Bungee-Jumping auch schon vorgekommen sein, dass das Seil nachgibt! Dagegen ist man machtlos!“

„Was tun wir jetzt?“, wimmerte er. „Ausgerechnet jetzt muss das passieren, wo die Marianne nicht da ist!“

„Wir müssen Schadensbegrenzung üben! Die Kuh ist unrettbar verloren, so viel steht fest. Sie rufen sofort in der Metzgerei Ruppegger an, die sollen einen Kühlwagen heraufschicken. Wenn ich sie augenblicklich töte und die Burschen sich beeilen, dass die Innereien binnen einer halben Stunde heraußen sind, geht sie noch für den Eigenverbrauch frei. Andernfalls gehört sie der Tierkörperverwertung und Sie haben den vollen Schaden!“

Er starrte mich entsetzt an: „Sie wollen sie töten? Womit?“

„Ihr Schwiegervater war doch Jäger, so viel ich weiß! Bringen Sie mir sein Gewehr und ein großes scharfes Küchenmesser!“

„Das Ge…we…we…wehr?“

Ich hatte bei seinem Tonfall Angst, ich müsste gleich nochmals den Wasserschlauch zücken. Darum herrschte ich ihn an: „Los, bewegen Sie sich, Mann! Es geht hier um Sekunden!“

Die Kuh klappte nämlich schon die Kiefer auf und zu und begann zu verkrampfen.

Stolpernd, aber flott brachte er eine Bockflinte älterer Bauart und eine Handvoll loser Patronen, von denen er unterwegs mindestens die Hälfte fallen gelassen hatte.

Ich lud die doppelläufige Büchse, schob das Messer in den Gürtel und schärfte ihm ein: „Sie bleiben da, wo Sie stehen! In einem geschlossenen Raum ist ein Querschläger kein Kinderspiel!“

„Nur zu gern!“ Es war ihm deutlich anzumerken, dass er es ehrlich meinte.

Ich eilte in den Stall, keine Minute zu früh, setzte dem bereits komatösen Rind die Mündung an die Stirn, genau im Kreuzungspunkt zweier gedachter Linien zwischen Augenwinkel und Hornansatz und drückte ab. Der Schuss krachte, dass die Spinnweben an den Deckenbalken zitterten. Die Kuh schlug noch zweimal mit den Beinen, dann lag sie still. Mit dem Messer durchtrennte ich ihr die Luftröhre samt Halsschlagader und Vene. Ein wenig Restblut, das Meiste war ja aus der Gebärmutter nach innen in die Bauchhöhle gesickert, ergoss sich auf den Boden, aber sie merkte nichts mehr davon.

Ja, auch das gehörte bisweilen zur Arbeit eines Tierarztes.

Ich marschierte ins Freie, wo der Herbert wieder auf dem Brunntrog hockte: „Der Bursche vom Ruppegger ist in zwanzig Minuten da! Er nimmt sie nachher mit!“, sagte er tonlos.

„Gut! Dann werde ich sie morgen beschauen und für Sie den Untersuchungsschein ausstellen.“

„Und was geschieht mit dem Kalb?“

„Ich fürchte, es hat keine großen Überlebenschancen! Die Mutter ist tot und wir hatten nicht mehr die Zeit, sie noch abzumelken. Sie können es natürlich mit gewöhnlicher Kuhmilch probieren, aber eine Frühgeburt ohne Biestmilch … sehr zweifelhaft!“

„Biestmilch?“

„Oder Kolostrum! Die erste Muttermilch nach jeder Geburt! Schauen Sie, der Darm eines Neugeborenen ist wie ein grobmaschiges Netz, damit die Abwehrstoffe, die die Biestmilch enthält, als große Eiweißmoleküle ungehindert in das Blut gelangen können. Nach vierundzwanzig Stunden ist der Effekt jedoch vorbei und die Darmwand macht dicht, weil sonst alle Darmgifte ebenfalls diffundieren würden."

„Dann sag' ich der Nachbarin, sie soll mir am Abend so eine Biestmilch mitbringen, wenn sie die Tiere füttern kommt. Die Marianne hat sie gebeten, auszuhelfen!"

„Leider wird das zwecklos sein. Da der Darm des Kalbes nach einem Tag zumacht, hat auch die Kuh spätestens nach zweiundsiebzig Stunden keine Antikörper mehr in der Milch. Es müsste sich also um eine Mutter handeln, die fast zum gleichen Zeitpunkt geboren hat und auch da ist der Erfolg fraglich. Weil es nämlich auf die stallspezifischen Abwehrstoffe ankommt. Die entstehen nur durch einen längeren Aufenthalt im betreffenden Betrieb. Die Nachbarin kann ganz andere Keime auf ihrem Hof haben! Es sieht also eher schlecht aus für den Kleinen!"

Damit gab ich ihm das Gewehr zurück und verstaute den Geburtskoffer!

Im selben Moment krachte ein Schuss und der linke Außenspiegel meines Autos war weg!

„Sind Sie verrückt?", brüllte ich aus der Deckung von der anderen Wagenseite her, „was ballern Sie da herum?"

„'tschuldigung!", stammelte Herbert und ließ die Büchse einfach fallen! Zum Glück war keine weitere Patrone drin. „Ich wollte das Gewehr sichern und schauen, ob es funktioniert!"

Ich baute mich vor ihm auf: „DAS GEWEHR WAR GESICHERT!! Glauben Sie, ich übergebe jemandem wie Ihnen ein ungesichertes Schießeisen?"

„Der Hebel stand auf **S** und ich dachte, **S** bedeutet scharf!", verteidigte er sich schüchtern.

Man könnte ebenso sagen **S**, wie saudumm, dachte ich. Aber gemeingefährlich. Deshalb versetzte ich kalt: „**S** wie sicher. So sicher, wie Sie aus dem Verkehr gezogen gehören!"

„ Zeigen Sie mich jetzt an?" Er schlotterte am ganzen Körper! Kein Wunder! Zuerst das Drama um die Kuh und jetzt noch die Angst vor der Polizei!

„Nein! Den Spiegel setze ich auf die Rechnung. Und natürlich eine Gefahrenzulage!" Ich konnte schon wieder grinsen! Im Grunde genommen war es mein Fehler gewesen. Einem Menschen wie Herbert drückt man nicht einfach eine Waffe, auch wenn sie gesichert ist, in die Hand, sondern man entlädt sie vorher und schraubt am besten noch den Lauf ab.

Bei der Heimfahrt beschloss ich, Karin nichts von der Begebenheit zu erzählen. Vereiste Güterwege, ausschlagende Pferde, aggressive Kühe, beißende Hunde und Katzen, eine Tierarztfrau hatte ohnehin schon einige Sorgen um die tägliche Gesundheit ihres Lebenspartners.

Da braucht es nicht zusätzlich noch eines Musiklehrers, der den Freischütz nicht nur auf dem Klavier klimpern konnte, sondern sich als solcher noch betätigte.

Drei Monate später wurde ich wieder zum Sprunggütl gerufen. Eine Sau litt an Rotlauf.

Der Kinderwagen mit der kleinen Melanie stand in der goldenen Herbstsonne und die Haare der Marianne glühten wie flüssiges Kupfer: „Sie sind meinem Mann doch nicht mehr böse, oder?“, fragte sie.

„Nein! Obwohl …“, ich suchte nach einem unverfänglichen Ausdruck, „er mir schon einigermaßen weltfremd vorkommt!“

„Sagen Sie das nicht! Er ist höchstens fantasievoll! Kennen Sie den noch?“ Sie zeigte auf ein prächtiges Stierkalb, das sofort seine Zunge nach meiner Hand ausstreckte.

„Nein! Behaupten Sie bloß nicht, das ist der Kümmerling von der Kuh, die damals verblutet ist!“

„Genau! Hat sich prächtig entwickelt, oder?“

„Keine Frage, aber, wie haben Sie das geschafft. Eine Frühgeburt ohne Muttermilch?“

Sie lächelte spitzbübisch: „Hat er ja bekommen! Meine!“

„Wie bitte?“

„Na ja, nachdem Sie dem Herbert den Vortrag über die Abwehrstoffe gehalten haben, hat er sich gedacht, weil ich doch fast zur selben Zeit entbunden habe und dadurch, dass ich ständig in unserem Stall bin, müsste ich über eine identische Muttermilch wie die Kuh verfügen! Und da ich sowieso zu viel davon hatte und abpumpen musste, hat er mir einige Flaschen abgeschnorrt und sie an das Kalb verfüttert! Es heißt übrigens Herbert!“

Ich starrte sie an! Dreißig Jahre Tierarzt, aber auf diese Idee wäre ich nicht gekommen!

„Das heißt, Sie sind die erste Bäuerin, die ich kenne, welche indirekt ein Kalb gestillt hat?“

Die Marianne schaute hinüber zu einer Kuh, deren Kalb gerade eifrig beim Trinken war und zwischendurch mit dem Kopf mehrmals grob gegen das Euter stieß, um den Milchfluss in Gange zu halten

„Na, Gott sei Dank“, lachte sie, „nur indirekt!“

Schafskälte

„Mir kriegen einen Wettersturz!“ Mit diesen Worten stellte der alte Veitl ein Stamperl Zirbenschnaps vor mich auf die sonnengebleichte rissige Tischplatte. „Trotzdem zum Wohl!“

„Woher wollen Sie das wissen? Im Radio haben sie lediglich von einer leichten Abkühlung gesprochen!“

„Radio! Ha! Diese Stümper von Metereologen mit ihren neumodischen Messgeräten! Das da habe ich“, dabei klopfte er mit den Fingerknöcheln gegen sein linkes Bein, wo es unter der grauen Lodenhose verdächtig hohl hervorklang, „dem lieben Herrn Adolf zu verdanken. Der hat mir aus lauter eigener Vorhersehung die Gabe der Wettervorhersehung verschafft, dass sämtliche Laubfrösch' dagegen vor Neid erblassen!“

Jedem im Ort war bekannt, dass der Veitl damals als einer der jüngsten Hitlerjungen noch vom Regime die Gelegenheit bekommen hatte, durch einen Bombensplitter zum Invaliden zu werden. Zwei Tage vor Kriegsende hatte der Veitl gehorsam diese Gelegenheit ergriffen.

Mit der Prothese konnte er auch den Hof nicht übernehmen, der somit seinem jüngeren Bruder zufiel. Der Veitl aber sicherte sich wenigstens die Almhütte, die er seither bewirtschaftete und wo er Schafe und Ziegen hielt! Seine würzig eingelegten Käse gingen am wöchentlich veranstalteten Bauernmarkt weg wie die sprichwörtlichen Semmeln und mit dem aufkommenden Wander-Tourismus besaß er zusätzlich zum Holzfuß ein weiteres Standbein! Diese makabre Beschreibung stammte übrigens vom Veitl persönlich!

„Sie werden seh'n, dass ich Recht hab'!“ Trotz seiner siebenundsiebzig Jahre gehörte der Veitl mit seiner hochgewachsenen Gestalt und seiner etwas herrischen Art nicht zu den Leuten, denen man gerne offen widersprach.

„Kaum zu glauben!“, erwiderte ich daher vorsichtig. Ich saß auf der kleinen Holzterrasse vor der Almhütte, inmitten der anderen Gäste, und schaute in einen blassblauen Föhnhimmel, über den zerfetzte Wolkenbänke zogen. Das Bergpanorama schien zum Greifen nahe und die schmucken Almrauschbüschel in den Tischkrügen zitterten unter den warmen Windstößen.

Eigentlich war ich heute Vormittag auf die Alm gekommen, um eine Ziege zu enthornen.

Normalerweise ist das Enthornen von Ziegen durch das Tierschutzgesetz neuerdings verboten, aber hier lag eindeutig eine medizinische Indikation vor! Die Geiß hatte nämlich in ihrer Gier den Kopf durch den hölzernen Jägerzaun gequetscht, um ein besonders saftiges Kräuterbüschel außerhalb zu ergattern, und war beim Rückzug mit den Hörnern hängengeblieben! Solange hatte sie mit aller Kraft gewerkelt und gezerrt, bis das rechte Horn endlich abgebrochen war. Jetzt hatte sie zwar den Kopf wieder frei, aber das Horn hing samt dem halben Knochenzapfen traurig herunter und bei meinem Eintreffen meckerte sie kläglich vor Schmerzen.

Der Veitl ließ seine Gäste stehen, die Frieda war eh in der Küche, und half mir bei der Ziege. Vorsorglich hatte er sie bereits im „Scherm" untergebracht, so nennt man bei uns die niederen Viehställe auf der Alm. Er hielt sie fest, während ich ihr zuerst einmal eine Allgemeinsedierung verpasste. Als sie nach fünf Minuten friedlich schlafend im Stroh lag, kniete ich mich daneben, um die Lokalanästhesie vorzunehem. Dazu musste man mit einer längeren Nadel in die Knochenrinne zwischen äußerem Augenwinkel und Hornansatz spritzen, um den sovgenannten *Nervus cornealis* zu treffen. Allerdings haben Ziegen eine anatomische Absonderlichkeit! Dieser Nerv verläuft, im Gegensatz zu anderen Wiederkäuern, nicht linear zur Hornbasis, sondern verliert sich in weitverzweigten Verästelungen unter der Stirnhaut. Deswegen auch das Enthornungsverbot, weil nicht immer eine völlige Schmerzausschaltung gewährleistet ist.

Ich setzte jedoch ein großzügig verteiltes Depot über das gesamte vordere Schädeldach, Sparen war noch nie meine Stärke gewesen, schon gar nicht an Medikamenten. Dann nahm ich die Drahtsäge zur Hand und einige schnelle Schnittzüge später fiel das abgebrochene Horn zu Boden! Gut so. Die Geiß hatte keinen Mucksen von sich gegeben und auch die Amputationswunde blutete nicht.

„Soll ich das andere Horn auch absetzen?", frug ich den Veitl.

„Na was denn! Wenn sie schon schläft! Außerdem bin ich nicht scharf auf ein Einhorn!"

Kurz darauf lag auch das zweite Horn im Stroh. Ich drückte dem Veitl eine Dose Blauspray in die Hand: „Zweimal täglich einsprühen! Das verhindert, dass die Fliegen an die Wunde gehen!"

Der Veitl besah die Dose gründlich: „Wär' für die Bauernkrapf'n auch nicht schlecht! Ein Schnapserl zur Stärkung?"

Und so saß ich, ganz entgegen der sonstigen Gewohnheit – rauf auf die Alm, Arbeit erledigen, runter von der Alm, rauf auf die nächste –, entspannt gegen die Hüttenwand gelehnt und genoss den ausgezeichneten Zirbengeist, dessen rosa Färbung seine Echtheit bezeugte. Woher ihn der Veitl hatte, keine Ahnung. So viel ich weiß, wachsen bei uns keine Zirben!

„Noch einen?", frug er erfreut, als ich das Destillat in den höchsten Tönen lobte. Er stelzte ins Haus, um gleich danach mit einem gefüllten Riesenstamperl, das er sorgsam vor den Blicken der übrigen Gäste verbarg, wiederzukehren.

„Soll das keiner sehen?", erkundigte ich mich belustigt. Der Veitl schüttelte den Kopf: „Der is' nur was für besondere Leut', die meisten wissen sowas gar nicht zu schätzen. Für die tut's ein gewöhnlicher Obstler oder ein Wacholder auch!"

Im selben Moment erschien auch die Frieda mit einem Mordstrumm von Baumscheibe als Teller, worauf sich ein überdimensioniertes Speckbrot ausbreitete. Das stellte sie vor mich hin und sagte: „Einen Gut'n, Herr Doktor, weil Sie so schnell heraufgekommen sind!"

„Ja, aber", stammelte ich, „wer soll denn das alles essen?" Der Speck schillerte verführerisch zwischen den dicken Käsescheiben hervor.

„Na Sie! Als Unterlage! Die Schnapserln von meinem Veitl haben es nämlich in sich!"

Das mochte stimmen, denn von einem Nachbartisch ertönte jetzt eine Stimme, der man ankannte, dass ihr Besitzer schon einige intus haben musste! „Das ist ja unglaublich! Der Herr ist lang' nach uns gekommen und hat schon zu essen, während wir seit zwanzig Minuten auf unseren Kaiserschmarrn warten!"

Ich schaute überrascht hinüber und sah den Sprecher, dessen Gesicht hochrot, ob von der Sonne, vom Schnaps oder vor Zorn, war. Dem Tonfall nach handelte es sich um einen Landsmann von mir!

„Wenn Sie auch ein Brot bestellt hätten, hätten Sie auch schon was! Ein Kaiserschmarrn dauert halt länger!", bellte der Veitl zurück.

„Ja, vor allem, wenn die Küche vor lauter Brote-Herrichten nicht zum Kochen kommt!" Der Fremde war wirklich fremd, weil in dieser Manier ließ der Veitl in seinem Reich nicht mit sich reden!

Er stapfte bedrohlich zu dem Tisch und lehnte sich nach vor, indem er die knochigen Fäuste gegen die Tischplatte stemmte: „Der da", knurrte er wie ein Kettenhund, der wusste, dass die Kette bereits durchgescheuert war, und deutete auf mich, ohne sich umzudrehen, „ist unser Tierarzt! Den brauchen wir das ganze Jahr! Aber so wen wie Ihnen brauchen wir da heroben überhaupt nicht! Zahl'n Sie, was Sie bis jetzt gehabt haben, und dann pfüat Gott!"

Der ungeduldige Zeitgenosse war aufgesprungen, seine alkoholgerötete Birne noch dunkler geworden: „So eine Frechheit!“ Er warf dem Veitl das Geld hin: „Ich werde mich im Tourismusamt beschweren!“

„Is' gut!“, sagte der Veitl und zählte den Betrag mit geradezu beleidigender Sorgfalt nach, „hoffentlich müssen Sie dort nicht auch zu lange warten!“

Als er bei mir vorbeikam, brummte er: „Einen Kaiser haben sie in Wien schon lange nicht mehr, nur mehr einen Schmarren an Leuten!“

Der Wettersturz erfolgte, wie vom Veitl vorhergesagt. Am nächsten Tag hatte der Föhnsturm noch an Stärke zugelegt und rüttelte an allem Erdenklichen und Unerdenklichen, bis er schließlich in der Nacht von einem heftigen Gewitter abgelöst wurde. Die Blitze tauchten das Tal in weißes Licht und das unaufhörliche Krachen der Donner wurde von den Berggipfeln zurückgeworfen. Endlich beruhigte sich der Nachthimmel und nur mehr das stete Rauschen des Regens war zu hören.

In der Früh war das Thermometer um gute zwanzig Grad gefallen. Die Schafskälte hatte das Land im Griff!

Während ich in der Apotheke die Medikamente für die vormittägliche Visitentour zusammensuchte, kam Karin herein und streckte mir das Telefon entgegen: „Ein Martin Hörl ist dran. Er sagt, er ist der Schaufler von der Boden-Alm! Mehr verstehe ich nicht!“

„Schafler!“, verbesserte ich.

Karin schaute noch immer verständnislos.

„Schäfer! Schafhirte!“

Sie schüttelte den Kopf: „Diesen Dialekt werde ich nie begreifen!“

„Was gibt's?“, frug ich inzwischen in den Apparat.

„Sie müssen kommen, Herr Doktor! Ich hab' elf tote Viecher auf der Alm! Einige sind angefressen! Vielleicht der Wolf!“

Wolf? Das klang gar nicht gut! Wir hatten in Salzburg schon seit geraumer Zeit Wolfssichtungen zu verzeichnen und angeblich auch manche dadurch verursachte Viehverluste! Wenn sich Meister Isegrim jetzt auch in meinem Praxisgebiet breitmachen sollte, würde dies einiges an Unerfreulichkeiten bedeuten!

„Ich komme!“, versicherte ich.

„Schön! Und, Herr Doktor, ziehen Sie sich warm an. Wir haben da heroben Winter!“ „Verdammte Gegend!“, schimpfte ich, während ich die Kleidertruhe durchstöberte, „wo man mitten im Sommer die Winterklamotten hervorholen muss! Warum kann ich bloß nicht Tierarzt auf Hawaii sein?“

Karin beäugte meine wiederholten Versuche, die Hose zu schließen, mit süffisantem Lächeln: „Wahrscheinlich, weil Dir der Hula-Reifen zu eng wäre …!"

Mit diesen Trostworten versehen, nahm ich die Fahrt auf die Boden-Alm in Angriff!

Unterwegs fiel mir siedendheiß ein, dass ich ja zur Zeit keine Winterreifen montiert hatte, lediglich Allwettergummi, und die Schneeketten waren auch nicht an Bord. Das konnte noch lustig werden!

Es stellte sich jedoch als nicht so arg heraus, nur etwas rutschig auf der dünnen Schneedecke!

Sogar das vereiste Holzbrücklein über den Bach meisterte ich mit Verve. Auf der Alm hingen die Nebelschleier so dicht, dass ich, wüsste ich nicht von früher, wo sie lag, die Schaflerhütte nie gefunden hätte.

Als ich anklopfte erhob sich drinnen wütendes Gebell, das sich aber beim Öffnen schlagartig in freudiges Winseln verwandelte: „Hallo Sykes!" Der Boarder Collie sprang an mir hoch und versuchte, mir das Gesicht abzuschlecken. Ein unnötiger Bestechungsversuch, weil er genau wusste, dass ich, wie immer, einen Leckerbissen für ihn im Wagen mitführte.

Der Hörl Martin saß am Tisch und schob ein buntes Teehäferl in meine Richtung, in dem der Löffel vor lauter Schnaps aufrecht stand: „Hier, zur Stärkung! Wir müssen eine Weile marschieren!"

Anschließend drückte er mir einen langen Haselnussstecken in die Hand: „Den werden Sie brauchen! Der Steig ist ziemlich glatt!"

„Wohin geht es denn?"

Er deutete mit seinem Stock in die Nebelwand: „Dort hinauf! Da haben die Bauern die Schafe wieder einmal bei Vollmond ausgetrieben!"

Als nicht sehr mit den Mondphasen Vertrauter glotzte ich ihn an: „Was hat denn das eine mit dem anderen zu tun?"

„Ganz einfach! Wenn man die Tiere im Frühling das erste Mal aus dem Stall auf die Weide lässt, sollte man das bei abnehmendem Mond tun. Dann versteigen sie sich bei Schlechtwetter nicht in die Höhe, sondern ziehen herunter!"

„Und meiner Tante wachsen Leberblümchen am Hintern!", rief ich!

Er schaute mich ernst an: „Spotten Sie nicht, Herr Doktor, das ist uraltes Wissen und stimmt!"

Ich nahm die Belehrung schweigend hin, immerhin hatten die Menschen im Gebirge eine jahrhundertelange Erfahrung, außerdem brauchte ich meine Puste für den Aufstieg.

Nach ungefähr zwanzig Minuten durch eine graue Wolkensuppe erreichten wir ein ausgesetztes Felsplateau. Ich schnaufend, der Hörl Martin ganz locker: „Da sind wir!"

Es war ein trauriger Anblick: Im Umkreis von zehn Metern lagen die Kadaver verstreut.

„Wo sind die übrigen Schafe?"

„Dort unten! Ich habe sie an eine geschütztere Stelle getrieben!"

Wirklich drang gedämpftes Gebimmel durch den Nebelvorhang zu uns herauf.

Ich nahm jetzt den Schauplatz der Tragödie in näheren Augenschein, die meisten Körper waren unverletzt, nur bei Dreien waren große Fleischstücke herausgerissen, bei einem Vierten fehlte der gesamte Kopf!

„Blitzschlag!", sagte ich mit Bestimmtheit, „nach der gestrigen Nacht kein Wunder!"

„Und die Bissstellen? Warum kein Wolf?"

„Weil die Kadaver zu eng beisammenliegen! Wenn ein Wolf in die Herde fährt, erwischt er ein, maximal zwei Tiere an derselben Stelle. Die anderen flüchten und können erst in größerer Entfernung gerissen werden. So viele Tiere am selben Ort könnte höchstens ein Wolfsrudel verursachen, aber bisher haben wir es immer mit Einzelgängern zu tun gehabt. Außerdem findet sich viel zu wenig Blut am Boden. Das bedeutet, dass die Schafe bereits tot waren, ehe sie vom Räuber angeknabbert worden waren. Und der ist in diesem Fall ein Fuchs!"

„Und warum ein Fuchs?"

„Der fehlende Kopf! Füchse haben manchmal die Gewohnheit, den Kopf zu verschleppen! Fragen Sie mich um Himmels willen jetzt nicht auch noch, weshalb, aber so habe ich es in der Wildtierkunde gelernt!"

„Na, wenigstens kein Wolf!", seufzte der Hörl Martin erleichtert. „Gegen Blitz sind die Bauern wenigstens versichert!

„Ich notiere mir nur rasch die Ohrmarkennummern, damit ich die Bestätigung ausstellen kann!" Von rasch war nicht die Rede. Mein Kugelschreiber streikte auf dem feuchten Notizblock, weil es wieder leicht zu schneien begonnen hatte.

Da zog der Martin einen Bleistiftstummel aus der Joppentasche: „Nehmen Sie den! Die alten Methoden sind noch immer die besten!"

Als ich, bis auf das kopflose Schaf, alle Nummern beisammen hatte, frug der Martin: „Finden Sie den Weg zum Auto zurück alleine?"

„Kommen Sie nicht mit?"

„Nein, ich gehe zu den Schafen und versuche, sie noch weiter hinunterzutreiben! Also, schönen Dank und auf Wiedersehen! Komm, Sykes!"

Ich schaute ihm nach, bis sich die Gestalt mit wehendem Lodenumhang langsam in der Nebelwand auflöste. Von Sykes war nichts mehr zu sehen, nur sein fröhliches Gebell zu hören.

Der Schäfer, seine Herde und sein Hund! Ein Bild, welches es sich seit nahezu tausend Jahren nicht wesentlich verändert hatte, ungeachtet Computern, Überschallflugzeugen und sonstigen modernen Errungenschaften!

Das erwärmte einem das Herz! Trotz der Schafskälte!

Ho-ho-homeokrathie!

Ich mag Pferde!

No, na, werden die meisten jetzt sagen, als Tierarzt kein Wunder!

Seien Sie nicht so vorschnell! Ich kannte einen Kollegen, der panische Angst vor ausgewachsenen Schweinen hatte, und eine sehr liebenswerte, tüchtige Kollegin, die keine Ratte, und sei es nur eine zahme Käfigratte gewesen, angreifen konnte!

Also, ich mag Pferde! Allerdings hatte ich in der Vergangenheit gelegentlich Probleme mit deren Besitzern, die, und das ist eine leider belegbare Tatsache, vorzugsweise weiblich waren.

Im Unterschied zu diesen betrachte ich, bei aller Tierliebe, ein Pferd nämlich nicht als Fetisch, sondern als ganz normales Tier mit seinen jeweiligen individuellen Charaktereigenschaften. Da gibt es die äußerst liebenswerten, ruhigen Typen, die etwas sensibleren, ängstlichen und schließlich die leicht hysterischen.

Da gab es zum Beispiel einen Wallach namens „Ganove". An seiner Stelle hätte ich den Taufpaten wegen Verleumdung geklagt. Ruhig, duldsam, einen angenehmeren Patienten konnte man sich kaum vorstellen. Sein Gegenstück hieß „Angel Heart", eine zierliche Warmblutstute, die nach allen Seiten biss und schon auch mal grundlos ausschlug, wenn man in ihre Reichweite gelangte! Ich kannte das Biest nur mit nach hinten angelegten Ohren, selbst eine harmlose Impfung wurde mit ihr zum Rodeo und gelang auch erst nach Anlegen einer „Pferdebremse" oder, wie sie manche euphemistisch nennen, dem „Pfeiferl" !

Aber das waren, wie gesagt, die persönlichen Eigenheiten und Veranlagungen des Tieres!

Ärgerlich wurde es, wenn der Besitzer sein Pferd als Nabel der Welt betrachtete, dem sich prinzipiell und vor allem grundlos alles unterzuordnen hatte.

Im Tal existierten zwei Reitklubs und in einem davon war ich lange Zeit *persona non grata* gewesen.

Das hatte sich folgendermaßen zugetragen: Gleich zu Beginn meiner Praxistätigkeit hatte ich an einem schneestöbernden Sonntagabend Notdienst, alle Hände voll zu tun und war soeben auf dem Weg zu einem Kalb, das nach telefonischer Auskunft des Bauern an einer schweren

Lungenentzündung litt! In diesem Moment klingelte das Handy und Karin teilte mir mit, dass gerade vom Reitklub angerufen worden war, es sei ganz dringend, ein Pferd sei arg verletzt!

Vor meinem geistigen Auge formten sich zerrissene Sehnen, herausquellende Muskelbäuche und Ströme von Blut zu einer chirurgischen Schlachtplatte! Himmelarsch!

Ich drehte um und raste mit Blaulicht in die Gegenrichtung zum Reitstall! Bei meiner Ankunft bot sich mir ein Bild winterlicher Idylle, die Stallgebäude lagen im Dunkeln, ein paar Autos standen unter einer dünnen Schneehaube auf dem Parkplatz, nur in der großen Reithalle brannte Licht! Ich stürzte hinein und sah eine hübsche Rotfuchsstute, die von einer noch hübscheren jungen Dame im Reitdress an der Longe im Kreis geführt wurde. Zwei weitere Mädchen, offenbar Freundinnen, standen neben dem Eingang und schauten zu!

„Wo ist das verletzte Pferd?“, bellte ich.

„Na hier!“

„Wo hier?“ Die Stute hinkte am linken Hinterbein ein bisschen, aber sonst konnte ich nichts Aufregendes entdecken.

„Hier! Sie sehen doch! Vor vier Tagen hat sie sich am Saumband aufgerissen und seit heute lahmt sie!“

Vor meinen Augen drehte es sich schneller als das Blaulicht, das immer noch eingeschaltet war. „Und wegen so einem Schmarren machen Sie ein Tamtam? Vier Tage haben Sie zugeschaut und mitten im Notdienst fällt es Ihnen plötzlich ein?“

„Ja, aber das Pferd ist doch arm!“

„Und das Kalb, das vor lauter Lungenentzündung keine Luft mehr bekommt und deswegen warten muss, ist vielleicht nicht arm? Ihr seid mir richtige Tierfreunde!“, schimpfte ich lautstark.

Die drei jungen Damen zeigten sich höchst pikiert ob dieser Schelte und hüllten sich fortan in eisiges Schweigen, woran der Umstand, dass ich die Stute noch schnell behandelte, wo ich doch schon da war, auch nichts änderte.

Mit durchdrehenden Reifen machte ich mich gleich auf den Weg zu dem Kalb, das aufgrund von Atemnot bereits die Zunge herausstreckte.

Dieser barsche Auftritt verbreitete sich selbstverständlich in Windeseile unter den übrigen Pferdebesitzern des Reitklubs und man kam gemeinschaftlich zu dem Schluss, dass ich, erstens, ein unfreundlicher Kerl war, der, zweitens, dem Leiden eines Pferdes, und wäre es auch noch so undramatisch, nicht höchste Priorität einräumte und den man folglich, drittens, nicht mehr rufen würde.

Ich war, um es in altertümlicher Studentensprache auszudrücken, in den „Bierverschiss gesteckt“ worden.

Mein Nachbarkollege, seiner eigenen Überzeugung nach sowieso ein bedeutender Pferdespezialist, besetzte die Nische so bereitwillig wie ein Einsiedlerkrebs eine leere Konservendose auf dem Meeresgrund!

Umso größer war daher mein Erstaunen, als mich nach drei Jahren Reitklub-Abstinenz aus heiterem Himmel eine Frau Baumann anrief, ich solle mir das Pferd ihrer Tochter anschauen.

Bei der Einfahrt in das Klubgelände hätte ich beinahe den Vinzenz über den Haufen gefahren, der eine Scheibtruhe mit Pferdeäpfeln hinüber zum Misthaufen radelte. Der Vinzenz, als uneheliches Kind geboren, arbeitete seit seinem zwölften Lebensjahr als Stallknecht. Zuerst bei einem Bauern, von dem man munkelte, dass der sein leiblicher Vater sein könnte, nach dessen Tod fand er dann vor Jahren Beschäftigung im Reitklub. Obwohl er mittlerweile auch schon über sechzig war, schuftete er noch immer unverdrossen wie ein Pferd. Trotzdem gab es immer wieder regelmäßige Vorstöße von Klubmitgliedern beim Präsidium, ihn loszuwerden. Dieses Vorhaben scheiterte aber ebenso regelmäßig an der Vergeblichkeit, zum gleichen Lohn und Arbeitspensum einen geeigneten Nachfolger zu finden.

Der Grund für die Ablehnung durch einen Teil der Pferdebesitzer lag zweifelsohne in der Trinkfreudigkeit des Vinzenz. Schon am frühen Morgen verbreitete er eine Schnapsaura um sich und verströmte den Duft von gebranntem Wacholder – ähnlich einem Koala, der bekanntlich infolge seiner einseitigen Ernährungsgewohnheit auch intensiv wie Eukalyptusbonbons riecht. Ich nehme an, diese Aromawolke bildete für den guten Vinzenz so eine Art Faraday'scher Käfig gegen die Einschläge des Schicksals. Jedenfalls sollte man als Autofahrer auf nüchternen Magen dem Vinzenz besser nicht unter einem Meter Entfernung begegnen, sonst hat man bei der nächsten Verkehrskontrolle selbst ein Problem. Erstaunlich, wie er sich den beständigen Pegel bei der Bezahlung überhaupt leisten konnte. Wahrscheinlich Schwarzgebrannter!

„Hoppala, der Herr Doktor ist aber wieder einmal schnell unterwegs!“, sagte der Vinzenz, obwohl er es war, der mir, ohne zu schauen, vor die Stoßstange gelaufen war. Er setzte die Scheibtruhe geräuschvoll ab und gönnte sich, auf den Schreck hinauf, einen ordentlichen Schluck aus der flachen Glasflasche in seinem Arbeitsmantel. Der Flacon war ursprünglich mit dem Bild einer übertrieben blauen Enzianblüte bemalt gewesen, von der man infolge des beständigen Gebrauches nur mehr Spuren erahnen konnte. Anschließend rülpste er kräftig und klopfte sich dabei mit der Faust drei Mal auf die Brust!

Irgendwie erinnerte er von Statur, Gestik und Mimik her verteufelt an unseren seligen Hans Moser, wenn dieser in der „Fledermaus" den „Frosch" gegeben hatte.

„Servus Vinzenz!", streckte ich den Kopf bei der Seitenscheibe heraus. Mit dem Vinzenz ist jeder per Du, ausnahmsweise sogar ich. „Kannst du mir sagen, wo ich eine Frau Baumann finde?"

„Die Baumann ist … dort!" Dabei beschrieb sein Zeigefinger eine Hunderachtziggraddrehung, weil es ihn ohne stabilisierende Scheibtruhe um die eigene Achse wandelte!

„Vielen Dank!" Wenigstens den Sektor, den ich absuchen musste, kannte ich nun!

Die Damen Baumann, unverkennbar Mutter und Tochter, erwarteten mich schon vor den unteren Stallungen.

„Guten Tag!" Ich sprang, Elastizität vortäuschend, aus dem Wagen. „Wo ist der Patient?"

„Herkules ist noch auf der Koppel!"

„Aha! Und worum geht es?"

„Er hat Mundgeruch!"

Jetzt war ich baff! Ein Pferd mit Mundgeruch war mir neu! Vielleicht ein schlechter Zahn? Oder eine Zahnfleischentzündung? „Also gut, schauen wir ihn uns an!" Ich wollte losstarten, aber Frau Baumann hielt mich zurück: „Warten Sie, das Ganze hat eine längere Vorgeschichte!"

„Soll ich mir derweilen eine Pfeife anstecken?" Ich weiß, die Frage klang provokant. Aber erstens wollte ich nicht den Eindruck erwecken, einen Kniefall zu vollführen, nur weil jemand vom Reitklub die Gnade hatte, mich nach langer Zeit wieder einmal zu konsultieren. Außerdem war mir bekannt, dass Frau Baumann zu jenem Personenkreis gehörte, der sich über Vinzenz des Öfteren schon beschwert hatte. Und schließlich klang „längere Vorgeschichte" verdächtig nach Vorbehandlung durch jemand anderen und die Rolle eines Notnagels schätzte ich überhaupt nicht.

Frau Baumann sah mich einen Moment lang verunsichert an, der Gedanke „wirklich ein unfreundlicher Kerl" war ihrem Gesicht deutlich anzumerken, aber sie hielt tapfer durch: „Soo lange auch nicht!" Dann begann sie zu erzählen: Vor ungefähr einem Jahr wäre bei Herkules ein verirrter Zahn im Nasenrücken, gleich unterhalb der Augen diagnostiziert worden, worauf er in einer speziellen Pferdeklinik operiert worden war. Die Operation verlief zufriedenstellend, trotzdem stellte sich, nachdem Herkules wieder daheim war, eine nachträgliche Entzündung an der Operationsstelle ein, welche von besagtem Nachbarkollegen mittels mehrerer Injektionen tadellos zur Abheilung gebracht worden war. Soweit sei alles gut, bloß seit ungefähr zwei Monaten habe Herkules einen entsetzlich stinkenden Atem und Mundgeruch entwickelt, dass ein Reiten auf ihm bei Gegenwind fast nicht mehr möglich war. Außerdem war in den letzten Tagen bei ihm ein grünlich gelber Eiterausfluss besonders aus der rechten Nüster zu verzeichnen. Dem Wallach selbst gehe es dabei gut.

Ich nickte. Bei Pferden kam dieses Phänomen nicht selten vor! In der Embryonalentwicklung schlug eine Zahnknospe den falschen Weg ein und statt im Kiefer, wo eine anständige Zahnknospe hingehörte, setzte sie sich in einem der anderen Schädelknochen fest. Versprengte Zahnanlage wurde diese Missbildung genannt. Meistens trat sie im Bereich des Ohrgrundes auf, ich hatte aber auch schon andere Lokalisationen erlebt. Irgendwann begann dieser irreguläre Zahn, da er ja nicht über ein Blutgefäß ernährt wurde, zu faulen und ein Geschwür zu bilden, das sich über einen Fistelkanal nach außen entleerte! Dann half nur, dem Tier unter Vollnarkose diese Ruine aus dem Knochen zu meißeln, eine abscheuliche Arbeit, die noch dazu nicht immer komplikationsfrei ablief, da der Zahn brüchig war und oft beim Extraktionsversuch in mehrere Einzelteile zerbröselte, und trotz ausgiebiger Spülung der Wundhöhle verblieb hie und da ein winziger Splitter, der das Geschehen von Neuem anheizte! Wahrscheinlich war das bei Herkules der Fall! Da gab es nur einen Ausweg: eine weitere Operation. Ich teilte Frau Baumann diese meine Meinung in knappen Worten mit!

„Ja, dasselbe hat der Doktor Mang auch gesagt! Wir möchten aber Herkules nicht noch einmal so einer Belastung aussetzen!"

Den Geldbeutel wohl auch nicht, dachte ich boshaft. „Schön! Und was soll ich in der Sache jetzt tun? Spritzen hat er ja wohl genug bekommen. Außerdem bezweifle ich, dass das hier noch sinnvoll wäre, nachdem der Kollege offenbar schon die richtigen Medikamente angewendet hat, wie das Abklingen der Entzündungssymptome beweist. Und gegen so einen Fremdkörper oder, wie es im Fachjargon heißt, ‚Sequester' helfen sowieso keine Antibiotika!"

„Das denke ich mir! Aber Sie genießen einen Ruf als Homöopath! Darum wollen wir, dass Sie es auf diese Art bei Herkules versuchen!"

Beinahe hätte ich laut gelacht: „Frau Baumann, ich gebe Ihnen Recht, dass die Homöopathie, auch wenn ständig etwas anderes behauptet wird, eine ausgezeichnete Behandlungsmethode darstellt. Aber man muss auch seriöserweise ihre Grenzen benennen! Und ein veritables Knochenabszess homöopathisch zu behandeln, bedeutet weniger Therapie als Scharlatanerie! Tut mir leid, aber so ist es!"

„Bitte!"

Der Tonfall, mit dem sie „bitte" sagte und die Augen von Frau Baumanns Tochter, die danebenstand, gingen mir durch und durch.

Ich gab auf! „Also gut, schauen wir uns den kleinen Stinker an!"

Von klein konnte jedoch in beiderlei Hinsicht keine Rede sein, Herkules hieß nicht umsonst so! Er überragte mich um mindestens zwei Kopflängen! Allerding war es wirklich eine Herausforderung, dem Wallach in die Nähe zu kommen. Sein jauchiger Atem verschlug einem die Sprache und ich konnte mir jetzt vorstellen, wie es war, wenn man im Sattel saß und einen Lungenzug davon abbekam. Wahrscheinlich wäre davon sogar ein echter Apache vom Pferd gefallen. Ich war direkt froh, beim Messen der Rektaltemperatur für kurze Zeit am anderweitigen Körperende beschäftigt zu sein. Fieber hatte Herkules nicht, eigentlich erstaunlich bei dieser fauligen Ausdünstung, auch der Puls an der Unterkiefervene und die Schleimhautfarbe der Augenlieder waren normal, wie ich unter krampfhaftem Luftanhalten feststellen konnte. Eindeutig ein lokaler Prozess, der sich über den Nasenrachengang entleerte.

Ich wandte mich wieder den beiden Damen zu. „Mit ziemlicher Sicherheit so ein restliches Bruchstück vom Zahn! Aber ich muss nochmals drauf hinweisen, dass ...!"

„Wir haben verstanden", unterbrach mich Frau Baumann, „und wir wissen Ihre Ehrlichkeit auch zu schätzen. Aber schauen Sie, Herkules ist nicht mehr der Allerjüngste und so eine Narkose stellt doch eine erhebliche Belastung dar. Darum möchten wir, dass Sie es probieren! Ich verspreche Ihnen, wenn es nicht funktioniert, keinerlei Vorwürfe von unserer Seite!"

„Also gut, wenn Sie glauben! Dann richte ich heute die Tropfen her und Sie können morgen gleich damit anfangen. Ach ja, warme Kompressen über dem Nasenrücken müssen Sie Herkules mindestens einmal am Tag zusätzlich machen!"

„Wie geht das?"

„Kartoffeln kochen, mit der Schale zerstampfen, in ein Leinentuch füllen und so warm, wie möglich, auflegen!" Das alte Kartoffelrezept, das schon den Oberst Hladich so aufgeregt hatte, ist noch immer eines der besten!

Frau Baumann versprach, genau nach meinen Anweisungen zu verfahren, trotzdem beschlich mich bei der Rückfahrt das ungute Gefühl, mich da in etwas hineintheatern lassen zu haben.

Nachdem ich am Abend die Tropfen für Herkules zusammengemischt hatte, vergönnte ich mir selbst einen guten Tropfen. Dabei klagte ich Karin meine Bedenken!

„Sei nicht so pessimistisch! Immerhin hat man dir zugesagt, dass dich keine Verantwortung trifft. Und es soll ja sogar Frauen geben, die ihre Versprechen halten!", setzte sie mit einem leichten Anflug von boshaftem Feminismus hinzu.

„Schon", brummte ich, „aber du weißt ja, wie das ist: Herumerzählt wird trotzdem und ich möchte nicht in den Ruf dieser Wunderheiler geraten, die Krebskranke nur mit Mistelextrakten traktieren!"

„Unsinn!", meinte Karin. „Krieg ich jetzt vielleicht auch einen Schluck?"

Nachdem ich mir keine Illusionen über den Behandlungsverlauf bei Herkules machte, dachte ich die nächsten Wochen nicht daran. Bis mir eines schönen Tages Karin mit meinem Handy nachgelaufen kam: „Sag einmal, liest du deine SMS nicht?"

„Nein! Die Leute sollen miteinander reden und keine blöden Nachrichten verschicken!"

„Die hier hätte dich aber vielleicht interessiert! Eine Frau Baumann bedankt sich nämlich herzlich, weil Herkules seit Tagen keinen Nasenausfluss mehr hat, und auch der Atemgeruch ist vollkommen verschwunden!"

„Gib her!" Ich riss ihr das Gerät aus der Hand! Kein Irrtum möglich! Da stand es Schwarz auf Weiß! Unfassbar. Nach mehr als zwanzig Jahren Beschäftigung damit hatte die Homöopathie noch immer Überraschungen auf Lager!

Meine Euphorie hielt allerdings nur ein paar Wochen lang. Dann rief Frau Baumann an und bat um einen Nachschub an Tropfen, da die Symptome bei Herkules wieder angefangen hätten. Nicht mehr so ausgeprägt wie zu Anfang, aber doch.

„Jetzt zieh nicht schon wieder dein Schnoferl!", beruhigte Karin, „so etwas geht manchmal nur etappenweise. Du hast doch gehört, es ist nicht mehr so arg wie vorher! Rom ist auch nicht an einem Tag erbaut worden!" Darüber musste sie als Geschichtslehrerin ja Bescheid wissen.

Und sie sollte wirklich Recht behalten! Der Ausfluss bei Herkules verschwand nach einigen weiteren Gaben erneut vollständig, um nicht mehr wiederzukehren. Nicht nach zwei Monaten, nicht nach einem halben Jahr. Als ich ihm im Herbst die übliche Grippe-Tetanus-Impfung verpasste, roch er wie ein ganz normales Pferd!

„Na sehen Sie!", meinte Frau Baumann befriedigt, „und zuerst waren Sie so widerborstig!"

„Entschuldigung", murmelte ich. Dann fiel mir ein, dass das das erste Mal war, dass ich mich für die Heilung eines Patienten entschuldigte!

„Psst, Herr Doktor", kam es aus einer Ecke bei den oberen Stallungen, als ich mich ins Auto setzen wollte. Das Gesicht von Vinzenz tauchte hinter der Mauerkante auf und sein gekrümmter Zeigefinger winkte mich zu ihm hinüber.

„Sagen Sie, hätten Sie nicht auch so ho-ho-homeokratische Tropfen für mich wie für den Herkules? Dann könnten sich die anderen nicht dauernd beschweren, dass ich eine Schnapsfahne habe!"

Mein lieber Freund und Zwetschkenröster, dachte ich, wenn das bei Alkohol auch funktionieren täte, wäre die Homöopathie wohl die weitverbreitetste Therapieform der Welt!

„Die kannst du dir selbst zubereiten!"

„Ich? Wie denn?"

„Ganz einfach! Du nimmst ein Stamperl von deinem geliebten Wachholder und gibst neun Stamperln Wasser dazu. Dann schüttelst du das Ganze ein paar Mal gründlich und hast die erste Zehnerpotenz D1. Dann nimmst du von dem Gemisch wieder ein Stamperl, gibst nochmals neun Stamperl Wasser dazu und schüttelst erneut. Das ist dann die D2! Je öfters du das wiederholst, umso größer wird die Potenz und somit die Wirksamkeit! Das ist das Wesen der Homöopathie!"

„So einfach ist das?"

„Gleiches mit Gleichem heilen! So einfach ist das!", bestätigte ich.

Beim nächsten Besuch im Reitklub, ich war dort plötzlich wieder ein gefragter Mann, lief mir Vinzenz über den Weg. Als er mich sah, stellte er die Scheibtruhe ab und rief herüber: „Herr Doktor, dass Sie es nur wissen: Das mit der Ho-Ho-Homeokratie hab' ich wieder aufgegeben!"

„Na geh!", tat ich überrascht.

„Ja! Sie haben zwar Recht behalten, dass die Schnapsfahne verschwindet! Aber der ganze Geschmack auch! Nur Wasser!"

Ein Grinsen zu unterdrücken, fiel mir schwer! Ich hatte Frau Baumann tatsächlich nicht belogen. Jeder Fall eignet sich eben nicht für Homöopathie!

Sex ohne City

Eine Woche vor Weihnachten bekamen Karin und ich ein Kind!

Nein, kein Baby!

Ein siebenjähriges Mädchen!

Kinder in diesem Alter hatten den Vorteil, zumeist schon stubenrein zu sein, nachts durchzuschlafen, beim Essen, so ferne es sich nur um Pizza mit Pommes handelte, nicht wählerisch zu sein, noch keine pubertären Anwandlungen zu zeigen, und der größte Vorteil an ihnen war, man konnte sie wieder zurückgeben!

Zumindest in diesem Fall!

Anja war nämlich die Tochter unserer Freunde Heike und Jürgen. Eigentlich gehörte es nicht zu deren Gepflogenheiten, ihr Kind kurz vor den Feiertagen bei anderen Leuten zu deponieren, aber Jürgens Stiefmutter, die nach dem Tod von Jürgens Vater vor zwanzig Jahren wieder geheiratet hatte, und zwar ausgerechnet einen Australier, lag jetzt selbst in Canberra im Sterben. Und ihr letzter Wunsch, wie *Crocodile Dundee*, also ihr Gatte, per Telefon mitgeteilt hatte, war es, Jürgen noch einmal zu sehen! Heike wollte ihren Mann deswegen nicht allein über den halben Erdball düsen lassen und so kamen die beiden mit der Frage zu uns, ob wir nicht Anja für ein paar Tage zu uns nehmen würden, am dreiundzwanzigsten Dezember, rechtzeitig vor dem Weihnachtsfest, wären sie wieder im Lande! Der Flug ging von Salzburg aus nach München, von da weiter nach Frankfurt und schließlich, unter Zwischenlandungen, nach *Down Under*! Da Anja ihre Stiefgroßmutter überhaupt nicht kannte, wollten die Eltern ihr diese Ochsentour auch nicht zumuten, und weil sie von früheren Zusammentreffen wussten, dass die Kleine sich in unserer Anwesenheit wohlfühlte – Karin konnte sowieso gut mit Kindern –, verfielen sie auf uns. Ich wiederum genoss die Wertschätzung von Anja durch meinen Beruf, sie war verrückt nach Tieren und so hatte ich sie schon das eine oder andere Mal auf kurze Visiten mitgenommen, wo sie mit Hofhunden spielte, Katzen streichelte und zutrauliche Kälber kraulte!

Deshalb wirkte sie auch nicht allzu geknickt, als sie, zwischen uns stehend, die Abfahrt der Eltern bei leichtem Schneetreiben miterlebte.

„Auf Wiedersehen und schön brav sein", rief ihr Heike durch das offene Seitenfenster des Wagens zu und winkte.

„Gute Reise“, schrie ich, „und bringt Anja ein echtes Känguruh aus Australien mit!“

„Auja, ein Känguruh!“ Anja schien von der Aussicht begeistert und hüpfte, als wäre sie selbst eines.

Ich konnte noch gerade sehen, wie Jürgen die Augen verdrehte, ehe das Auto um die Hecke verschwand.

„War das unbedingt notwendig?“, zischte mir Karin beim Hineingehen, unhörbar für Anja, zu, „jetzt wird sie die ganzen Weihnachtstage über die beiden damit löchern, warum sie keines bekommen hat!“

„Ich habe doch bloß ein echtes Stoffkänguruh gemeint“, log ich.

Anja entpuppte sich als höchst unkomplizierter Gast, von dem sich mancher Erwachsene eine Scheibe abschneiden könnte. Wenn wir gerade keine Zeit für sie hatten, beschäftigte sie sich mit ihren Spielsachen, las bereits einfache Kinderbücher und war sogar beim Essen unkompliziert, sofern es nicht Brokkoli gab. Sie genoss es, mit Karin, die schon Ferien hatte, im Garten einen Schneemann und rundherum Schneezwerge mit hohen Zipfelmützen zu bauen oder mit ihr auf dem kleinen Eislaufplatz gegenüber der Post die ersten Eistanzschritte zu üben.

Aber am liebsten war ihr, wenn ich sie ins Auto verfrachtete und zu den Bauern hinausfuhr!

Beim Haberl lag eine Kuh mit Milchfieber im Stall. Das ist eine Stoffwechselstörung nach der Geburt, bei der der plötzliche Kalziumverlust über die Milch nicht vom Körper durch Herauslösen aus dem Knochenreservoir ausgeglichen werden konnte. Infolgedessen sinkt der Blutkalziumspiegel, es kommt zur vollständigen Lähmung bis hin zum Koma und, bei Nichtbehandlung, zum Tod. Die Therapie ist simpel. Man infundiert eine warme Kalziumlösung und meistens, nachdem Flasche leer ist, zeigt sich die Kuh wie verwandelt!

Während die klare Flüssigkeit in die Halsvene rann, hockte Anja vor dem Kopf der Kuh und streichelte ihr über die Nase.

Mit einem Mal setzten bei dem Tier die Reflexe wieder ein und es begann, mit den Augen zu zwinkern.

„Sie hat mir zugeblinzelt!“, rief Anja aufgeregt,

„Klar! Weil sie weiß, was für eine gute Krankenschwester du bist!“

Als Nächstes mussten wir zum Ettau-Hof. Ein Kalb hatte eine beidseitige Augenentzündung, weil über Nacht versehentlich eine Tür offen geblieben und das Junge im Windzug gelegen war.

Und anschließend stand beim Holzlechner eine künstliche Besamung auf dem Programm.

An sich lag der Betrieb nicht direkt in meinem Praxisgebiet, aber die Kalbin war bereits drei Mal vom Kollegen befruchtet worden und noch immer nicht trächtig! Und da ich am Hof in der Vergangenheit schon einige Male im Zuge der Wochenenddienste Besamungen, offenbar mit Erfolg, vorgenommen hatte, wollte es der Holzlechner diesmal mit mir probieren! „Weil sie gar so eine gute Abstammung hat", wie er am Telefon erklärt hatte.

Als ich jedoch hinter der Kalbin stand, wusste ich, warum der Kollege Schiffbruch erleiden musste. Das Vieh war vollkommen „überwuzelt"!

„Wie alt ist denn die?"

Es stellte sich heraus, dass das hoffnungsvolle Jungrind in Bälde den dritten Geburtstag feiern würde! Bei einem normalen Belegungsalter von zirka zwei Jahren schon eine beträchtliche Überschreitung! Sozusagen alte Jungfer!

Außerdem besaß sie überreichlich von dem, was man beim Menschen liebevoll als „Hüftgold" zu bezeichnen pflegte!

„Die ist ja fett wie ein Schwein!", platzte ich heraus!

„Ja", pflichtete der Holzlechner bei, „sie steht gut im Futter!"

Mein Bester, wollte ich sagen, aber der Holzlechner war eben nicht mein Bester: „Hören Sie, abgesehen vom Alter, ist das Tier viel zu fett! Ein Arsch wie ein Brauerei-Ross! In so einer Mastkondition nimmt kein Rindvieh der gesamten Welt auf!"

„Ach was! Reden Sie keinen Unsinn, Herr Doktor! Meine Frau hat hundertdreißig Kilo und wir haben trotzdem fünf Kinder!"

Dieser unverblümte Vergleich setzte mich schachmatt!

„Also gut, dann probieren wir halt unser Glück!"

Anja betrachtete ehrfürchtig, wie ich das Plastikröhrchen mit dem Gefriersperma aus dem Stickstoffcontainer, aus dem es herausdampfte – kein Wunder bei minus hundertvierundsiebzig Grad – entnahm. Atemlos verfolgte sie den Vorgang, bei dem ich meinen rektalhandschuh-bewehrten Arm bis über den Ellenbogen in den Mastdarm der Kalbin schob, um die Gebärmutter zu umklammern und mit der anderen Hand die lange, dünne Besamungspistole in die Vagina schob. Sobald die Spitze des Instrumentes an der richtigen Stelle saß, drückte ich ab. Ich zog den Handschuh herunter und überreichte dem Holzlechner den ausgefüllten Besamungsschein samt leerem Samenröhrchen.

Erst jetzt fand Anja die Sprache wieder: „Onkel Hans, was hast du da gemacht?"

„Ich habe die Kuh befruchtet, damit wir, wenn wir Glück haben, in neun Monaten ein Kälbchen von ihr bekommen. So eines, wie das da!" Ich zeigte auf eine Box, in der gerade ein vor einer halben Stunde geborener Stier auf noch wackeligen Beinen stand.

„Nein, Herr Doktor, bitte nicht schon wieder ein Stier! Eine *Kus'n* (der landläufige Begriff für weibliche Kälber) tät' ich dringend gebrauchen!"

Ehe ich antworten konnte, hatte Anja schon die nächste Frage parat: „Bin ich auch so entstanden?"

„Nein, bei Kindern funktioniert das meistens anders!"

„Wie denn?"

Ich schaute den Holzlechner an. Er grinste dreckig von einem Ohr zum anderen.

„Pass auf! Wir machen jetzt noch einen Besuch und dann gehen wir in die Konditorei! Dort erzähle ich dir alles, was du wissen willst! Einverstanden?"

Als wir zum Auto marschierten, rief mir der Holzlechner vom Stall her nach: „Viel Glück, Herr Doktor!"

Ohne mich umzusehen, wusste ich, dass er noch immer dreckig grinste. Ich überlegte, ob ich ihm für seine impertinente Schadenfreude nicht noch schnell eine kleine Rache angedeihen lassen könnte, aber, so sehr ich mir den Kopf zermarterte, mir fiel ausnahmsweise beim besten Willen nichts ein.

In der Konditorei Aiblinger wollte Anja dann unbedingt ein Eis. Als ob draußen nicht genug läge. Aber immerhin Erdbeer-Vanille! Ich nahm einen Espresso mit einem doppelten Weinbrand! Den konnte ich bei der bevorstehenden Aufgabe bestimmt brauchen:

„Also! Was soll ich dir erzählen?"

„Woher die Kinder kommen?"

Verdammt, dachte ich, aber gleich darauf, was soll's! Immerhin bin ich Tierarzt und der Meinung, man kann nie früh genug damit anfangen, Kinder mit der Natur vertraut zu machen. Und die Sache ist ja seit Erfindung der Evolution ziemlich natürlich. Außerdem wollte ich ihr kindliches Gemüt von der Vorstellung befreien, ihr Vater hätte seinerzeit im Schlafzimmer auch mit einem Rektalhandschuh herumgefuhrwerkt. Also begann ich in leicht verständlicher Form mit einer Einführung in Biologie.

Von wegen, Kinder in diesem Alter wollen es gar nicht so genau wissen! Meine kindergerechte Fassung genügte Anja in keiner Weise und ihre Detailfragen hätten selbst eine Gerti Senger zum Schwitzen bringen können!

Aber, wie mein Wahlspruch lautet, dem Veterinär ist nichts zu schwer! Daher schilderte ich ihr ungeschminkt den Hergang der Zeugung, Schwangerschaft bis zur Geburt. In leicht verständlichen, aber ungeschminkten Worten. Anjas Augen während meiner Ausführungen wurden immer größer und ihr Eis immer kleiner, weil sie auf das Löffeln vergaß!

„So, jetzt weißt du Bescheid. Noch Fragen?"

Anja schüttelte stumm den Kopf. Ich zahlte. Auf der Rückfahrt redete Anja noch immer nichts, es war ihr anzumerken, dass sie grübelte.

Hoffentlich habe ich keinen Fehler gemacht, ging mir durch den Kopf. Aber als wir jedoch daheim von Karin mit Marillenpalatschinken empfangen wurden, war sie wieder ganz die Alte.

Dass ich doch einen Fehler begangen hatte, wurde mir einige Tage später klar, als sich Karin vor mir aufbaute: „Sag' einmal, hast du Anja irgendeinen Floh ins Ohr gesetzt?"

„Floh? Nicht dass ich wüsste! Warum?"

„Weil ich sie eben gefragt habe, ob sie sich freut, dass morgen die Eltern wiederkommen, und sie hat geantwortet, das wisse sie nicht so genau! Und als ich nachforschte, erklärte sie mir, weil die so komische Sachen anstellen!"

„Ach so", warf ich in leichter gehaltenem Ton, als mir zumute war, hin: „Wir haben uns über Sex unterhalten!"

„Bist du noch zu retten? Mit einer Siebenjährigen redest du über Sex?"

Jeder Tiergarten, dem eine Raubkatze entsprungen war, hätte mein liebes Eheweib in dem Moment als authentischen Ersatz akzeptiert. Ich verstand nicht, was das mit dem Alter zu tun hatte. Als ich sechs oder sieben war, waren ich und meine Fußballkameraden geradezu versessen darauf, mehr über das Thema zu erfahren.

Ich erinnerte mich sogar, dass eines Tages einer aus unserer Runde, Walter hieß er, glaubte ich, mit einem Buch, das er seinen Eltern heimlich aus dem Kasten entwendet hatte, aufgetaucht war. Der Schmöker stammte von einem Holländer und trug den Titel „Die vollkommene Ehe"! Ein elendig fades Machwerk! Bis Seite dreihundert dauerten seine ethischen, juristischen und medizinischen Darlegungen an, und als es endlich zur Sache ging, erwiesen sich die schematischen Zeichnungen so erotisch wie die Blaupausen für einen U-Bahn-Tunnel und es wimmelte nur so von gespreizten Fachausdrücken, dass man glauben konnte, zum Geschlechtsverkehr bräuchte es zumindest des kleinen Latinum! Wir ließen daraufhin die Sache für ein paar weitere Jahre auf sich beruhen.

„Hör mal", protestierte ich, „sie hat damit angefangen, als sie mich gefragt hat, wie und woher die Kinder kommen! Und da habe ich mir gedacht, ich schenke ihr reinen Wein ein. Jedes Bauernkind weiß spätestens mit vier Jahren Bescheid, weil sie es mit eigenen Augen am Hof beobachten!"

Mir fiel der alte Witz ein, in dem der kleine Sepperl mit einer Kuh am Strick durch das Dorf marschierte und dem Pfarrer begegnete. „Ja, sag einmal, Sepperl, wo gehst denn du mit der Kuh hin?"

„Zum Stier, Hochwürden!"

Dem prüden Geistlichen wurde ganz blümerant bei der Vorstellung, der Knirps könnte Zeuge eines Fortpflanzungsaktes werden, und vorwurfsvoll tönte er: „Da hört sich doch alles auf! Kann das nicht dein Vater besorgen?"

„Nein, Hochwürden! Da gehört schon ein richtiger Stier dazu!"

Karin hatte zwar für derlei Witze derzeit nicht den richtigen Draht, besaß aber auch kein stichhaltiges Gegenargument mehr! Trotzdem war mir klar, dass ich meinen Schlummertrunk heute allein genießen musste.

Am Nachmittag des darauffolgenden Tages kehrten Heike und Jürgen pünktlich zurück. Als Erstes umarmten sie ihre Tochter, die die Umarmungen anstandslos erwiderte. Mir fiel ein Stein vom Herzen. Als Nächstes stürzte sich Jürgen auf meine Hausbar: „Meine Güte, endlich ein anständiger Whisky. Komisch! Die Australier gehören noch immer zum Commonwealth, aber der Whisky dort ist nicht zu saufen! Wahrscheinlich Ausdruck ihrer Bestrebungen, sich vom Empire zu trennen. Schmeckt wie Dingo-Pisse!"

„Jürgen!", rief Heike und warf einen verstohlenen Blick auf die Tochter.

„Entschuldigung, Anja! Vati meinte natürlich, wie Hundepipi!"

Unsere Frauen bevorzugten einen steifen Martini und wir saßen gemütlich rund um den Wohnzimmertisch.

„Ich bin froh, dass ich die alte Dame noch einmal gesehen habe," sagte Jürgen, „schließlich hat sie meinem Vater seine letzten Jahre versüßt!"

Anja kuschelte mit ihrem niedlichen Plüschkänguruh, das ihr Heike im Dutyfreeshop besorgt hatte, etwas abseits im Lehnstuhl.

Plötzlich schallte ihre Stimme durch das Zimmer: „Habt ihr in Australien Sex gemacht?"

Jürgen und ich waren gerade dabei, uns zuzuprosteten, und hätten deshalb wahrscheinlich auch den Pokal im Synchronprusten gewonnen!

„Was hast du gesagt?"

„Na, weil Onkel Hans erzählt hat, dass Eltern oft Sex machen!"

„Von oft war nicht die Rede …" wehrte ich mich, „ich meine …!" Mir war klar, aus dieser Nummer kam ich nicht mehr so leicht heraus.

Heike schaute mich an wie Anja in der Konditorei, bloß war das Eis nicht im Becher, sondern in ihrem Blick.

Karin nahm die Situation in die Hand und Anja ebenfalls: „Komm mit, ich zeig' Dir was …!"

Ich hob beschwörend die Hände: „Freunde, hört mir zu!" Und dann erzählte ich, wie die Geschichte gelaufen war. Besonders betonte ich dabei den möglichen falschen Eindruck mit dem Rektalhandschuh.

Das Eis in Heikes Augen begann endlich zu schmelzen und Jürgen fixierte mich mit sarkastischem Lächeln über das Whiskyglas hinweg: „Das kommt davon, wenn man sein minderjähriges Kind ein paar Tage lang einem Tierarzt anvertraut. Dann sind wir dir also noch zu Dankbarkeit verpflichtet?"

„Nicht zum Dank! Zur Anerkennung für besondere Tapferkeit!"

Man beschloss, dass Anja die letzte Nacht noch bei uns verbringen sollte, weil sich die Eltern vom Jet-Lag im Hotel gründlich ausschlafen mochten. Vielleicht wollten sie, so meine schmutzigen Gedanken, auch noch einmal Sex!

Als sie am nächsten Vormittag bei uns läuteten, war alles zur Abreise vorbereitet! „Komm Anja, jetzt fahren wir zum Christkind!"

In der allgemeinen Abschiedszeremonie drückte mir Jürgen noch einmal kräftig die Hand: „Danke, Alter! Für die aufklärerische Vorarbeit!" Wir winkten Anja und ihrem neuen Känguruh noch nach, bis sie verschwunden waren!

Dann gab ich Karin einen Kuss: „So, geschafft! Jetzt müssen sie es ihrer Kleinen nur noch schonend beibringen, wie das mit den Blümchen und den Bienchen so läuft!"

Vergesslichkeit und andere Ärgernisse

Es ist immer zum Aus-der-Haut-Fahren, wenn einen mitten unter der Arbeit das Instrumentarium, trotz regelmäßiger Pflege, im Stich lässt! So zum Beispiel eine plötzlich gebrochene Feder an der Automatikspritze zur Blutentnahme oder eine gerissene Staukette für den Hals! Auch das Infusionsbesteck, bei dem manchmal während des Einstichs in den Gummipfropfen der Flasche unbemerkt ein Stück , das in der Folge den Schlauch verstopft, ausgestanzt wird, weshalb erst nach mehreren mühseligen Versuchen, den Durchfluss wiederherzustellen, die Kuh erneut in die Vene gestochen werden muss, treibt mich zum Wahnsinn!

Aber das sind Missgeschicke, die nicht vorhersehbar und somit hinnehmbar sind!

Lästiger verhält es sich hingegen mit Pannen, die auf der eigenen Vergesslichkeit beruhen! Wenn man z. B. wichtige Utensilien im letzten Stall liegen gelassen hatte! Man steht dann vor dem nächsten Patienten und merkt erst in diesem Augenblick, dass etwas Wichtiges fehlt, und hofft inständig, noch eine Reserve im Auto zu finden!

Das Phänomen an mir war, dass ich monatelang nichts vergaß, um dann innerhalb einer Woche fast jeden Tag etwas liegenzulassen, bis diese Phase aus unerfindlichen Gründen ebenso abrupt wieder endete!

Beim ersten Mal war es eine Medikamentenpackung, gleich darauf die Besamungspistole, gefolgt von der Flasche mit dem Gleitgel! Das kam daher, weil in den meisten Ställen nur wenige Plätze vorhanden waren, wo man Dinge sicher ablegen konnte! Früher hatte es zu diesem Behufe oft noch die berühmte Futtertruhe, in der das Kraftfutter, also der Weizen- und Gerstenschrot, gebunkert war, gegeben, aber mittlerweile bieten sich meist nur noch die hoch gelegenen Fensterbänke an! Läutete dann das Handy oder der Bauer schleppte einen noch zu einem anderen Patienten, schwupp, vergaß man am Ende der Visite das deponierte Zeug in der Nische!

Besonders häufig hinterließ ich den Geburtsmantel, nachdem ich ihn nach Gebrauch in der Milchkammer abgewaschen und mangels anderer Möglichkeiten irgendwo notdürftig aufgehängt hatte! Unterm Reden mit dem Bauern während des Einräumens und Verstauens vom Geburtskoffer u. a. entschwand er meinem Bewusstsein und die nächste Geburt musste ich oben ohne, ganz ohne Aufpreis, bewerkstelligen! Mittlerweile breite ich ihn zum Trocknen über die Windschutzscheibe aus, damit er mir beim

Einsteigen die Sicht versperrt, nachdem ich ihn einige Male auf dem Autodach mitgeführt hatte, wo er eine Zeitlang am Blaulicht oder am Tierarztschild verhakt gewesen war, bis es ihn dann in einer besonders schnellen Kurve heruntergeweht hatte!

Eines Montags fuhr ich den Trattner-Güterweg hinauf und sah an einem Haselnussstrauch fröhlich einen Geburtsmantel im Winde wehen! Nanu, dachte ich belustigt, den hat wohl gestern der Wochenenddienst verloren und ein netter Zeitgenosse hat ihn aufgeklaubt und weithin sichtbar in die Botanik gehängt, damit ihn der rechtmäßige Besitzer, sobald er den Verlust bemerkt haben würde, gleich wiederfände! Da ein Geburtsmantel kein so ein kleidsames Stück darstellt wie ein teurer Modefummel von Dior, war die Erwartung durchaus berechtigt, dass er so lange unbehelligt hängenbleiben würde!

Plötzlich bremste ich scharf ab! Mir war nämlich gerade eingefallen, dass ich doch vor drei Tagen beim Fürstinger, der auf der gleichen Strecke lag, eine Nachgeburt abgenommen hatte und bei dieser Arbeit ebenfalls den Geburtsmantel zu tragen pflegte! Ich suchte im Heck meines Wagens und siehe da, der Mantel am Strauch hatte seinen Besitzer wiedergefunden!

In Fällen vergessener Dinge lernte man die verschiedenen Charaktere der Bauern kennen! Da gab es die, nennen wir sie die ganz nervenstarken, die seelenruhig darauf vertrauen, der Tierarzt würde sich irgendwann einmal von selbst erinnern, während die anderen, die entgegenkommenderen, zumindest anriefen, um Bescheid zu geben, und eine weitere Gruppe, leider die absolute Minderheit, legte unaufgefordert bei nächster Gelegenheit das zurückgelassene Gut in den Warteraum!

Der Schwaighöfer gehörte zur ersten Kategorie!

Als ich nämlich beim Angerl drei Kälber fein säuberlich in Narkose gelegt hatte, um sie zu enthornen, und den Brennsstab aus dem Auto nehmen wollte, stellte ich fest, dass er nicht an seinem Platz war!

Himmel ... und eh schon wissen! Zuerst zermarterte ich mir das Hirn, wann und wo ich das letzte Mal Kälber enthornt hatte, bis mir der Schwaighöfer vor einer guten Woche einfiel!

Der Hof lag auf der anderen Talseite am Berg! Jetzt gab es zwei Möglichkeiten: Die Kälber wieder aufwachen zu lassen und die Aktion zu verschieben oder aber wie ein Wahnsinniger zum Schwaighöfer zu rasen und den Stab zu holen, bevor die Narkosewirkung nachließ! Ich entschied mich für die zweite Lösung!

Wie ein Wahnsinniger raste ich vom Angerl den Berg hinunter und zum Schwaighöfer den Berg hinauf! Ein Skateboarder in der Halfpipe war ein Dreck dagegen!

Beim Schwaighöfer traf ich niemanden an, die Haustüre war versperrt, aber der Stall war offen! Ich suchte und suchte, aber kein Enthornungsstab war weit und breit zu sehen! Die Kühe, die mich bei meinem Tun anglotzten, konnten mir auch nicht Auskunft geben!

Erst als ich wieder ins Auto stieg, entdeckte ich das vermisste Gerät! Der Bauer hatte es auf einen starken Nagel außen an die hölzerne Stallwand gehängt, wo es sich farblich nicht mehr vom Hintergrund abhob! Es hatte nämlich die ganze vergangene Woche ziemlich geschüttet und der Anker der Titanic hätte nicht verrosteter sein können als mein Enthornungsstab!

Voll böser Vorahnung steckte ich ihn probeweise im Stall an, aber er wurde nicht einmal lauwarm! Der war eindeutig hinüber!

Jetzt blieb mir nichts anderes über, als neuerlich zum Angerl hinaufzufahren, um das restliche Narkosemittel abzuholen und ihm die Mitteilung zu machen, dass wir die Enthornung erst dann durchführen könnten, wenn ich einen neuen Stab geliefert bekommen hätte! Das wäre so in ungefähr fünf Tagen!

„Soll das heißen, dass wir die Kälber umsonst narkotisiert haben?"

„Na, umsonst nicht! Das Mittel kostet schließlich etwas! Von den Kilometern ganz zu schweigen", korrigierte ich, „aber keine Angst, die Unkosten gehen natürlich auf mich! Schließlich war es mein Fehler!"

„Soso!" Der Umstand, dass die Schuldfrage eindeutig geklärt war, stimmte ihn wieder friedlich!

Eine ganz andere Art von verlorenem Instrumentarium erlebte ich am Stocker-Gut!

Der Stocker war ein Schlitzohr, der zu den einfachen Sachen wie Besamung, Trächtigkeitsuntersuchung oder eben Enthornung den örtlichen Tierarzt holte, die kniffligen Angelegenheiten hingegen fielen in meine Kompetenz! Da er nicht in meinem unmittelbaren Praxisgebiet lag, konnte ich mit dieser Arbeitsteilung gut leben!

„Die ‚Kuhrl' farbt!", vernahm ich seine sonore Stimme am Telefon!

Also Piroplasmose, eine Krankheit, in der die Blutparasiten durch Zeckenbisse – und Zecken gab es zu dieser Jahreszeit in Unmengen, an manchen Rindern saßen sie in den Gelenksbeugen wie Weintrauben –, übertragen wurde. Die Parasiten zerstören die roten Blutkörperchen, dadurch gelangt das Hämoglobin über die Niere in den Harn und färbt diesen rot! „Sie frisst nicht mehr und ist schon ziemlich schwach!“, setzte er hinzu! Demnach ein fortgeschrittener Fall und bedenklich!

„Ich komme sofort!“, sagte ich und war schon im Auto!

Die „Kuhrl“ befand sich tatsächlich im einem schlechten Zustand, 40 Grad Fieber, Durchfall und schwarzroter Urin!

„Müssen Sie ihr eine Flasche anhängen?“, frug der Stocker, als er sah, wie ich die Infusion zusammenstellte!

„Ja! Sie braucht unbedingt eine Leberschutztherapie!“

„Uhjeh! Am Kopf derleit’ sie es gar nicht! Sonst eine brave Kuh, aber so wie man sie am Kopf angreift …!“

„Dann müssen Sie sie halt mit der Nasenzange packen!“ Ich drückte ihm das Instrument in die Hand!

Die Nasenzange besteht aus zwei langen, scherenartigen Schenkeln, die auch als Griffe dienen und dabei zwei gebogene Krümmungen aufweisen, die in die Nasenlöcher eingeführt werden! Durch situationsgemäßes Zusammendrücken, je nach Temperament des Rindes, wird das Tier vom restlichen Geschehen abgelenkt und verhält sich ruhig!

Der Stocker nahm seine Kuh, anweisungsgemäß, mit der Zange in den Schwitzkasten und die Infusion erfolgte reibungslos!!

„So eine Nasenzange ist eine prima Erfindung“, meinte er hinterher und strich sich die Haare aus der Stirne, „vor allem beim Viecher-Scheren am Kopf, da wär’ sie ideal! Wo kriegt man die zum Kaufen!“

„Nirgends“, antwortete ich, „solche gibt es nicht mehr! Früher wurde sie von einer Firma in Deutschland hergestellt, aber neuerdings bekommt man nur mehr eine Nasenzange, die völlig untauglich ist! Viel zu schwer, die Griffe viel zu lang, dauernd stößt man damit gegen die Aufstallung und die Gelenksverbindung der beiden Schenkel durch eine hervorstehende Niete, die auf den Nasenrücken drückt, muss man fast schon als tierquälerisch bezeichnen!“

Der Stocker schielte begehrlich auf das Instrument, das er noch immer in der Hand hielt:

„Könnten Sie die mir nicht für eine Weile dalassen? Mein Bub, der Christian, arbeitet in einer Schlosserei, der kann mir so eine nachmachen!“

„Von mir aus“, brummte ich! Da ich mir von meinem Schmied, zur Sicherheit, vor Jahren zwei Ersatzexemplare hatte anfertigen lassen, würde ich den vorübergehenden Verlust verschmerzen können!

Als ich aber vier Monate später – ich musste am Stocker-Hof eine Kuh mit Lahmheit behandeln – nach der Zange fragte, erklärte der Bauer im Brustton der Überzeugung: „Die hab' ich ihnen doch schon längst zurückgegeben!"

„Wie bitte?" Ich fiel aus allen Wolken, „wann denn?"

„Na, wie ich sie auf das Tischchen in Ihrem Warteraum gelegt habe! Vor ungefähr sechs Wochen!"

Er brachte das derart überzeugend vor, dass ich an mir selbst zu zweifeln begann! Ich hatte nie eine Zange gefunden, und dass einer meiner Bauern sie so ohne Weiteres eingesteckt hatte, wollte ich auch nicht so recht glauben! Wo zum Teufel war dann die verdammte Nasenzange? Einigermaßen irritiert behandelte ich die Kuh, die an akuter Klauenrehe litt und fast dankbar die schmerzstillende Medikamentation über sich ergehen ließ!

Am besten nichts herborgen, dachte ich sauer, gilt offenbar auch für Nasenzangen! Dass ich noch dazu per Zufall draufkam, dass der Christian gar kein Schlosser, sondern Zimmerer war, gab mir den Rest!

„So ein falscher Fuffziger", beklagte ich mich Karin gegenüber, „reißt sich mit einer derart dreisten Lüge einfach meine Zange unter den Nagel!"

„Dann musst du es ihm halt auf den Kopf zu sagen!"

„Sehr witzig! Wenn er bei seiner Version bleibt, was tu ich dann? Einen Hausdurchsuchungsbefehl werde ich kaum bekommen."

„Aber dass sein Junior nicht in einer Schlosserei arbeitet, wie er behauptet hat, das kann er schwerlich bestreiten!"

„Na und? Soll ich ihn deswegen verklagen?"

Der nächste Ärger erwartete mich in der Person vom Wastl-Bauern! „Heut' ist die Lotte, die Kuh, schon wieder stierig! Das ist jetzt das vierte Mal, dass wir sie besamen!", beschwerte er sich kurz vor sieben Uhr morgens am Telefon.

Meine Antwort fiel einigermaßen grantig aus: „Ich hab' Ihnen schon letztes Mal erklärt, dass die Lotte gynäkologisch völlig in Ordnung ist! Wahrscheinlich hat sie ein Hormondefizit, aber als ich vorschlug, ihr eine Spritze zu geben, haben Sie ja abgelehnt!"

„Ich halt' nichts von dem ganzen Hormonzeug!" Der Wastl, obwohl noch gar nicht so alt, war einer von der konservativen Sorte!

„Und was soll ich dann Ihrer Meinung nach machen?"

„Na gut", brummte der Bauer, „dann kommen Sie sie halt heute Nachmittag nochmals besamen und geben ihr die Spritze!"

Am Wastl-Hof öffnete die Siegrid, die siebzehnjährige Tochter: „Der Papa ist nicht da, er hat gesagt, ich soll Ihnen helfen!"

Das konnte heiter werden! Die Kühe vom Wastl waren nicht gerade als die gefügigsten bekannt und die Siegrid war ein hübsches, aber zartes Mädchen!

„Lenken Sie bitte die Kuh ein bisschen am Kopf ab!", bat ich sie! Von den Hinterbeinen wollte ich das Dirndl so weit wie möglich weg wissen!

Die Lotte schien aber einen ihrer selten guten Tage zu haben, weil sie bloß einmal nach mir trat, mich aber nicht erwischte!

„Ich habe mit dem Papa ausgemacht, dass ich die Lotte noch dazu spritze!"

„Ich weiß, er hat es mir gesagt!"

Bei der Injektion zeigte sich Lotte nicht mehr so duldsam, diesmal erwischte mich ihr Tritt am Oberschenkel, und, weil sie gleichzeitig zur Seite wich, genau in dem Moment, da ich abdrückte, löste sich die Nadel von der Spritze und ein feiner Sprühregen an Gonadotropin traf die Bauerstochter und mich im Gesicht! Das teure Hormon war flöten gegangen!

„Scheibenkleister!" Ich wischte mir über die Stirne. „Bringen Sie mir bitte einen Strick, ich muss sie am Kopf anbinden!"

Meine Reservenasenzange zu verwenden, war sinnlos! Das Mädchen wäre nie im Leben im Stande gewesen, die grobe Kuh damit festzuhalten! Und bevor mir die Zange auch noch um die Ohren flog, entschied ich mich lieber für die Fesselungstaktik!

Als ich mit der neugefüllten Spritze vom Auto zurückgehinkt kam, nahm ich das Seil und verzurrte damit Lottes Schädel an der eisernen Aufstallung wie die Matrosen der Bounty ihr Klüversegel vor Kap Hoorn!

Diesmal funktionierte es! Lotte war zwar trotzdem von Herzen bemüht, mich mit Hilfe ihrer Hinterbeine in die Invalidenrente zu schicken, aber aufgrund der nunmehr eingeschränkten Bewegungsfreiheit hatte sie das Nachsehen!

„So, schönen Gruß an den Papa! Wenn die Lotte jetzt auch noch nicht aufgenommen hat, bleibt nur mehr der echte Stier!"

Die Geschichte mit dem Stocker-Bauern und meiner Nasenzange wurmte mich noch immer! Ich überlegte, ob ich Karins Rat folgen und ihn deswegen anrufen sollte!

Aber das Schicksal war mir gewogen!

Es rief nämlich der Stocker an, weil er eine Kalbin von der Weide heruntergetrieben hatte, die ihm Sorgen bereitete!

Es handelte sich um ein noch recht junges Tier, ungefähr eineinhalb Jahre alt, ziemlich mager und sein Fell war struppig und stumpf, außerdem stach ihr kotverschmiertes Hinterteil sofort ins Auge! Kein Zweifel, hier lag eine hochgradige Verwurmung vor, die so schnell wie möglich behandelt werden musste!

Das Problem bestand nur darin, dass es sich bei der Kalbin um ein typisches Laufstallrind handelte, das zuvor noch nie fixiert worden war!

Die Kehrseite der Medaille, nämlich der Verzicht auf eine zumindest zeitweilige Anbindehaltung, führte dazu, dass sich solche Tiere nett und friedlich verhielten, solange man sie in Ruhe ließ! Wehe aber, man war gezwungen, Hand an sie zu legen, und sei es nur, um ihnen zu helfen! Dann gerieten sie in Panik und konnten durchdrehen, dass es für sie selbst und jeden, der in ihre Nähe kam, gesundheitsgefährlich wurde!

Die Stocker-Kalbin bildete da keine Ausnahme! Mit weitgeöffneten Augen und Nüstern schnaubte sie und begann Bocksprünge zu vollführen, wobei sie nach hinten ausfetzte wie ein Lipizzaner!

Der Bauer warf ihr eine Schlinge um den Hals und versuchte, sie näher an das Fressgatter heranzuziehen, aber das war vollkommen kontraproduktiv! Das Zuschnüren des Halses vergrößerte ihre Aufregung, sie riss und zerrte an dem Strick, bis sie schließlich einen Kopfstand produzierte, dass ich Angst bekam, sie würde sich noch das Genick brechen! „Aufhören! Lassen Sie sie los!“, rief ich, „das hat keinen Sinn! Gönnen wir ihr eine Verschnaufpause und dann locken Sie sie mit etwas Kraftfutter in das Fressgitter hinein und sperren ab!“

„Wenn ich sie da einsperre und Sie ihr die Wurmspritze verpassen, wird sie wieder so hysterisch!“

„Nicht, wenn Sie ihr zusätzlich die Nasenzange anlegen!“

Gesagt, getan. Einige Minuten später hatte sich das Tier beruhigt, ich hatte mich so lange aus ihrem Blickfeld entfernt, als der Stocker rief: „Ich hab’ sie!“

Na siehst du! Die Gier ist stärker als die Angst! Etwas, das auch viele Menschen auszeichnet!

Ich kam wieder heran, die Spritze in der Hand!

„Wo haben Sie die Nasenzange?“, frug der Stocker!

Während der Warterei war mir eine königliche Idee gekommen: „Nicht bei mir! Ich habe sie leider gestern irgendwo liegengelassen, und weil ich komischerweise nur mehr ein Exemplar besitze, kann ich damit bedauerlicherweise nicht dienen!“

Der Bauer überhörte die Anspielung geflissentlich, war aber sichtlich aus der Fassung gebracht: „Was tun wir jetzt?“

„Na", erklärte ich fröhlich, „ zum Glück haben Sie ja selbst eine, die, die Ihnen Ihr Sohn nach der Vorlage angefertigt hat! Nehmen wir halt die!"

Es war geradezu köstlich, das Gesicht des Stocker zu beobachten: „Ich ... ich ... ich weiß nicht, wo sie gerade herumkugelt!"

„Schade! Dann müssen wir so lange warten, bis eine wieder auftaucht! Hoffentlich ist es dann für die Kalbin nicht zu spät!" Ich machte demonstrativ auf dem Absatz kehrt!

Die Wirkung war erstaunlich! „Warten Sie, mir ist gerade eingefallen, wo sie sein könnte!"

Er eilte in's Milchkammerl, um gleich darauf mit einer Nasenzange in der Hand herauszukommen! Also lange hatte er für die Suche nicht gebraucht! Es handelte sich eindeutig um meine Zange, das sah man am Material! Die Produkte der deutschen Firma bestanden aus Stahl, die Nachbauten aus Schmiedeeisen! Ich tat aber, als bemerkte ich nichts!

Sobald die Kalbin die Zangenbacken in den Nasenlöchern sitzen hatte, war sie derart abgelenkt, dass ich ihr in aller Seelenruhe die Injektion in eine Hautfalte vor dem Schulterblatt geben konnte!

„Gegen den Durchfall und zur schnelleren Regeneration streuen Sie das ein paar Tage lang ins Futter!", sagte ich und drückte ihm eine Dose und zwei Säckchen in die Hände!

Gezwungenermaßen musste er die Zange auf den Boden legen! Ich bückte mich rasch und begutachtete sie mit fachmännischer Miene: „Schön ist sie geworden, alle Achtung! Fast wie vom Hersteller! Aber was ist das?" Scheinbar überrascht deutete ich auf den winzigen Schriftzug am Ende des rechten Griffes: „Ich dachte, Ihr begabter Sohn heißt Christian? Nur, weil da der Name der Firma steht!"

Wenn jemand nach einer Allegorie der Verlegenheit suchte, im Schober hätte er sie in diesem Moment gefunden! Er lief rot an und stammelte: „Ich ... ich ... tatsächlich, da steht ein Firmenname. Dann muss das wirklich Ihre Zange sein! Da hab' ich mich geirrt! Wahrscheinlich wollte ich sie Ihnen in den Warteraum legen und hab' es dann vergessen und geglaubt ...!"

„Macht doch nichts! Kann dem ehrlichsten Mann passieren", ich bemühte mich, mein Grinsen nicht allzu anzüglich ausfallen zu lassen, „Hauptsache, sie ist wieder daheim!"

Als ich sie lässig in den Kofferraum gleiten ließ, schaute ihr der Stocker mit traurigem Blick nach und murmelte zwar sehr leise, aber bedauerlicherweise doch so, dass ich es hören konnte: „Schade! Dabei war sie so praktisch!"

Der Wastl-Bauer hingegen klang drei Monate später am Telefon weniger traurig, als verärgert: „Die Lotte ist endlich trächtig! Der Milchtest hat es eindeutig bewiesen!"

„Ist doch großartig! Hat die Spritze doch gewirkt!"

„Schon, aber dass die Siegrid dabei auch was von dem Fruchtbarkeitshormonzeug abbekommen hat, war nicht notwendig! So früh wollte ich noch nicht Großvater werden, verstanden!"

Alles Bio!

Karin war in der Schule und die Türglocke zur Ordination läutete.

Verflucht und zugenäht! Ich war gerade dabei, mich in das Visitengewand zu werfen, weil sich beim Zacherl eine Kuh die Zitze verletzt hatte.

Auf einem Bein, das zweite hatte sich hoffnungslos in der Hose verheddert, hüpfte ich hinüber zur Gegensprechanlage: „Ja?"

Als Antwort krähte mir erst einmal ein Hahn kräftig ins Ohr!

Da mit großer Wahrscheinlichkeit nicht anzunehmen war, dass ein Gockel sich selbstständig auf den Weg macht, um beim Tierarzt zu klingeln, konnte eine kleine Nachfrage nicht schaden: „Wer ist denn da?"

Der Hahn meldete sich erneut, aber den kannte ich schon. Dann jedoch hörte ich aus dem Hintergrund eine weibliche Stimme: „Grüß Gott, Herr Doktor, da ist die Frau Bremsacher!"

Die Örgllechnerin!

„Ich bin mit dem Gustav da! Er ist verletzt!"

Bei Gustav konnte es sich zweifelsohne nur um den bunten Zwerghahn auf dem Örgllehen handeln! Er gehörte zu den so genannten Federfußhühnern, das heißt, dass er unten an den Beinen ebenfalls Federbüschel besaß, sodass man die Krallen nicht sehen konnte. Wenn er über den Hof watschelte, sah es immer so aus, als hätte er vergessen, die Hauspatschen auszuziehen.

Manch einer wird sich jetzt wundern, dass eine Bäuerin wegen eines Hahnes extra den Tierarzt aufsucht. Aber Gustav war kein gewöhnlicher Hahn, sondern, von seinem Outfit einmal abgesehen, auch sonst etwas Besonderes. Mir war zuvor noch nie ein ähnlich zutraulicher Gockel begegnet, er war der Liebling der Örglkinder und ließ sich geduldig herumtragen wie ein zahmer Kater nach der Kastration!

Dass er allerdings noch im Besitz seiner Keimdrüsen war, hatte er bis dato im kleinen Hühnervolk des Hofes stets eindrucksvoll bewiesen. So gesehen, wäre der Verlust von Gustav, in jeder Hinsicht, eine mittlere Katastrophe gewesen.

Dass er ausgerechnet jetzt verletzt war, kam äußerst ungelegen! Das teilte ich auch Frau Bremsacher mit: „Können Sie nicht später noch einmal kommen? Ich muss dringend weg zu einer aufgerissenen Zitze!"

„Aber Gustav ist ziemlich schlimm zugerichtet! Das ist auch dringend!" Wie zur Bestätigung krähte der Vogel erneut in die Sprechanlage!

Dringend, dringend! Ich glaube, nicht einmal die oft zitierte Häuslfrau sah sich täglich mit derart vielen dringlichen Angelegenheiten konfrontiert wie ein Tierarzt!

„Na gut, gehen Sie halt in den Warteraum!"

Endlich hatte ich auch das zweite Bein ordnungsgemäß in der Hose untergebracht und konnte die Ordinationstüre öffnen.

„Vielen Dank, Herr Doktor!" Die Örgl-Bäuerin zwängte sich, gefolgt von ihren zwei jüngsten Töchtern, an mir vorbei. Im Arm hielt sie Gustav, von dem aber nur der Kopf zu sehen war, weil er in eine ziemlich blutgetränkte Decke gehüllt war. „Die habe ich gebraucht, weil er mir sonst das ganze Auto angeblutet hätte", sagte sie zur Entschuldigung und wickelte den Patienten aus.

Du meine Güte! Der kleine Hahn sah tatsächlich übel aus! Der gesamte Rücken war eine einzige tiefe Wunde und wenn man die Ränder spreizte, lag die Wirbelsäule frei.

„Was ist denn passiert? Ist er wo hängen geblieben?", frug ich fassungslos.

„Aber was! Unser neuer Gockel ist derart aggressiv! Der hätte den armen Kerl umgebracht, wenn ich es nicht zufällig bemerkt hätte!"

„Sie haben einen neuen Hahn? Trotz Gustav?"

„Seit ein paar Wochen! Das Vieh ist echt bösartig!

„Warum behalten Sie ihn dann? Im Suppentopf wird er sicher friedlicher!"

Frau Bremsacher lachte bitter auf: „Haben Sie eine Ahnung, Herr Doktor! Wenn es nach mir ginge, sofort! Aber die Sache liegt nicht so einfach, weil ihn mein Mann zu seinem Betriebsjubiläum von den Arbeitskollegen geschenkt bekommen hat. Jetzt ist er sein ganzer Stolz. Er ist ja auch ein prächtiger Gockel, groß, fast fünf Kilo schwer und darum umso gefährlicher! Das Dumme daran ist, dass er meinem Mann überhaupt nichts tut, dafür aber uns. Ich kann nur mehr mit einem Stock bewaffnet in den Stall gehen und die Kinder grundsätzlich nicht unbewacht ins Freie lassen! Mein Mann aber meint nur, wir sollen uns nicht so anstellen und keine Angst zeigen. Dann wird uns der Hahn in Ruhe lassen! Aber die Kinder haben Angst, und wenn so ein Bröckerl mit seinen Sporen einer Dreijährigen ins Gesicht springt, hört sich doch der Spaß auf!"

Da konnte ich Frau Bremsacher nur beipflichten: Solche Exemplare wurden im Englischen treffend als „menfighter" bezeichnet und griffen unermüdlich an, weil sie entweder ihre Position in der Hühnerherde verteidigen wollten oder schlechte Erfahrung mit Menschen gemacht hatten.

Interessanterweise gab es aber Personen, die der Hahn respektierte und folglich nicht attackierte! Offenbar traf dies auf Herrn Bremsacher zu.

Durch vorwurfsvolles Krähen machte uns Gustav darauf aufmerksam, dass es ihn auch noch gab.

Ich warf mir also den Ordinationskittel über und schritt zur Tat. Als geeignete Anästhesie für Vögel galt die Inhalationsnarkose mit Halothan, aber die konnte ich nicht anbieten. Also spritzte ich, nachdem ich das Operationsfeld säuberlich von den Federn befreit hatte, genügend Lokalanästhetikum rund um die Wunde und vernähte sie.

„Glauben Sie, er wird wieder gesund?", frug Frau Bremsacher mit besorgtem Ton, während sie Gustav, der die Prozedur, ohne mit der Wimper zu zucken, über sich ergehen ließ, festhielt.

„Ich bin fest davon überzeugt! Hühner verfügen über eine erstaunliche Heilungstendenz bei Verletzungen, sogar ohne fachmännische Hilfe! Selbst offene Knochenbrüche stellen für sie kaum ein Problem dar!" Da ich zu Anfang meiner tierärztlichen Tätigkeit über ein Jahr lang in einer reinen Geflügelpraxis gearbeitet hatte, wusste ich, wovon ich sprach. Eine ordentliche Dosis Antibiotikum in den Brustmuskel von Gustav sollte mich in dieser Annahme noch bestärken. „Die Nähte müssen in zehn Tagen wieder raus! Ich werde dafür bei Ihnen am Hof vorbeischauen!" Dann ersparte ich mir den Hühnermist und die Federn im Ordinationszimmer, dachte ich.

Sie nahm Gustav, der momentan wie ein frisch gestepptes Kopfkissen aussah, wieder auf den Arm: „Danke Herr Doktor, dass Sie sich Zeit genommen haben!" Gustav krähte noch einen Abschiedsgruß, dann verließ die kleine Gruppe die Praxis.

Jetzt aber hurtig zum Zacherl und seiner Kuh!

„Hab' schon geglaubt, Sie kommen überhaupt nicht mehr", nuschelte der Zacherl, während er aus dem Haus schlurfte.

„Aber nein! Ich habe nur so lange gebraucht, um von der bequemen Hollywoodschaukel hochzukommen!"

Der alte Zacherl war seit jeher ein mürrischer Mensch, vor allem, seit ihm sein Hausarzt das Rauchen untersagt hatte, aber beileibe kein Dummkopf und kapierte sofort, dass es besser wäre, keine weiteren Bemerkungen diesbezüglich anzustellen. „Sie ist im Stall", murmelte er und deutete mit dem zerbissenen Stiel seiner kalten Pfeife in die entsprechende Richtung.

„Welche ist es denn diesmal", frug ich, weil ich seine vier alten Kühe schon besser kannte als Teile meiner Verwandtschaft. Was übrigens die bessere Option darstellte!

„Die Gretl!“

„Nicht schon wieder“, entfuhr es mir, „das ist innerhalb von wenigen Monaten bereits das dritte Mal!“

„Ich weiß!“ Er schob sich die Pfeifenmumie wieder in den Mund und wurde dadurch noch undeutlicher. „Aber seit dem letzten Kalb ist ihr das Euter halt noch weiter hinuntergerutscht.“

Hinuntergerutscht ist gut. Die Gretl hatte seit jeher das, was man landläufig als Ziegeneuter bezeichnete! Ein länglicher, spärlich behaarter Hautsack, an dem vier Zitzen baumelten. Solche Kühe trifft man heutzutage kaum mehr an, sie geben naturgemäß nicht viel Milch, aber für die Aufzucht von Gretls dreizehn Kälbern hatte es noch allemal gereicht.

Als wir den Stall betraten, drehte uns die alte Kuh den Kopf zu und brummte. Ihr schlaffes Euter berührte mit den Zitzenenden fast den Boden. Kein Wunder, wenn es ihr beim Niederlegen oder Herumdrehen zwischen die Beine geriet. Bisher hatte sie aber lediglich stumpfe Quetschungen davongetragen, die sich mit einer Salbenbehandlung wieder beheben ließen, dieses Mal jedoch musste sie die Kante der Aufstallung erwischt und sich eine tiefe Schälwunde zugezogen haben. Der Hautlappen stand fast senkrecht ab, blutete aber nicht mehr.

„Schlägt sie, wenn man hingreift?“

Dem Zacherl kam auf einmal fast so etwas wie ein Grinsen aus: „Würden Sie das nicht auch tun, wenn es Sie an einer empfindlichen Stelle erwischt hätte?“

Das war zweifelsohne ein Argument!

Ich injizierte der Kuh ein Sedierungsmittel in die Halsvene und wenige Minuten später stand sie schwankend da, die Ohren waren gesenkt und aus dem Maul tropfte der Speichel. Zur Sicherheit, nachdem mir der Zacherl warmes Wasser und Handtücher verschafft hatte, ließ ich ihr noch die Hinterbeine mit einem Strick fixieren. Nach der Lokalnarkose machte ich mich ans Werk. Es war eine schweißtreibende Arbeit, weil das Licht schlecht war und die dicken Fliegen, vom Blutgeruch angelockt, höchst interessiert den Patienten und seinen Chirurgen umschwirrten. Endlich war ich fertig und ließ noch ein paar Mal den roten Strahl meines Taschenlasergerätes über die Naht wandern. Man glaubt gar nicht, wie förderlich so ein Laser für die Wundheilung ist. Gerade in so einem Fall, wo die Verletzung quer verlief und die Blutversorgung von oben nach unten unterband. Es verhält sich wie bei einem Baum, der „geringelt“ wird, also die Rinde horizontal durchschnitten bekommt und dadurch abstirbt.

Ich war zwar nicht unbedingt davon überzeugt, dass der Hautlappen wieder würde anwachsen können. Mit der Laserbehandlung bestand aber jedenfalls eine größere Chance.

Ächzend erhob ich mich aus der Hockstellung: „Erledigt! In spätestens vierzehn Tagen müssen die Nähte raus. Aber Sie sollten für die Gretl unbedingt ein Euternetz besorgen. Sonst besteht die Gefahr, dass sie gleich wieder ein Problem kriegt!"

Der Zacherl stierte mich an, als wäre ich sein Hausarzt, Sie wissen schon, der mit dem Rauchverbot: „Wo soll ich denn ein Euternetz hernehmen?"

Auch das war eine berechtigte Frage!

Ein Euternetz war ein geflochtener Beutel, der mittels Haltebändern über dem Rücken das Gesäuge an der Bauchwand hielt und früher ein gebräuchliches Hilfsmittel bei alten Kühen wie die Gretl war. Heutzutage züchtete man auf hoch und breit aufsitzende, drüsige Euter mit kurzen Zitzen. Manchmal so kurz, dass das Melkzeug gar nicht mehr richtigen Halt findet. Daher war auch das Euternetz seit Langem aus dem lokalen Sortiment verschwunden. Im Internet gäbe es wahrscheinlich noch Angebote, aber mangels Internet blieb dem Zacherl auch diese Bezugsquelle verwehrt. „Fragen Sie im Lagerhaus nach. Bestimmt können die für Sie eines auftreiben!"

„Das Lagerhaus bestimmt nicht! Die Brüder haben mir schon die dritte Mahnung für die Strohballen geschickt!"

Also so eine Frechheit! Aber das war nicht meine Angelegenheit!

Ich verabschiedete mich und fuhr in die tiefstehende Abendsonne hinein! Wie im Filmabspann der einsame Cowboy, was ein Landtierarzt strenggenommen auch ist!

Diesmal war die Örgl-Bäuerin nicht mit dem Patienten am Arm vor der Praxis gestanden, was auch schlecht gegangen wäre, weil es sich um einen sechshundert Kilo schweren Jungstier handelte, der an einem eitrigen Geschwür dort, wo die Ohrmarke saß, litt.

Kaum war ich aus dem Auto gestiegen, da hatte ich schon den neuen Gockel am Hals. Ich hatte an das fuchtige Federvieh überhaupt keinen Gedanken verschwendet. Er kam einfach um den Wagen herumgeschossen und stürzte sich wie ein Berserker auf meine Beine. Da ich kurze Hosen anhatte, fielen die wilden Sporen- und Schnabelhiebe umso schmerzhafter aus.

Niemand wird von mir behaupten können, dass ich Tiere rüde behandelte, aber ein Affekt würde wohl noch erlaubt sein. Ich versetzte dem Biest mit dem Fuß einen Spitz, der mir glatt einen Stammplatz in der Nationalmannschaft eingebracht hätte, und beförderte es dorthin, wo ein Hahn hingehört. Auf den Misthaufen. Dort oben blieb er hocken, ordnete mittels heftigen Flügelschlags sein in leichte Unordnung geratenes weißgraues Gefieder und belauerte mich mit wütenden Blicken. Ich beeilte mich, in den Stall zu gelangen, um nicht noch einmal drastisch werden zu müssen.

„Um Gottes Willen, Herr Doktor! Wie schau'n denn Sie aus? Sie bluten ja", rief die Örgl-Bäuerin entsetzt.

Erst jetzt bemerkte ich die zwei tiefen Schrammen, oberhalb des Knies: „Der Bestie da draußen sollte man den Hals umdrehen", knirschte ich. „Die ist gemeingefährlich!"

„Gelt ja? Hab' ich nicht übertrieben."

Jetzt schaute ich mir erst einmal das bewusste Ohr an. Die Plastikmarke hatte bereits der Örgl-Bauer in der Früh entfernt, aber rund um das ausgestanzte Loch war alles hochgradig entzündet und roch nicht sehr appetitlich. Der Stier hatte sichtlich Schmerzen.

„Ich werde ihm eine Spritze verpassen und Ihnen eine Lotion dalassen, mit der Sie zweimal täglich das Geschwür einpinseln."

„Hier, nehmen Sie vorsichtshalber meinen Stock, wenn Sie zum Auto gehen, dass Sie der Gockel nicht wieder überfällt!"

„Soweit kommt's noch", brummte ich. Als ich ins Freie trat, kam der Wüterich prompt wieder angeflattert. Ich brauchte jedoch nur demonstrativ mit dem Bein ausholen, da bremste er schon ab und blieb in sicherem Abstand stehen. Er hatte die Lektion also gelernt!

„Wo ist denn der Gustav?", erkundigte ich mich plötzlich, nachdem ich den Stier verarztet hatte. „Oh, dem geht's wieder gut! Aber er zeigt sich überhaupt nicht mehr, sondern sitzt den ganzen Tag unter dem Holzstoß, wo der Große nicht darunterpasst!"

„Ich werde mir auf jeden Fall Ihren Mann vorknöpfen, weil ... so geht das auf keinen Fall!"

„Dafür wär' ich Ihnen sehr dankbar, Herr Doktor! Auf mich hört er nicht!"

Ich hatte im Moment nichts Dringendes zu erledigen, also fuhr ich zur Kläranlage, wo der Örgl-Bauer als Angestellter des Bauhofs zu arbeiten pflegte. Weil die Sammelstelle der Tierkörperverwertung auch auf dem Gelände lag, besaß ich einen Schlüssel zum Tor.

Der Örgl-Bauer war bei einem der hinteren Becken beschäftigt und sah mir mit besorgtem Gesichtsausdruck entgegen: „Schlechte Nachrichten vom Stier?"

„Oh, den kriegen wir schon hin! Aber was anderes: Ihr neuer Hahn …!"

Er ließ mich nicht ausreden, sondern lachte: „Ah! Daher weht der Wind! Hat Ihnen meine Alte die Ohren vollgesungen, was? Weil sich die Weiberleut' vor einem damischen Vogel fürchten müssen!"

„Und das ist nichts?" Ich deutete auf die Kampfspuren an meinen Oberschenkeln. „Und an Ihre Kinder denken Sie überhaupt nicht?"

„Die sollen gefälligst aufpassen! Und wenn Sie sich als Tierarzt einem gewöhnlichen Gockel gegenüber keinen Respekt verschaffen können, tut es mir leid! Mich lässt er in Frieden!"

Bevor mein Drang, ihn in das Klärbecken zu befördern, übermächtig wurde, fuhr ich lieber davon.

Außerdem wurde es Zeit, der Gretl die Nähte von der Zitze zu rupfen. Der Zacherl, vom Hupen aus dem Haus gelockt, verkniff sich heute jeden Kommentar. Anscheinend war er ausnahmsweise gut aufgelegt.

„Wie geht es der Zitze?"

„Gut", nuschelte er an der Pfeife vorbei, als hätte er sich für sein Geld auch nichts anderes erwarten dürfen.

Mit Pinzette und Schere bewaffnet, betrat ich den Stall und blieb wie angewurzelt stehen. Dann brach ich in schallendes Gelächter aus!

„Sie lachen, Herr Doktor", kam es vorwurfsvoll vom alten Zacherl, „aber glauben Sie, es ist leicht, auf die Schnelle so ein deppertes Euternetz aufzutreiben? Da hab' ich halt von meiner Frau einen Busenhalter genommen! Sie hat fast die gleiche Größe wie die Gretl!"

Ich konnte mich beim Anblick des fleischfarbenen Ungetüms, das er der Kuh mit breiten Gummibändern umgeschnallt hatte, noch immer nicht beruhigen: „Und was hat Ihre Frau zu dem Patent gesagt?", gluckste ich.

„Na, am Anfang hat sie natürlich gekeppelt, aber ich hab' ihr versprochen, sobald das Euternetz da ist, kriegt sie ihn zurück."

Eine Woche später machte ich einen kurzen Abstecher zum Örgl-Hof, um mich vom Heilungsverlauf des Ohres zu überzeugen. Vorsichtig kletterte ich aus dem Auto und sah mich um. Aber weit und breit kein Anzeichen von einem Killergockel.

Die Hühner gackerten emsig umher und mitten unter ihnen spazierte friedlich Gustav herum, als wäre nichts gewesen. Sein Federkleid am malträtierten Rücken begann schon wieder nachzuwachsen.

„Nanu? Wo ist denn Euer zweibeiniger Mörder geblieben?", frug ich die Örgl-Bäuerin.

Sie lächelte selig: „Den gibt's nicht mehr!"

„Aha, hat es sich Ihr Mann doch anders überlegt, nachdem ich mit ihm gesprochen habe?"

„Mein Mann ist ein Trottel." Wie sie mich mitleidig anschaute, beschlich mich das bedrückende Gefühl, dass sie auch, zumindest in diesem Fall, nicht allzu viel von meinen Überredungskünsten hielt.

„Wie er letztens der Melanie ins Genick gesprungen ist und auf ihrem Hinterkopf herumgepeckt hat, zum Glück hat sie eine Haube aufgehabt, habe ich mir gedacht, es reicht, bevor noch was Ernsthaftes passiert. Darum hab' ich am Abend nur die Hennen in den Hühnerstall gelassen und den Hahn mit meinem Stecken vertrieben, sodass er die Nacht über ausgesperrt war. Am nächsten Morgen sind nur noch ein paar Federn von ihm auf dem Boden gelegen. Ich glaube, der Fuchs hat eine ordentliche Mahlzeit erwischt!"

„Alle Achtung! Das nennt man, Mutter Natur freien Lauf lassen!"

Die Örgl-Bäuerin blinzelte mir schelmisch zu. „Was glauben denn Sie? Bei uns geht alles nur Bio!"

Katzenallergien

Es goss wieder einmal in Strömen! Draußen war es bereits am frühen Nachmittag derartig finster, dass man, wenn man vernünftig arbeiten wollte, im Raum das Licht einschalten musste. So dunkel der Himmel war, so dunkel war meine Vorahnung, dass es mit dem heurigen Sommer nichts Rechtes mehr werden würde. Der Regen schien auch die Praxis fortgespült zu haben, denn es war nichts los, und deshalb saß ich, ganz gegen die sonstige Gewohnheit, missmutig in der Ordination am Schreibtisch und schupfte Papierkram. Das dumpfe Grollen, das hie und da aus den wolkenverhangenen Berggipfeln herunter tönte, war nichts im Gegensatz zum Grollen in meinem Inneren. Das mit dem „Papierschupfen" war übrigens wörtlich zu verstehen. Ich hasse Bürokratie mit aller Inbrunst und war mir daher nicht schlüssig, welche Verordnungen, Befunde, Listen und Sonstiges für die Zukunft noch Relevanz besitzen könnten und welche auszusortieren wären. Und wo ich den Rest ablegen sollte. So tauschten die schiefen Papiertürme, die einfach nicht kleiner werden wollten, im Zuge meiner Bemühungen, grob gesagt, einfach die Tischseiten.

Deshalb war ich auch sehr froh, als ich plötzlich die Tür zum Warteraum aufgehen und wieder zuschnappen hörte. Erstaunlich, denn ich hatte kein Auto wahrgenommen.

Gegen Neugierde hilft am besten Nachschauen. Zu meiner großen Verblüffung stand die alte Frau Windisch draußen. Von ihrer grünen Regenkleidung tropfte es wie von einer zu heftig gegossenen Zimmerlinde.

„Ja, Frau Windisch? Was treibt Sie bei dem Sauwetter her? Sind Sie gar mit dem Autobus gekommen?" Sie hob den Kopf und die Augen unter dem Rand ihres Schlapphutes waren im Moment mindestens so feucht wie sie selbst: „Ja! Weil ich mit Ihnen reden will, Herr Doktor!"

„Dann kommen Sie doch weiter!" Ist eh schon wurscht, dachte ich, wo sie mir den Swimmingpool hinpflanzte.

Kaum hatte sie mit quatschendem Geräusch im Besuchersessel Platz genommen, begann sie auch schon lautlos zu schluchzen: „Sie müssen den Andi einschläfern!"

Ich zuckte zusammen: „Den Andi? Ihren Andi? Ist er denn krank?"

„Nein, er nicht. Aber ich!"

Als sie meinen prüfenden Blick spürte, erklärte sie: „Vor ungefähr vier Wochen hat es angefangen. Ich bekam daheim plötzlich Atemnot, meine

Bronchien, meine Nase, alles war zugeschwollen. Dazu ständiges Augenrinnen. Ich bin zur Ärztin gegangen und die hat mich in ein Allergiezentrum überwiesen. Dort haben sie festgestellt, dass ich auf Katzenhaare allergisch bin und mir geraten, Andi wegzugeben! Neun Jahre habe ich ihn und auf einmal soll ich gegen ihn allergisch sein? Können Sie mir das erklären?"

Ich rekapitulierte: neun Jahre! Ja, ungefähr so lange muss es her sein, dass mir Frau Windisch ein rötliches, hochgradig verschleimtes und niesendes verfilztes Fellknäuel mit verpickten Augen auf den Ordinationstisch legte und mich bat, daraus eine ordentliche Katze zu machen.

Dass es letztendlich ein Kater wurde, störte sie nicht weiter. Andi auch nicht, wenn man von der später notwendig gewordenen Kastration einmal absieht.

„Wissen Sie, es gibt Spontanallergien, bei denen die Hypersensibilität bereits vorliegt, ehe der Betreffende zum ersten Mal mit dem Allergen in Berührung kommt. Nehmen wir zum Beispiel einen Erdnussallergiker. Der hat oftmals keine Ahnung von seiner Beeinträchtigung bis er die erste Erdnuss im Mund hat. Und dann gibt es die erworbene Allergie durch länger währenden Kontakt mit dem auslösenden Stoff. Zum Beispiel Putzfrauen mit Putzmittel. Oder die berühmte Farmerlunge bei Bauern!"

„Verstehe!"

„Warum versuchen Sie nicht, Andi anderweitig auf einen guten Platz zu vergeben?"

„Nein! Kommt nicht in Frage! Das möchte ich ihm nicht antun! Nach so vielen Jahren würde es ihm das Herz brechen!"

Da war ich zwar etwas anderer Ansicht, sondern eher der Auffassung, dass Katzen, im Gegensatz zu Hunden, einen Besitzerwechsel im Allgemeinen wesentlich pragmatischer aufnahmen! Ich wollte jedoch dem Gemüt der verzweifelten Dame nicht noch eine weitere Kränkung hinzufügen, also hielt ich den Mund. Außerdem gab es glaubhafte Berichte, dass Katzen nach einer Übersiedlung Hunderte Kilometer weit wieder ins alte Heim zurückgekehrt waren!

Frau Windisch erhob sich: „Also, wir sind uns einig? Sie werden ihn einschläfern!"

Ich zuckte mit den Schultern: „Wenn Sie keinen anderen Ausweg sehen! Aber dafür hätten Sie doch nicht extra den weiten Weg mit dem Bus auf sich müssen, noch dazu bei der Sintflut! Am Telefon hätten wir das doch genauso gut besprechen können!"

„Nein!“ Frau Windisch schüttelte kategorisch den Kopf, dass von ihrem traurigen Etwas von Hut ein wahrer Sprühregen auf die Ordination niederging. Auch die Papierstapel am Schreibtisch bekamen ihren Teil ab. Geschieht ihnen Recht! Nur das arme Fax-Gerät hatte sich nichts zu Schulden kommen lassen! „Ich wollte vermeiden, dass Andi das mithört!“

Trotz der traurigen Situation musste ich innerlich schmunzeln: nicht wenige Leute sind der festen Überzeugung, ihre Haustiere verstünden jedes Wort. Ich hatte einmal, natürlich rein beruflich, mit einer Dame des horizontalen Gewerbes zu tun, die selbst die Geschäftsanbahnung nie in Gegenwart ihres Silberpudels vollführte, sondern ihn vorher immer dezent ins Nebenzimmer sperrte!

„Würden Sie mir bitte ein Taxi rufen? Der nächste Bus geht erst in einer halben Stunde!“, riss mich die Stimme von Frau Windisch aus meinen Gedanken!

„Selbstverständlich! … Oder warten Sie! Wenn ich jetzt auf der Stelle zu Ihnen fahre, um die Sache zu erledigen, kann ich Sie gleich mitnehmen. Mein Auto riecht zwar ein bisschen nach Kuhstall, aber …!“

„Nein!“ Frau Windisch beutelte wieder energisch das Haupt! Ein neuer Sprühregen. Den Wasserlacken in der Ordination nach zu schließen, müsste sie selbst jetzt fast trocken sein.

„Nicht heute! Ich möchte noch genügend Zeit haben, mich von ihm zu verabschieden! Kommen Sie morgen!“

„Gut, ich rufe Sie an, sobald ich weiß, wann ich es einrichten kann!“

Der nächste Tag gestaltete sich genauso wie der vorige: grauer Himmel, unaufhörlicher Regen und meine Laune war auch keinen Deut besser. Karin, die schon wieder aufbruchbereit ihre Schultasche in der Hand hatte, wusste, wie es gewöhnlich um mich stand, wenn ich, ganz gleich aus welchem triftigen Grund auch immer, gezwungen war, ein gesundes Tier einzuschläfern! Sogar damals bei dem Rottweiler, der zweimal ordentlich mit seinen Beißerchen zugelangt hatte, war es mir schlecht gegangen. Aber was konnte schließlich auch das Tier dafür, dass ihn sein Herr, ein Türsteher vor einer Tschinn-Bumm-Disco in der Altstadt, so scharf gemacht hatte, dass er ihn schließlich selbst nicht mehr bändigen konnte?

„Nimm's nicht so schwer“, sagte Karin und drückte mir einen Kuss auf die Wange, „wahrscheinlich ist es für alle Beteiligten so das Beste!“

Lieb von ihr, aber ich mochte mich dieser Überzeugung nicht anschließen! Vor allem, weil der Hauptbeteiligte sich dazu nicht äußern konnte!

Aber was soll es. Ich stürzte einen letzten Espresso hinunter und machte mich auf in das nebelverhangene Bad Gastein. Die Adresse kannte ich, da ich schon die vorige Katze von Frau Windisch, die allerdings schon siebzehn Jahre auf dem Katzenbuckel gehabt hatte, dort eingeschläfert hatte.

Frau Windisch empfing mich gefasst in ihrer kleinen Wohnung, die mit lauter Antiquitäten, Erbstücke ihrer Mutter, vollgerammelt war. Andi lag auf dem Fensterpolster vor der Balkontür und verfolgte gelangweilt die Bahnen der an der Glasscheibe herunterrinnenden Regentropfen. Bei meinem Eintritt schaute er kurz her, schlug zweimal mit dem Schweif als Zeichen, dass er mich erkannte, und drehte dann den Kopf wieder, um seine Naturbeobachtungen fortzusetzen.

König Ludwig XVI. hatte seinen Henker auch nicht würdevoller empfangen können!

Ein Jammer um dieses Tier!

Suchend schaute ich mich nach einem Platz um, wo ich die Bereitschaftstasche abstellen konnte. Frau Windisch bemerkte es: „Tun Sie sie ruhig auf den Tisch! Und setzen Sie sich doch!"

Wohlweislich hatte ich nicht mein Stallgewand angezogen. Als ich mich auf den Biedermeierstuhl plumpsen ließ, hatte ich das Gefühl, auf einen Felsbrocken zu fallen: „Aua! Der ist aber hart!"

„Ich habe erst kürzlich die Möbel neu aufpolstern lassen! Immerhin das erste Mal seit siebzig Jahren!"

Manchmal wunderte ich mich, dass noch niemand auf die Idee gekommen war, eine Krimiserie zu verfassen, in der ein Tierarzt den Amateurdetektiv gab. Ein gewisser kriminalistischer Spürsinn war in unserem Beruf nämlich äußerst hilfreich!

Jetzt roch ich nämlich auch das frische Bienenwachs, durch das die Holzteile, auf Hochglanz poliert, schimmerten!

„Wann war das mit den Möbeln?", frug ich hastig.

„Na so ungefähr vor einem guten Monat!"

„Und seit wann haben Sie die Beschwerden?"

„Ja, auch so seit vier, fünf Wochen!"

Jetzt ging es mit mir durch und ich haute, zur beträchtlichen Irritation der Besitzerin, mit der Faust auf die kostbare Intarsientischplatte: „Frau Windisch! Ich bin zwar kein Tapezierermeister, aber so viel ich weiß, werden solche alten Möbel noch immer nach der ursprünglichen Methode gepolstert: Mit Rosshaar! Dazu das ganze Bienenwachs! Ich habe keine

Ahnung, welches von beiden Schuld an Ihrer plötzlichen Allergie hat, aber ich bin mir sicher: Andi ist es nicht!"

„Aber die im Allergiezentrum ...!", hub Frau Windisch an.

„Aber die im Allergiezentrum ...!", äffte ich sie nach. „Hören Sie, bei einem Freund von mir wurde seinerzeit eine Getreideallergie festgestellt! Ein ganzes Jahr lang hat er alles, was mit Mehl und Reis und Gerste zusammenhängt, gemieden wie der Teufel das Weihwasser! Genützt hat es nichts und dann kam die neue Diagnose: Hausstaubmilben! Die ganze Zeit über hat sich der arme Teufel sogar sein geliebtes Bier verkniffen! Hätte er statt Quantenphysik gescheiterweise Jus studiert gehabt, hätte er die Klinik verklagt! Wenn ich Ihnen einen Rat geben darf: Schaffen Sie alle renovierten Möbel aus der Wohnung und warten Sie ein paar Wochen ab! Dann werden wir ja sehen, ob ich Recht habe!"

„Wo soll ich denn hin damit? Ich habe doch keinen Platz dafür!"

„Von mir aus auf den Dachboden!", versetzte ich herzlos.

Sie starrte mich an: „Sind Sie von Sinnen? Wissen Sie, was das Herrichten gekostet hat?"

„Nicht annähernd so viel, wie wenn es Andi unnötig das Leben kostet!"

Gemeinsam mit einem Nachbarn, der wegen seiner Bandscheiben im Krankenstand war, schleppten wir das Mobiliar zwei Stockwerke hoch auf den geräumigen Dachboden. Der Nachbar keuchte dabei noch mehr als ich und verlangte öfters eine Pause, um sich mit einem blauen Sacktuch über Hals und Glatze zu wischen: „Jaja, damals hat man halt noch solide Möbel gebaut! Nicht so ein Glump wie heutzutage!", schnaufte er trotzdem anerkennend. Nur Andi gab sich ob der Störung durch das ständige Hin-und-Her-Gerenne höchst indigniert und verzog sich in die Küche. Offensichtlich wünschte er den Nachbarn und mich zum Teufel! Der ahnungslose Kerl!

Die guten Stücke wurden schließlich mit Plastikfolie und alten Decken vor dem größten Verstaub geschützt!

Unterm Nachhausefahren spürte ich zwar mein Kreuz nicht mehr, umso mehr aber ein unerhört befreites Gefühl in der Brust, sodass ich das Radio abdrehte und selbst ein paar alte Studentenlieder vor mich hin schmetterte! Wenn ich mich jedoch geirrt haben sollte, konnte ich mich auf Einiges gefasst machen, das stand fest!

Nach vier Wochen kam Karin mit der Post in den Händen hereingeschneit: „Ein Schreiben und eine große Schachtel für dich!" Ich riss das Kuvert auf: Frau Windisch bedankte sich überschwänglich für die Rettung von Andi in allerletzter Minute, es gehe ihr wieder blendend und sie habe auch einen Beschwerdebrief an das Allergiezentrum geschickt. Was sie mit den Möbeln vom Dachboden machen würde, wisse sie noch nicht, aber mittlerweile wäre sie das Sitzen auf den alten Küchensesseln schon gewöhnt. Hauptsache, Andi liege ihr dabei auf dem Schoß und schnurre behaglich! Mit herzlichen Grüßen! Na, wer sagt's denn, dass Tierärzte nur schwer Anerkennung finden!

Karin hatte inzwischen die Schachtel geöffnet: „Mmh, Katzenzungen! Wie sinnig!" Sie fing sofort an, an einer zu knabbern, und streckte mir auch eine entgegen. Aber das Glücksgefühl, das sich bei mir einstellte, hielt nicht lange an, weil das Telefon läutete! Es war der Grössner, ein Pferdehändler, dem ich vor Kurzem einen Gaul mit Hufrehe höchst erfolgreich kuriert hatte! Er monierte, dass die Rechnung seiner Meinung nach viel zu hoch ausgefallen wäre und ich solle sie gefälligst nochmals überdenken! Damit legte er auf!

Ich betrachtete die Katzenzunge in meiner Hand und knurrte: „Ach was, leck mich doch!"

Die psychosomatische Kuh

Den Haselgruber-Bauern hat es sauber erwischt. Dabei wollte er nur den „Loris", den Zuchtstier, wie gewohnt ins Freie führen, um eine Kalbin zu decken. Der „Loris", trotz seiner fast tausend Kilo Lebendgewicht sonst eine Seele von Stier, hatte sich aber schon seit zwei Tagen höchst unruhig und nervös gezeigt. Sicherlich lag es daran, dass das Bundesheer am Montag begonnen hatte, unter anderem über unserem Gebiet ausgiebige Flugübungen mit den Draken zu veranstalten. Ab und zu donnerte der Überschallknall durch das Tal und ließ Mensch und Vieh gemeinsam zusammenzucken. In der Ordination herrschte, wie üblicherweise nur vor der ebenso jährlichen wie blödsinnigen Silvesterschießerei, ein Andrang von schimpfenden Hundebesitzern, die Beruhigungsmittel für ihre vierbeinigen Hausgenossen verlangten. Zwei hatten überhaupt angerufen, um nachzufragen, ob sich jemand bei mir wegen eines gefundenen Hundes gemeldet hatte, da dieser während eines Spazierganges Reißaus genommen hatte und seither verschwunden war.

Obwohl ich der militärischen Landesverteidigung als Reserveoffizier naturgemäß positiv gegenüberstand, begann ich langsam, die Abfangjäger, die man zumeist nicht einmal sah, zu verfluchen.

Bis irgendein besonders intelligenter Pilot, ob auftragsgemäß oder aus purem Übermut ließ sich nicht eruieren, sogar im Tiefflug über das Haselgruber-Anwesen toste, just zu dem Moment, als der Bauer mit seinem Stier aus dem Stall kam. Das war eindeutig zu viel für „Loris" Nervenkostüm. Obwohl er am Nasenring fixiert war, riss er sich mit lautem Gebrüll los, der Nasenring wurde dabei weggefetzt, wodurch zur Panik noch der Schmerz kam, vollführte eine Kehrtwendung und stürmte blindlings davon. Dabei hatte er, ohne böse Absicht, den Haselgruber erwischt. Der Bauer wurde durch die Luft geschleudert und landete rücklings auf dem flachen Betonrand der Güllegrube, wo er regungslos liegenblieb.

Zum Glück war das von der Haselgruberin, die aufgrund des Lärms den Kopf zum Fenster des zitternden Hauses hinausgestreckt hatte, bemerkt worden, worauf der Haselgruber bald darauf selbst in den Genuss eines Fluges kam, nämlich mit dem Notarzthubschrauber ins Krankenhaus.

Während man dort bei ihm eine schwere Gehirnerschütterung, eine massive Brustkorbprellung, und, was sich als das Gravierendste herausstellte, eine multiple Beckenzertrümmerung feststellte, trafen die

Untersuchungskommissionen des Bundesheeres und der Polizei ein, nahmen den Sachverhalt auf und verabschiedeten sich wieder. Ab da musste die Sache ihren juristischen Weg gehen.

Der Weg, den der Haselgruber gehen musste, erwies sich als mindestens ebenso lang. Mit der Gehirnerschütterung und der Brustkorbprellung war er bald zu Rande gekommen, Bergbauern sind ein zäher Schlag, aber die erlittene Beckenzertrümmerung war auch von besonderer Güte!

Ob er je wieder arbeitsfähig sein würde? Die Ärzte zuckten bei dieser Frage nur ratlos die Schultern.

Der Peter, der einzig männliche Nachkomme unter vier Geschwistern, leistete noch dazu gerade den Präsenzdienst ab. Weil man beim Bundesheer offenbar doch ein schlechtes Gewissen hatte, was bei staatlichen Einrichtungen ja äußerst selten war, suspendierte ihn das Militärkommando ohne Anstände von weiteren Vaterlandsverteidigungspflichten, damit wenigstens er den Betrieb weiterführen konnte.

So weit, so gut!

Der Sohnemann schwang das ihm so unerwartet zugefallene Zepter wie ein grimmig entschlossener Revolutionär. Nach dem Motto „Neue Besen kehren gut", begann er, die Wirtschaft komplett umzumodeln. Der Säuberungsaktion fiel zuallererst der arme „Loris" zum Opfer. Der Peter verkaufte ihn an den Metzger und stellte auf künstliche Besamung um.

Den Eigenbestandsbesamer-Kurs hatte er in Windeseile nachgeholt. Dann schaffte er einen Futterautomaten an, der zweimal täglich an den Rindern vorbeizog und ihnen die entsprechende Ration an Kraftfutterpellets ausschüttete. Die alten Glühbirnen im Stall, die von ihrer bescheidenen Beleuchtungsstärke eher in ein Separee gepasst hätten, wurden durch helle Neonleuchten ersetzt. In dieser Art zog der Jungbauer eine breite „Perestroika"-Spur über den Hof, die alle Facetten umfasste und selbst einen Gorbatschow neidisch gemacht hätte.

Aber wenn man versuchte, unter besten Vorsätzen mit Brachialgewalt alles auf einmal auf den Kopf zu stellen, konnte es manchmal passieren, dass man den gegenteiligen Effekt erzielte. Siehe Gorbatschow.

Als er mich nämlich anrief und um einen Besuch wegen der Waldin, seiner ältesten und besten Kuh mit fast hunderttausend Litern Lebensleistung an Milch, ersuchte.

Ein milder Duft nach knospenden Bäumen im zarten Grün und blühenden Sträuchern empfing mich an diesem Frühlingsnachmittag am Haselgruberhof. Auf den Berggipfeln kämpften die letzten Schneefelder einen aussichtslosen Kampf gegen die immer stärker werdende Sonne und die Luft war lau und voll Vogelgezwitscher, sodass es eine Lust war, zu leben. Außer, wenn man Waldin hieß.

„Sie war vor ein paar Tagen im Stall noch völlig gesund, aber seitdem wir das Vieh auf die Weide getrieben haben, ist sie wie ausgewechselt. Sie steht nur herum, grast nicht und gibt kaum mehr Milch. Weiß der Teufel, was ihr fehlt!" Der Peter Haselgruber zeigte auf eine große Fleckviehkuh, die sich abseits der Herde hielt und einen traurigen Eindruck machte.

Mit dem Teufel war anscheinend ich gemeint, also sagte ich: „Na schön, dann treiben wir sie einmal hinein."

Die Waldin marschierte ohne viel Federlesen und Anstalten zu machen, sich zu den übrigen Tieren zu gesellen, in den Stall. Lahm war sie nicht, das konnte ich an ihrem schleppenden Schritt aus der Distanz erkennen.

Sobald sie angehängt war, erkundigte ich mich: „Wann hat sie denn gekalbt?"

„Oh, das ist schon über drei Monate her! Alles völlig normal. Wie gesagt, bisher war sie völlig in Ordnung!"

Ich begann mit der Untersuchung. Euter normal! Rektaltemperatur normal. Kot normal. Pansen normal. Schleimhäute normal. Lunge normal. Und trotzdem war die Kuh nicht normal.

In dieser Situation fiel mir eine Begebenheit aus meiner Studentenzeit ein! Auf der Buiatrik, der historischen, aber zu meiner Zeit noch gebräuchlichen Bezeichnung für die Wiederkäuerklinik, hatten wir einen Professor, dessen zweiter Vorname „Willkür" war.

War er gehobener Stimmung, ließ er auch einen schweren Patzer oder eine Wissenslücke ungeahndet, freilich nicht ohne den Kandidaten ausgiebig der Lächerlichkeit preiszugeben, wozu das versammelte Studentenauditorium (diese Schleimer) pflichtschuldigst zu lachen hatten.

Gab es jedoch Turbulenzen in seiner seelischen Balance, genügte ein resignativer Seufzer bei einer gestellten Frage, um über dem Kandidaten zwei Minuten später das sprichwörtliche Fallbeil hinuntersausen zu lassen.

Als baldiger Prüfling besuchte man in den letzten Wochen vor dem Termin regelmäßig diese Examinationen, einerseits, um den eigenen Wissensstand abzuschätzen, andererseits, um noch manch wertvolle Kenntnisse zu erwerben. So wurde ich Augen- und Ohrenzeuge, als der Professor eine magere Holsteinkuh in den Hörsaal führen ließ und den in der Arena befindlichen Kandidaten aufforderte, „sich doch einmal die Lunge dieses Tieres näher anzuschauen". Dies war einigermaßen ungewöhnlich, weil man üblicherweise die Krankengeschichte des Patienten vorher mitgeteilt bekam. Der Student, schwitzend wie ein Schweinsbraten im Rohr, registrierte jedoch das Alarmzeichen nicht und behorchte die Kuh von allen Seiten, klopfte mit den Fingern, was man Auskultation nennt, verzweifelt gegen die behaarte Brustwand wie ein Aussätziger an der Klosterpforte und setzte schließlich ein ratloses Gesicht auf.

Der Professor indessen klopfte auch, und zwar mit dem Kugelschreiber auf die Tischplatte.

„Na, wird's bald? Kriegen wir von Ihnen noch einen Lungenbefund vor Weihnachten?"

Dabei hatten wir erst Anfang Juni!

„Geringgradig verschärft vesikuläres Atemgeräusch?" Das war wohl die mindeste Form eines pathologischen Lungenbefundes und man merkte dem Tonfall des Ärmsten an, dass er ins Blaue hinein riet. Der Professor erhob sich unter widerwilligem Schnauben geräuschvoll vom Sessel und hielt, pro forma, sein Stethoskop an die Kuh, dann wandte er sich ruckartig um und schnauzte: „Sie, Herr Kollege, wenn Sie nicht in der Lage sind, eine völlig gesunde Lunge als solche zu identifizieren, wie wollen Sie dann später eine kranke erkennen, hm? Sie sind durchgefallen!"

Ich befand mich in einer ähnlich fatalen Lage! Vor mir stand eine, klinisch gesehen, „pumperlgesunde" Kuh, an der nichts, aber auch schon gar nichts, feststellbar war, und hatte Hemmungen, das zuzugeben, weil der ganze Anschein des Tieres dagegensprach und ich wusste, dass der Haselgruber Junior auf eine Diagnose wartete. Zum Glück klopfte er nicht auch noch mit dem Kugelschreiber.

Aber es half nichts. Ich konnte mir schließlich nicht gut irgendeine fiktive Krankheit aus den Fingern saugen: „Tut mir leid, ich kann nichts finden. Alle Befunde sind o. B.!"

„Das gibt's doch nicht! Schauen Sie sie nur an! Irgendetwas stimmt mit ihr nicht!"

Ich musste ihm beipflichten: „Vielleicht eine schleichende Stoffwechselstörung. Ist zwar schon eine Weile her, dass sie gekalbt hat, aber bei einer älteren Kuh weiß man das nie so genau. Ich nehme jetzt auf jeden Fall einmal eine Probe von Blut, Harn und Kot. In der Zwischenzeit geben Sie ihr das Pulver hier. Das fördert die Fresslust."

Katheterisieren beim Rind ist nicht immer einfach, weil sich der Harnröhreneingang unter einer Hautfalte versteckt. Außerdem, wenn wer glaubt, dass, sobald sich die Katheterspitze in der Blase befindet, spontan der Urin zu sprudeln beginnt wie Erdöl aus dem Bohrturm, ist schief gewickelt. Meist kommt am Anfang gar nichts. Dann hilft es, Luft einzublasen, zehn, fünfzehn Mal, um die Blasenwand zu dehnen und zu reizen. Feinere Tierärzte benutzten dazu eine große Spritze, rustikalere wie ich machten das gleich mit dem Mund. Bei der Methode ist es nur wichtig, rechtzeitig aufzuhören!

Der Strahl, der sich nach einigen Versuchen in das daruntergehaltene Röhrchen ergoss, war, wie er sein sollte: von strohgelber Farbe und klar. Als ich den Schnelltest-Streifen hineintauchte, wusste ich schon, dass das vergebliche Liebesmühe bedeutete! Immerhin konnte ich eine Blasen-Nieren-Entzündung definitiv ausschließen!

Ich packte meine Proben zusammen und verabschiedete mich: „Sobald ein Laborergebnis da ist, ruf' ich an!" Vor dem Hinausgehen warf ich noch einen prüfenden Blick auf die Kuh. Immerhin kannte ich sie auch schon einige Jährchen und irgendetwas war, abgesehen von ihrer traurigen Haltung, an ihrem Äußeren ungewohnt. Ich konnte aber beim besten Willen nicht sagen, was, und zermarterte mir auf dem Heimweg den Kopf.

Zu Hause angekommen, wartete schon die nächste Hiobsbotschaft auf mich.

„Vom Gasthof Latschenbauer haben sie angerufen!", empfing mich Karin, „gestern ist ein Fohlen gesund zur Welt gekommen und jetzt wird es immer schwächer! Du sollst sofort hinfahren!"

Ich verzog kurz das Gesicht. Kranke Fohlen in diesem Alter zählen beileibe nicht zu den einfachen Fällen und außerdem lag der Gasthof, wie schon sein Name sagte, ziemlich weit oben am Berg.

„Was gibt es denn zum Abendessen?", schnupperte ich wenigstens sehnsuchtsvoll Richtung Küche.

Karin lächelte: „Bis du wieder da bist, bestimmt etwas sehr Kaltes!"

Ich machte auf dem Absatz kehrt und warf mich wieder in den Wagen: „Auf ein Neues, Alter", murmelte ich, ohne zu präzisieren, wer gemeint war, er oder ich, und drehte den Zündschlüssel. Wenn das Essen schon kalt werden würde, war wenigstens der Motor noch warm!

Das Problem beim Latschenbauer war, dass seine zwei Haflingerstuten nicht daheim, sondern in einem zum Stall umgebauten Heustadl, noch einmal einen Kilometer weiter oben, untergebracht waren. Dort gab es keine Stromversorgung und es wurde langsam dämmerig. Als ich ankam, war der Latschenbauer gerade damit beschäftigt, das Benzinaggregat zu starten. Ich hörte ihn schon um die Ecke fluchen, bevor ich ihn sah. Endlich begann der Generator wie ein altes Propellerflugzeug zu dröhnen.

„Ah, schön, dass Sie schon da sind!", sagte der Latschenwirt und wischte sich den Schweiß von der Stirn. „Das Fohlen war nach der Geburt völlig normal, hat sofort mit Heißhunger getrunken und seit heute früh geht es mit ihm bergab. Als ich zur Abendfütterung gekommen bin, war es schon apathisch und jetzt liegt es überhaupt nur mehr herum!"

„Durchfall?"

„Nein!"

„Schauen wir einmal!" Die Beleuchtung im Stall war nicht von berauschender Qualität. Im schwach gelblichen Licht, das die zwei Deckenlampen verströmten, sahen wir alle aus wie Chinesen. Die Pferde inbegriffen!

Ich streckte den Kopf in die erste Box, um etwas zu sehen.

„Nein, die andere! Die da ist erst in ein paar Wochen soweit!"

Das Fohlen lag seitlich im Stroh und die Stute wieherte aufgeregt und stampfte, als wir hineinkamen. Währen der Latschenbauer sie begütigend beim Halfter nahm, untersuchte ich rasch das Junge. Der Puls war hoch, die Atmung frequent. „Ich brauche eine Taschenlampe!", rief ich und eilte zum Auto. Das war es! „Der Kleine ist wirklich ein Chinese!"

„Wie bitte?"

„Na, da schauen Sie selbst!" Ich zog das linke Unterlid des Fohlens herunter und leuchtete darauf. Postkastengelbe Schleimhäute: „*Ikterus neonatorum*!"

„Können Sie das auf Deutsch auch sagen?"

„Neugeborenengelbsucht! Eine Art Autoimmunerkrankung! Bei manchen Fohlen dringen im Fötalstadium Blutzellen in den Körper der Stute, woraufhin sie dagegen Antikörper entwickelt. Diese gibt sie beim Säugen wieder mit der Biestmilch an das Neugeborene ab, woraufhin dessen Erytrozyten zerstört werden!"

„Dann ist es hoffnungslos? So ein schönes Stutfohlen!"

„Nicht unbedingt! Wir haben eine Chance! Zuerst muss ich eine Bluttransfusion durchführen. Dazu nehme ich die andere Stute. Anschließend dürfen Sie das Tier mindestens sechsunddreißig Stunden nicht saugen lassen. Nach der Zeit schließt sich die Darmwand des Fohlens und die Antikörper können nicht mehr in die Blutbahn gelangen. Sie werden ganz normal verdaut! Die Mutter müssen Sie natürlich während der Zeitspanne weiter melken, damit sich die Milch nicht verläuft!"

„Und womit soll ich das Junge inzwischen füttern? Etwa mit Leberknödel?"

Ich kannte die Leberknödel im Gasthof Latschenbauer. Schon für einen Gesunden schwer verdaulich! „Es gibt ein einfaches Rezept zum vorübergehenden Milchersatz!“, beruhigte ich ihn.

Ich rannte zum Auto. Ein wenig Heparin, damit das Blut nicht stockte, ein bisschen Glukoselösung und den Rest der Flasche mit fremdem Pferdeblut aufgefüllt. Daraus bestand die lebensrettende Therapie. Während ich die Mixtur unter der geöffneten Heckklappe zubereitete, stotterte plötzlich das Benzinaggregat und verstummte. Im Stall wurde es schlagartig stockdunkel.

„Himmelherrgottsakra“, fluchte der Latschenbauer und stürmte an mir vorbei. Dabei rempelte er mich an, sodass mir das Heparinfläschchen aus der Hand fiel. Mit einem hellen Knaksen zersplitterte es am Boden.

„Himmelherrgottsakra!“, platzte es aus mir heraus, „jetzt muss ich nochmals nach Hause fahren, um ein Neues zu holen!“

Der Latschenbauer sah drein wie ein begossener Pudel: „Lassen Sie sich Zeit! Ich muss auch erst heim, Benzin beschaffen!“

Auf der rasenden Fahrt zu Tal sandte ich Stoßgebete zum Himmel, dass ich noch Heparin im Kühlschrank hatte, sonst würde es schlecht um das Fohlen stehen.

„Du bist schon wieder da?“, wunderte sich Karin.

„Und schon wieder weg!“ Ich hatte tatsächlich noch ein Fläschchen vorgefunden.

Das Stromaggregat lief auch wieder und der Latschenbauer hatte sogar fürsorglich eine Stativlampe mitgenommen. Fasziniert schaute er zu, wie ich der trächtigen Stute eine Aderlassnadel in die Jugularvene rammte und ihr zwei Liter Blut abzapfte.

„Ihr Tierärzte seid schon halbe Vampire, was?“

„Ja! Weil wir die Hälfte der Zeit auch nachtaktiv sind!“

Anschließend verfolgten wir, wie die lebensspendende Flüssigkeit über den Infusionsschlauch in der Halsvene des Fohlens verschwand. Immerhin hob es nach Ende der Blutübertragung selbstständig den Kopf.

„So! Ich schreibe Ihnen noch die Rezeptur auf, nach der Sie aus Kuhmilch einen vorrübergehenden Fohlenmilchersatz herstellen. Dazu brauchen Sie noch Eier und fetten Rahm. Alle Stunden füttern, aber unbedingt unter dem Euter von der Stute. Das Fohlen muss dort die Nahrungsquelle vermuten, sonst nimmt es später die Zitzen nicht mehr an. Die Prozedur führen Sie bis morgen Abend durch!“

Im befriedigenden Gefühl, dass die Sache klappen würde, nahm ich den Heimweg unter die Räder!

Am nächsten Tag, zum Ende meiner Visiten, schaute ich beim Latschenbauer vorbei. Er hantierte hinter der Theke, um eine Gruppe durstiger Urlauber zu versorgen, und schrie mir über deren Köpfe schon von Weitem zu: „Alles in Ordnung, Herr Doktor! Das Fohlen ist munter, trinkt die Ersatzmilch ohne Weiteres und macht einen vitalen Eindruck!"

„Sehr gut! Genau das wollte ich hören!" Ich machte Anstalten, umzudrehen. Da eilte er mir nach: „Nicht so eilig! Ein Stamperl werden Sie mit mir schon trinken, was?"

Was soll's. Ein kleiner Schnaps schadete weder der Leber noch dem Führerschein!

Der Latschenwirt kam mit den Gläsern und hockte sich zu mir: „Prost! Auf die Gesundheit!"

In dem Moment schellte eine Kuhglocke durch den Raum. Das war so ein Touristengag, dass jeder, der das oberhalb der Bar angebrachte Geläut berührte, eine Runde zu zahlen hatte. Diesmal hatte es einen Holländer erwischt. Inmitten des schadenfrohen Gelächters der anderen Gäste wurde ich plötzlich hektisch: „Haben Sie ein Telefonbuch?", fuhr ich den Latschenwirt an.

„Ein Telefonbuch? Aber sicher!"

Kaber, Kacerski, Kaefer, Kahlhammerl, Kainz vulgo Haselgruber! Da war es.

Ich musste es ziemlich lang läuten lassen, bis der Bauer endlich abhob. „Nanu, Herr Doktor? Schon ein Laborergebnis? Das ist aber schnell gegangen …!"

„Pfeif auf das Labor!", rief ich. Um ehrlich zu sein, verwendete ich einen wesentlich derberen Ausdruck: „Sie besorgen sich so schnell wie möglich eine billige Kuhglocke und die hängen Sie der Waldin um!"

„Eine Kuhglocke?" Dem Tonfall vom Haselgruber war deutlich anzumerken, dass er an meinem Verstand zweifelte. „Zu was soll das gut sein?"

„Ich weiß jetzt, was mich an der Kuh gestört hat! Sie trägt keine Glocke!", röhrte ich, „soweit ich mich erinnern kann, war die Waldin unter Ihrem Vater jahrelang als Glockkuh unterwegs!"

„Stimmt! Bei meinem Vater war die Waldin das Leittier! Aber weil sie schon älter ist und nicht mehr so fit auf den Klauen, habe ich mir gedacht, ich treibe sie heuer nicht mehr auf die Hochalm und habe daher einer Jüngeren die Glocke verpasst, damit sie sich daran gewöhnt."

„Eben! Das kommt einer Degradierung gleich. Die Waldin ist in ihrem Stolz verletzt und tief gekränkt. Ihr ganzes Leiden ist psychosomatisch!"

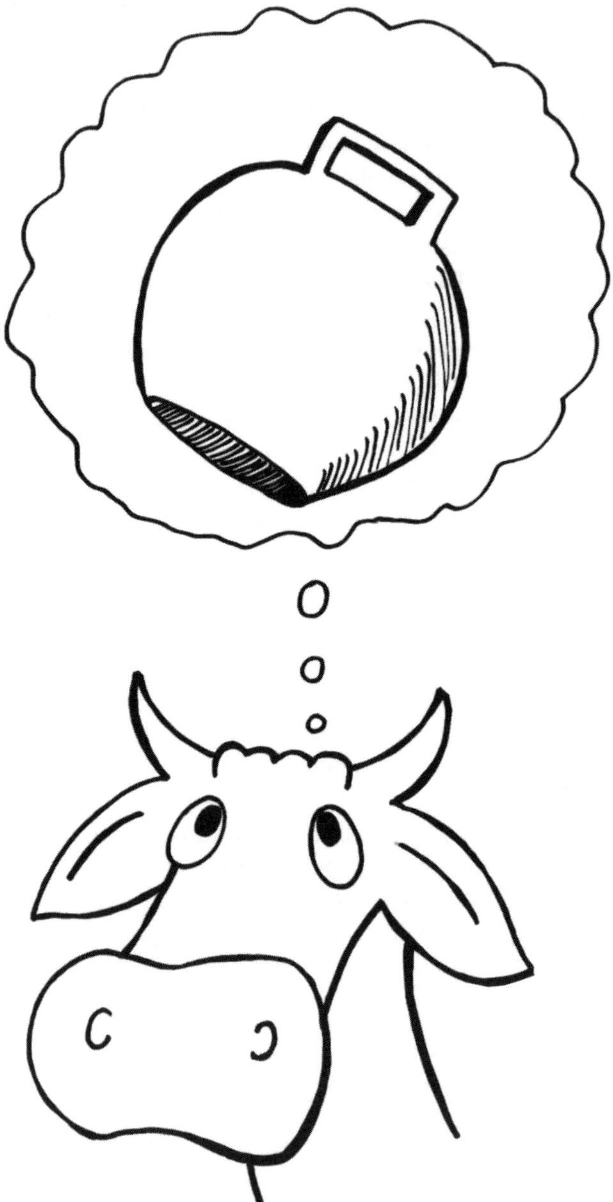

„Sie machen Witze!“ Ich konnte förmlich am Telefon spüren, wie der Haselgruber den Kopf schüttelte.

„Ich mache keine Witze, zum Donnerwetter!“ Mir platzte der Kragen, „fragen Sie einen alten Bauern, wie schwer eine Kuh beleidigt sein kann, wenn man ihr die Position innerhalb der Herde nimmt! Besorgen Sie gefälligst die verdammte Glocke!“

„Ich … ich hab' noch eine alte als Reserve!“, stotterte der Haselgruber sichtlich eingeschüchtert.

„Ausgezeichnet! Die hängen Sie ihr gleich um! Morgen auf der Weide werden wir ja sehen, ob das die Ursache war!“

Als ich auflegte, war ich mir bereits zu hundert Prozent sicher. Deshalb marschierte ich zur Theke und rüttelte heftig an der Kuhglocke. So eine elegante Auflösung des Rätsels war glatt eine Lokalrunde wert!

Am nächsten Tag führte mich einer meiner ersten Wege natürlich zum Haselgruber-Hof.

Der Junior strahlte bis über beide Ohren: „Es ist unglaublich! Kaum hab' ich der alten Waldin die Glocke um den Hals gehängt, das hätten Sie sehen müssen, ist es wie ein Ruck durch die Kuh gegangen. Und jetzt steht sie mitten in der Herde, grast wie ein Scheunendrescher und teilt Kopfstöße nach allen Seiten aus, wenn ihr eine andere Kuh zu nahe kommt!“

„Kein Wunder! Sie hat wieder das Kommando! Erniedrigen Sie einmal einen General zum Korporal, Sie werden Augen machen, wie den das trifft!“

„Aber trotzdem! Ein Rindvieh braucht extra Rangabzeichen …?“

„Tiere besitzen genauso wie wir Menschen einen Geltungsdrang unter Ihresgleichen!“ Ich merkte, dass ich schon wieder Gefahr lief, ins Dozieren zu verfallen.

Darum schloss ich schnell mit der Bemerkung: „Wenn wir uns glücklich fühlen, hängt uns der Himmel voller Geigen! Und einer Kuh eben voller Glocken!“

Kunstfehler sind keine Kunst

Zu den größten Schreckensvorstellungen eines Tierarztes zählt wohl, wenn er sich eingestehen muss, am Tode eines Patienten schuld zu sein.

Immerhin ist es unsere Aufgabe, Tiere zu heilen oder ihr Leid zumindest zu lindern. Umso schlimmer daher die Erkenntnis, dieser Verantwortung nicht nachgekommen zu sein.

Natürlich hat jeder Tierarzt, schon aus der Gesetzeslage heraus, eine Haftpflichtversicherung abgeschlossen, eine solche kann jedoch höchstens den materiellen Schaden, nicht aber den emotional empfundenen Verlust eines innig geliebten Hausgenossen, noch die Selbstvorwürfe des schuldtragenden Veterinärs beseitigen.

Selbstverständlich passiert so etwas nicht absichtlich und auch Unwissenheit ist in den seltensten Fällen die Ursache für Behandlungsfehler. Meistens führt die unselige Kombination aus Routine einerseits und Stress andererseits zu solchen fatalen Schnitzern.

Ich konnte mich noch lebhaft an die Erzählung eines grauhaarigen Tierarztes erinnern! Wir saßen am Abend nach einem Fortbildungsseminar als letzte in den bequemen Clubsesseln der Hotelbar, obwohl der Barmann schon mehrmals sehnsüchtig zu uns herüber geschielt hatte, aber wir waren wie Django: erbarmungslos! Der vierte oder fünfte doppelstöckige Wodka lockerte die Zunge des älteren Kollegen und so berichtete er, was ihm zum ersten und einzigen Mal in seiner gesamten Praxistätigkeit widerfahren war.

Er hatte eine Kuh wegen Bronchitis behandelt, woraufhin er sie am nächsten Tag bereits in deutlich gebessertem Zustand vorfand. Er widerholte die Injektion und als er am dritten Tag zur abschließenden Nachbehandlung eintraf, war das Tier schon so gut wie neu. Trotzdem wusste er als verantwortungsvoller Therapeut, dass zur endgültigen Ausheilung eine abermalige Antibiotikumgabe unumgänglich war. Eine watscheneinfache Angelegenheit, keine Diagnosestellung mehr nötig, keine Überlegung über das Medikament der Wahl, nur mehr rein mechanische Tätigkeit. Weil er sowieso in Eile war, unterließ er es jedoch, die danebenliegende Kuh vorher aufzutreiben. In dem Moment jedoch, da die Patientin die Nadel im Schultermuskel verspürte, machte sie einen Satz zur Seite und sprang mit ihren scharfen Klauen ihrer Nachbarin genau in das am Boden ausgebreitete Euter.

Jeder kann sich den Verletzungsgrad vorstellen, wenn das Gewicht einer siebenhundert Kilogramm schweren Kuh in die Weichteile tritt. Der Kollege rannte zum Auto, holte das Chirurgiebesteck und stopfte und flickte eine Dreiviertelstunde lang, was das Zeug hielt.

Das Euter war zwar verloren, so viel stand schon fest, aber die Kuh war immerhin hochträchtig und erwartete in zwei Monaten ihr Kalb. Deshalb konnte man sie nicht augenblicklich zum Metzger schicken. Aber alles Bemühen stellte sich als vergeblich heraus. Das zerquetschte Milchdrüsengewebe bildete eine eitrig-septische Mastitis aus und ein paar Tage später war die Kuh an Blutvergiftung gestorben. Samt Ungeborenem!

„Ich Idiot!", stöhnte er noch Jahre danach, „das Vieh aufzutreiben, hätte mich nicht einmal eine Minute gekostet, so habe ich fast eine Stunde verschissen und am Ende war doch alles für den Hugo! Das hat mich monatelang in meinen Träumen verfolgt und manches Mal kommt es mir noch heute hoch! Das dürfen Sie mir glauben!"

Ich konnte das sehr gut nachvollziehen und nippte stumm an meinem Whisky, weil ich an die Leichen in meinem Keller dachte!

Als ich als junger Tierarzt zum Hausbauer fuhr, sah ich nach seinem telefonischen Zustandsbericht eine Kuh mit Milchfieber vor dem geistigen Auge. Das war nichts Ungewöhnliches, der Hausbauer besaß eine kleine, aber feine Milchviehherde, in der die bereits zuvor erwähnte Störung des Kalziumstoffwechsels keine Seltenheit darstellte. Die prophylaktische Gabe von geeigneten Kalziumpräparaten war unter den Bauern damals noch nicht weitverbreitet und deshalb musste jedes Mal der Tierarzt kommen, um eine Infusion zu verabreichen.

Die Kuh lag in ihrem Stand, wie schon oft gehabt: komatöse Seitenlage und vor sich hin stöhnend! Das klassische Bild des fortgeschrittenen Stadiums! Hätte ich mir die Zeit genommen, die Rektaltemperatur zu messen, wäre mir sicher der breiige Kotfladen hinter der Kuh aufgefallen, der mich warnen hätte müssen. Milchfieberkühe haben infolge der Lähmung überhaupt keinen oder höchstens wenigen harten Stuhl!

Ich war aber in ziemlicher Eile, weil auf der anderen Talseite ein aufgeblähtes Kalb von Bauchkrämpfen geplagt wurde, also überlegte ich nicht lange, verlangte heißes Wasser, um die Flasche anzuwärmen, und ließ die klare Infusionslösung flott in die gestaute Halsvene fließen.

Ebenso flott packte ich meine Siebensachen zusammen, nicht ohne mich vom geduldig dastehenden Hausbauer mit den Worten zu verabschieden: „In spätestens zwei Stunden sollte sie wieder auf den Beinen sein! Sonst müssen Sie mir nochmals Bescheid geben!"

Die Koliken des Kalbes waren bald behoben, nachdem ich mit einer langen dicken Nadel den Pansen punktiert und das Gas abgelassen hatte. Eine krampflösende Spritze und ein wenig Pulver zur Verdauungsanregung bildeten das Ende der Behandlung.

Kaum saß ich wieder im Auto, rief der Hausbauer an. Zum Teufel, war der Kerl ungeduldig. Ich hatte doch „zwei Stunden“ gesagt und jetzt war noch nicht einmal eine vergangen!

Leider handelte es sich nicht um Ungeduld!

„Die Kuh ist tot.“

„Waaaas?“ Ich war vom Donner gerührt. „Das darf doch nicht wahr sein!“

„Ist es aber! Kaum waren Sie fort, hat sie zum Zittern angefangen, dann hat sie mit den Beinen geschlagen, die Augen verdreht und weg war sie!“

„Aber … aber, das ist doch unmöglich“, stammelte ich. „Hören Sie, rufen Sie sofort die Tierkörperverwertungssammelstelle an, die sollen die Kuh noch heute holen und in den Sektionsraum hängen. Am Abend fahre ich hin und schau’ sie mir an!“

Als ich gegen neunzehn Uhr eintraf, lag das TKV-Gelände still und verlassen da, nur munteres Vogelgezwitscher hallte zwischen den Mauern, was so gar nicht zu dem leichten Verwesungsgeruch, der über dem gesamten Areal schwebte, passen mochte! Die zahlreichen Stahlcontainer, angefüllt mit Kadavern, warteten auf den morgigen Abtransport in die Verbrennungsanlage, alle Arbeiter waren längst nach Hause gegangen. Das machte nichts, infolge guter Beziehung zum Amtstierarzt besaß ich einen Schlüssel. Heutzutage wäre ein solches Arrangement durch strengere Seuchenbestimmungen undenkbar.

Die Neonröhren in der Sezierhalle flackerten auf, sobald ich den Schalter drehte, und da hing sie traurig und kopfüber von der Decke: meine verlorene Patientin!

Mit einem langen Messer öffnete ich die Bauchwand, vorsichtig, damit mir die Magengase nicht den Dreck ins Gesicht spritzten. Zuerst räumte ich den Pansen heraus und dann stieß ich auf die Leber! Also jetzt brauchte ich mich nicht mehr wundern, dass die Kuh letztendlich hier gelandet war! Das Organ war dick geschwollen, von einer normalen rotbraunen Farbe keine Spur, das Gewebe leuchtete ockergelb und war so brüchig, dass es unter meinen Fingern zerkrümelte. Eine Verfettung, wie sie im Buche stand. Kein Milchfieber, sondern ein veritables Leberkoma! In so einem Zustand wäre zwar auch eine zielgerichtete Behandlung ohne Erfolg geblieben, das

Tier war so oder so ein Todeskandidat gewesen, allerdings hatte ich durch die Infusion die Kuh schneller über den Jordan befördert. Weil eine reine Kalziumgabe bei Lebererkrankungen kontraindiziert ist und ich, veterinärer Grünschnabel, es unterlassen hatte, sorgsam zu untersuchen.

Tatsächlich wäre es meine Pflicht gewesen, den Bauern auf die ausweglose Situation aufmerksam zu machen und entweder jede Therapie zu unterlassen oder zumindest die falsche. Das sollte mir eine Lehre für das weitere Berufsleben sein, getreu dem Grundsatz: Der aktuelle Patient ist der wichtigste!

Kleinlaut, aber zumindest ehrlich, wie ich erzogen wurde, rief ich den Hausbauer an.

„Naja, wenn es eh nichts geholfen hätte …", war sein einziger lapidarer Kommentar.

Ein anderes Mal hatte ich einigermaßen Glück, einen Behandlungsfehler vermieden zu haben!

Beim Fischbacher ging es darum, einige Kälber zu enthornen! Ganz zu Beginn war ich kein Freund solcher Maßnahmen, aber die abnehmende Zahl von Verletzungen unter den Rindern selbst und auch der Bauern, einige von ihnen kannte ich nur einäugig, weil ihnen eine Kuh in der traditionellen Anbindehaltung bei der kopfschüttelnden Fliegenabwehr das Horn ins Auge gestoßen hatte, veranlasste mich mit der Zeit zu einem Umdenken.

Die einzige Schweinerei an der Geschichte bestand darin, dass es das Tierschutzgesetz erlaubte, Kälbern bis zu einem Alter von zwei Wochen ohne Narkose Löcher in den Schädel zu brennen!

Man sollte den dafür verantwortlichen Politikern die gleiche Maßnahme angedeihen lassen und vor dem zweiten Loch auf der anderen Schädelseite die Sache noch einmal gründlich durchdiskutieren!

Unter fachgerechter Narkose war die Prozedur jedoch ein problemloser Eingriff und so kniete ich an einem Vormittag im dick eingestreuten Strohbett, das von dem durch das Fenster einfallenden Sonnenlicht in goldgelben Glanz getaucht wurde, zwischen fünf bereits betäubten Kälbern, um ihnen die zusätzliche Lokalnarkose zwischen Augenwinkel und Hornansatz zu verpassen.

In diesem Augenblick ging die Stalltüre auf und das rote Gesicht des Bruckwirtes erschien im Spalt: „Ist der Bauer da?"

„Komm nur rein!", schrie der Fischbacher, „du bist gerade richtig, dass wir dir deine Hörnd'ln auch gleich abschneiden!"

Ich musste grinsen! Es galt in der ganzen Gegend als offenes Geheimnis, dass die fesche Bruckwirtin einem ausgedehnten Liebesleben frönte, bei dem ihr Mann, wenn überhaupt, nur eine untergeordnete Rolle spielte.

Das Gesicht vom Bruckwirt wurde noch um einiges röter: „Was redest du denn für einen Blödsinn daher? Beteiligst du dich jetzt auch schon an diesen niveaulosen Gerüchten?"

„Also gut", meinte der Fischbacher gleichmütig, „wenn du bei deiner Version bleiben willst, dann behalt' halt deine Hörnd'ln. Dafür schneiden wir dir was anderes ab, weil das brauchst du dann eh nicht mehr!"

Spätestens jetzt wäre ich an der Stelle vom Bruckwirt wieder gegangen.

Aber Wirte auf dem Land sind nicht so leicht zu beleidigen, außerdem war der Bruckwirt scharf auf das Noriker-Fohlen vom Fischbacher. Die Feilscherei begann.

Es war immer köstlich, beim Viehhandel zuzuhören, an dessen Ritus sich seit Hunderten von Jahren offenbar nichts geändert hatte. Die Sache erinnerte an ein Mikado-Spiel: Wer sich als erster bewegte, hatte verloren!

Der Bruckwirt bot seine gesamte Schacherkunst, die er genetisch von Generationen an Vorfahren in sich trug, auf, aber der Fischbacher, ebenso erblich belastet, erwies sich als ausgesprochen harte Nuss. Endlich erkannte der Bruckwirt, dass das Geschäft kurz vor dem Abbruch stand und lenkte ein. Der Handschlag klatschte durch den Stall: „Also meinetwegen, du Halsabschneider! Morgen komme ich das Fohlen holen!"

Als er an mir vorbeiging, sagte er. „Wiederschau'n, Herr Doktor! Sie haben eh mitbekommen, was der Ausbeuter für einen Preis verlangt. Da können Sie ihm heute ruhig mehr verrechnen!"

Schön wär's!

Ich war mit der Narkose fertig, stand auf und wollte mir den Brennstab, der schon rot glühte, greifen, da überfiel mich plötzlich Panik. Ich bemerkte nämlich, dass ich die Flasche mit Mittel zur Allgemeinbetäubung in der Hand hielt! Um Himmels willen! Sollte ich durch das Wortgeplänkel so abgelenkt worden sein, dass ich versehentlich in die falsche Manteltasche gegriffen und den Kälbern anstatt des Lokalanästhetikums noch einmal die Schlafnarkose verpasst hatte.

In diesem Fall hätte jedes Tier, da man vom Lokalanästhetikum eine wesentlich größere Menge braucht, jetzt die mindestens sechsfache Dosis an Betäubungsmedikament intus! Und das würde bedeuten, dass die Kälber nun sanft den ewigen Weidegründen entgegendämmern würden, auf die ich sie letztendlich geschickt hatte.

Ich spürte beinahe körperlich, wie meine Gedanken im Kopf hin und her schossen! Sollte ich dem Bauern gleich reinen Wein über die Möglichkeit eines fatalen Irrtums einschenken? Oder sollte ich ihn derweilen noch nicht beunruhigen und einfach abwarten, was geschehen würde?

Ich entschloss mich zur zweiten Variante! Wenn ich Mist gebaut hatte, ist das sowieso ein eindeutiger Fall für die Haftpflichtversicherung. Trotzdem wäre die Sache äußerst peinlich, nicht nur für die armen Kälber, und deshalb wunderte sich der Fischbacher nicht wenig darüber, dass ich während der folgenden Enthornung, ganz gegen meine Gewohnheit, sehr einsilbig war!

Den ganzen Nachmittag über plagte mich der Gedanke an die Tiere und bei jedem Klingeln des Telefons zuckte ich wie unter einem Schlag zusammen, in der Erwartung, es wäre der Fischbacher, der mir nunmehr erklärte, dass seine Kälber hübsch kalt und steif seien.

Endlich, gegen Abend, konnte ich mich ein bisschen entspannen! Wenn bis jetzt die Hiobsbotschaft nicht eingetroffen war, bestand die berechtigte Hoffnung, dass ich doch das richtige Medikament verwendet, nachher aber irrtümlich das falsche in die Finger bekommen hatte. So war es glücklicherweise auch!

Dennoch blieb mir seitdem mit Großbuchstaben im Gedächtnis haften: Der aktuelle Patient ist immer das Wichtigste. Keine Ablenkung!

Wie es der Zufall wollte, musste ich gleich am nächsten Tag wieder zum Fischbacher. Eine Kalbin lahmte! Als ich in den Stall gestürmt kam, rief er überrascht: „Holla, Herr Doktor, so eilig heute?"

Ich beachtete ihn gar nicht, mein erster Blick galt den Kälbern! Alle fünf standen in der großen Laufbox und schauten erschreckt, wer da wie ein Wilder hereingestürzt kam! Wenn die wüssten!

„Uff! Sie wissen gar nicht, was für einen gestrigen Nachmittag ich auszustehen hatte!" Jetzt berichtete ich in aller Ruhe von der Narkosegeschichte und setzte hinzu: „Das kommt davon, wenn während der Arbeit getratscht wird!"

Der Fischbacher feixte: „Na, schuld wär' auf jeden Fall die Bruckwirtin gewesen!"

„Wieso die Bruckwirtin?"

„Na klar! Weil wenn die einen anständigen Lebenswandel führen würde, wäre es zu der Fopperei gar nicht gekommen!"

Natürlich immer die Frauen! Eine sehr bequeme Betrachtungsweise!

Ich bin mir aber nicht sicher, ob das der Fischbacher bei fünf toten Kälbern ähnlich gesehen hätte!

Föhn

Als echtes Kind der schönen Wienerstadt kannte ich den Begriff „Föhn“ nur im Zusammenhang mit gewaschenen Haaren!

Nicht, dass ich je einen benutzt hätte. Meine Eltern hatten mir, sehr zu meinem Leidwesen, nie eine jener Frisuren, wie sie in den Siebzigerjahren hochmodern waren und von fast allen Klassenkameraden in unterschiedlicher Form und Länge getragen wurden, erlaubt.

Später war ich dann von selbst draufgekommen, dass man die Zeit, die zur Pflege einer solchen Haarpracht nötig wäre, weit nutzbringender gestalten konnte und das Thema war erledigt. Wenn ich mir heute Fotos und Filme von anderen aus dieser Ära anschaue, bin ich meinen Eltern zutiefst dankbar!

Ebenso wie Mutter Natur, die mir bereits seit fast schon dreißig Jahren die Qual der Wahl, auf welcher Seite ich den Scheitel tragen sollte, erspart hat!

Erst als ich, berufsbedingt, meine geliebten Weinberge rund um Grinzing, Sievering und Nußdorf gegen das echte Gebirge eintauschte, wurde ich unsanft darauf gestoßen, was man noch so unter Föhn versteht! Diesen vermaledeiten Wind, der einmal schwächer, einmal stärker wie ein warmes Gebläse durch die Täler fegt und Bäume wie Kopfnerven gleichermaßen zum Ächzen bringt.

Entwickelt sich so ein Föhnsturm zum veritablen Orkan, wird es nicht nur ungemütlich, sondern auch gefährlich. Abgesehen von abbrechenden Ästen und herabfallenden Dachziegeln kann es einen auch im Auto auf der Freilandstraße ordentlich erwischen. Wenn man bei höherem Tempo plötzlich von einer Böe gepackt wird, ist es nicht immer leicht, das Gefährt auf der Straße zu halten.

Das musste auch der Fahrer der Glaserei Zorngiebel am eigenen Leib verspüren, als er mit seinem Kleinlaster die hohen Fensterscheiben für den neuen Speisesaal des Hotels „Sonnblick“ nach Rauris kutschierte. Die senkrechten Glasflächen in der Halterung der Ladefläche wirkten wie Segel und unversehens fand sich der wackere Spediteur in der Wiese des Hiasl-Bauern wieder. Allerdings nicht mehr auf den Rädern, sondern auf der linken Seitenbordwand!

Ich hatte ihn nicht extra befragt, war mir aber sicher, dass er das weitverbreitete Sprichwort „Scherben bringen Glück“ in diesem Moment nicht so ohne Weiteres unterschrieben hätte!

Dabei war das höchst undankbar!
Weil ihm selbst war, zum Glück, nichts passiert!

Mein persönlicher Schutzengel für Föhnangelegenheiten bekam einige Jahre später alle Hände voll zu tun. Wieder tobte ein Frühlingsorkan durch das Tal und wer konnte, verließ das Haus besser nicht. Leider galt das weder für mich noch den Schmutzerbauern. Als ich nämlich die ziemlich leere Landstraße entlangfuhr – immer wieder rüttelte der Wagen in einem heftigen Windstoß –, da tauchte plötzlich vor mir ein Traktor samt Anhänger auf! Anhand der Menge an geladenen „Boasfassln", so nennt man bei uns die ca. einen Meter zwanzig hohen Kunststofffässer zur Aufbewahrung der Obstmaische fürs Schnapsbrennen, erkannte ich, dass es sich nur um den genannten Landwirt handeln konnte. Kein anderer klapperte noch die Gasthäuser und die Hotels ab, um die Speisereste als „Sautrank" einzusammeln. Früher war das allgemein üblich gewesen mit dem Vorteil für beide Seiten: die Gastronomie kam zu einer Gratisentsorgung und der Schweinehalter zu reichlich Gratisfutter! Aufgrund der dadurch, laut Behörde, verursachten und immer wieder aufflackernden Fälle von Schweinepest wurde dies schließlich untersagt. Anfangs war es noch gestattet, unter der Auflage, dass der betreffende Bauer sich eine Abkochanlage anzuschaffen habe, in der der Trank unter vorgeschriebenen und per Aufzeichnung dokumentierten Bedingungen erhitzt werden musste, um die Schweinepesterreger abzutöten. Nachdem dann viele Betriebe Hunderttausende Schilling in eine solche Apparatur investiert hatten, kam das endgültige Aus für diese Methode der Futtergewinnung. Die Bauern durften sich die teure Gerätschaft samt Investition zum Gamsbart auf den Hut stecken und die Anzahl der bäuerlichen Schweinehaltungen nahm rapide ab. Es lief ähnlich wie beim späteren Rauchverbot in Gasthäusern. So sieht Rechtssicherheit in unserem schönen Österreich aus!

Dem Schmutzer hingegen war das, wie manch andere Gesetze, wenn man der Fama trauen durfte, völlig wurscht!

Und weil ihm die Ignoranz ebenso an den Leib gewachsen war wie die speckige Lodenhose, hatte er auch keine Skrupel, bei Windstärke zehn mit offenen Plastiktonnen ohne Abdeckung herumzukutschieren. Der Anhänger pendelte infolge des starken Seitenwindes hin und her, an Überholen war nicht zu denken. Also blieb mir nichts übrig, als mich zähneknirschend einzubremsen und Abstand zu halten.

Und dann kam, was einfach kommen musste. Plötzlich stieg vom Anhänger eine Wolke grauer Behälter auf und segelte auf mich zu! Eine besonders gewaltige Böe hatte die leeren Fässer von der Ladefläche gerissen und schräg in meine Richtung gewirbelt.

Die Szenerie erinnerte an den mythischen Kampf der Spartaner, als die Masse der persischen Pfeile die Sonne verdunkelte und ihr Anführer Leonidas nur lakonisch meinte: „Dann werden wir eben im Schatten kämpfen."

Ein Wiener war aber bekanntlich kein Spartaner und Boasfassln waren keine Pfeile, obwohl durch die Wucht ebenfalls bedenkliche Geschoße! Ich latschte auf die Bremse und duckte mich unter das Armaturenbrett, in der Erwartung, dass jeden Moment meine Windschutzscheibe zerschmettert werden würde.

Es war unglaublich! Links und rechts von mir knallten die Einschläge auf den Asphalt, aber das Auto blieb verschont. Mit einem Mal war der Krach vorbei und ich tauchte wieder aus der Deckung hervor. Da sah ich, dass der Schmutzer mittlerweile auch gestoppt hatte und abgestiegen war, um seine Fracht wieder einzusammeln.

„Sind bei dir alle Schrauben locker, du Vollkoffer, bei so einem Wetter mit leeren Behältern herumzugondeln?", brüllte ich durch das offene Seitenfenster, als er an mir vorbeirannte. Das konnte ich mir leisten, er war kein Kunde von mir!

„Am Rückweg sind sie eh voll!", schrie er zurück und nahm eines der Fässer ins Visier, das munter über das Feld hüpfte und nicht mehr weit bis zur schäumenden Ache hatte.

Hoffentlich fällt es ins Wasser und der Trottel hinterdrein, dachte ich.

Am Gössl-Hof zeigte man sich höchst erstaunt ob meiner Ankunft.

„Nein, Herr Doktor, dass Sie sich bei dem Wetter zu uns heraustrauen", schlug die Gössl-Bäuerin die Hände über dem Kopf zusammen, „das hätte ja noch Zeit gehabt!"

Jetzt sagte sie das. Am Telefon in der Früh hatte es sich noch ganz anders angehört! Weil heute wär' der „Michei", ihr Mann, daheim. Die Seilbahn in Wagrain, wo er arbeitete, war nämlich wegen des Sturmes außer Betrieb! Und so wäre die Gelegenheit günstig, ihm zu zeigen, wie man der Moderhinke, die seinen Schafbestand neuerdings befallen hatte, Herr werden könnte!

Als ich in den Stall marschierte, wo die drei am schwersten erkrankten Patientinnen auf mich warteten, kam ich an der Schafkoppel vorbei. Die Herde stand dicht gedrängt auf einem Fleck und blökte nervös, während ihr Wollkleid vom Wind zerzaust wurde.

Der Gössl-Bauer hatte schon alles, was ich ihm aufgetragen hatte, brav vorbereitet. Ausreichende Beleuchtung, ein Schaff zwecks späteren Klauenbads und heißes Wasser samt Seife und Handtuch für mich. Resolut setzte er das erste Mutterschaf aufrecht auf den Podex, eine Stellung, in der die Tiere wehrlos verharren. In dieser Position werden sie auch geschoren.

Ich zog das scharfe Hufmesser aus der Tasche, kniete mich nieder und begann vorsichtig, das kranke Horn zu entfernen. Bei der Moderhinke handelt es sich um eine hochansteckende bakterielle Infektion, die die Klaue zerstört. Im fortgeschrittenen Stadium rutschen die Tiere vor Schmerzen nur mehr auf den Knien durch die Gegend, kein schöner Anblick und hoffnungslos!

Daher war es wichtig, rechtzeitig einzugreifen. Ich demonstrierte dem Bauern, wie man faules vom gesunden Horn unterscheiden konnte, zeigte, wie tief man maximal schneiden durfte und wie man die natürliche Klauenform noch nach Möglichkeit erhalten konnte. Das Ganze erinnerte ein wenig an den Herrgottschnitzer vom Oberammergau!

Schließlich wurde dem Schaf noch eine Injektion verpasst und dann kam es mit allen vier Beinen zirka eine halbe Minute lang in die Wanne, wo eine Formaldehydlösung für die Desinfektion und Abhärtung des verbliebenen Klauenhorns sorgte.

„Der Sauwind wird immer stärker", murmelte der Gössl-Bauer und schaute besorgt hinauf in das Gebälk, wo es bedrohlich knackste und knarrte und selbst die dicken Spinnweben hin und her schwangen. „Hoffentlich reißt es mir das Blechdach nicht weg! Ist nicht mehr das neueste!"

Das Schaf war fertig, und als wir gerade das nächste in Arbeit nehmen wollten, vernahmen wir draußen ein splitterndes Krachen, gefolgt von einem dumpfen Aufschlag!

„Jessas", schrie der Gössl und ließ das Schaf aus, worüber dieses nicht unfroh war.

Wir stürzten ins Freie!

Der Sturm hatte eine einsame Fichte geknickt und die war mit voller Wucht in die Schafpferch gedonnert. Die Herde, sowieso schon in Alarmbereitschaft, fand den Moment zur Flucht günstig und setzte über den zerstörten Zaun hinweg.

„Jessas!", schrie der Gössl erneut, „die rennen auf die Eisenbahn zu!"

Ich saß schon im Auto und mit eingeschaltetem Blaulicht raste ich die achthundert Meter lange Schleife hinüber zum Bahnhof! Der Fahrdienstleiter – zur damaligen Zeit gab es sowas noch, heute könnte ich mich höchstens mit dem Fahrscheinautomaten unterhalten – stand am Perron, er hatte soeben den Eilzug nach Villach abgefertigt und hielt nun im Sturm seine Kappe fest.

„Schnell", schrie ich, „Sie müssen den nächsten Zug stoppen! Eine Schafherde rennt auf den Bahnhof zu!"

„Den Zug stoppen? Sind Sie verrückt? Da kann ja ein Jeder daherkommen ...!"

„Das tut er bereits! Und zwar in einer ganzen Masse!" Ich packte den guten Mann an der Schulter und drehte ihn mit dem Gesicht Richtung Gössl-Feld, von wo die weiße Flut auf uns zustürmte.

Obwohl Beamter, war er nicht schwer von Begriff! Er ließ Kappe und Winkerkelle fahren und raste in sein Büro. Gleich darauf kehrte er gemessenen Schrittes wieder: „Momentan kommt eh kein Zug! Die Oberleitung ist unterbrochen!"

Die Schafe hatten mittlerweile das Bahnhofsgelände erreicht und standen jetzt ratlos wie der sprichwörtliche Ochs vorm Tor zwischen den Bahnsteigen auf dem Gleisbett. Aber wenigsten standen sie. Wenn der ÖBB-Slogan „Bahnbenützung schont die Nerven" stimmen sollte, auf die Schafe vom Gössl traf das jedenfalls zu.

Nachdem der Bauer nun vor dem Problem stand, seine Herde wieder zurückzutreiben, und sicher keine Zeit für weitere Moderhinkebehandlungen hatte – immerhin wusste er jetzt, wie es ging –, machte ich mich auf den Weg zum Hintertann-Hof, wo drei Jungschweine mit Husten und Grippe fieberhaft, im wahrsten Sinn des Wortes, meiner Hilfe harrten.

Der Hintertann war noch als einer der letzten Betriebe verblieben, der Speck nicht nur für den Eigenverbrauch, sondern in verkaufbarer Menge herstellte. Mit seinem mobilen Stand war er unter der Woche an verschiedenen Plätzen im Gemeindegebiet präsent. Ich liebte den Hintertannspeck, der zusammen mit einem anständigen oberösterreichischen Most, würzigem Bauernbrot in knuspriger Rinde und dem heimischen Almkäse die denkbar köstlichste Brettljause ergab.

Daher lag es auch in meinem Interesse, dass die Schweinchen bald wieder auf ihren stämmigen Beinen waren.

Die drei Patienten lagen, weil es ihnen aufgrund des hohen Fiebers drinnen zu warm war, im überdachten Auslauf, der an den Schweinestall anschloss.

Da half nichts! Der kürzeste Weg führte über den Bretterzaun. Mit Spritze und Medikamentenflasche bewaffnet, kletterte ich gerade darüber, als ich von hinten von einer Windböe gepackt wurde, die mich mit Wucht mitten in die Krankenstube schleuderte. Zum Glück gehörte der Hintertann zu der Sorte Bauern, die mit Einstreu nicht sparten. Ich war schon einmal bäuchlings in reiner Schweinegülle gelegen und verstand seither gut, warum die gute alte Kleopatra ihr Schönheitsbad lieber in Eselsmilch zu nehmen pflegte. Trotzdem war ich auf dem rechten Knie gelandet, was höllisch schmerzte.

„So einen Föhn haben wir schon seit dreißig Jahren nicht gehabt, was!", schrie der Bauer gegen das Quieken der Ferkel und den Sturm, der rund um uns her tobte, an.

„Keine Ahnung! Ich bin erst seit sechsundzwanzig Jahren hier!", brüllte ich zurück, während ich das Sulfonamid in die plötzlich wiedererstaunlich quirligen Biester pumpte. Der Hintertann merkte, dass mir momentan nicht nach Konversation zumute war, und hielt den Mund und, Gott sei Dank, endlich auch die Ferkel.

Hinkend stolperte ich gegen den Wind zum Auto zurück.

Aber als ich nach Hause kam, drückte mir Karin anstatt eines Begrüßungskusses auf die Wange die Telefongurke in die Hand: „Der Latschenbauer hat schon zwei Mal angerufen! Du sollst ihn zurückrufen, es ist eilig!"

Der Latschenbauer meldete sich aufs erste Mal, was bei ihm, wenn er um Rückruf gebeten hatte, nicht immer selbstverständlich war. Also war es tatsächlich ernst!

„Herr Doktor", röhrte er in den Apparat, als müsste er vom Berg herunter zu mir gegen den Sturm anschreien, „jetzt hat die zweite Stute, die Lyra, gerösselt, aber sie gibt keine Milch!"

„Wann war das?"

„Vor ein paar Stunden. Das Fohlen hat einen Hunger, aber es erwischt nichts! Das Euter ist zwar voll, nur sie lässt nichts herunter!"

Eindeutiger Fall von Oxytocin-Mangel, dem Hormon, das neben den Wehen auch die Milch einschießen lässt! Kommt vor allem bei Erstlingsstuten nicht selten vor!

„Da muss ich halt schnell zu Ihnen raufkommen und ihr eine Spritze geben!"

„Das ist es ja! Schnell geht da gar nichts! Der depperte Wind hat den halben Wald umgelegt, die Straße ist unpassierbar und vor morgen Mittag wird sich daran auch nichts ändern …!"

Kruzitürken! Immer diese Komplikationen!

„Sie haben ja vom letzten Fall mein Rezept", grunzte ich in das Telefon, „wie Sie aus gewöhnlicher Kuhmilch einen Fohlenmilchersatz mixen, aber bis morgen Mittag ist die Milch bei der Stute versiegt. Da hilft dann auch kein Oxytocin mehr und Sie dürfen das Fohlen künftig mit der Hand füttern. Die ersten zwei Wochen alle zwei Stunden. Auch in der Nacht!"

„Und was schlagen Sie vor?" Seinem Ton nach klang er erwartungsvoll wie ein Varieteebesucher, der vom Magier auf der Bühne erwartete, ein Kaninchen aus dem Zylinder zu zaubern, obwohl dieser wusste, dass keines drinnen war.

„Warten Sie! Probieren Sie es einmal mit der Schweinemethode!"

„W a s für eine Methode?" Offensichtlich glaubte der Latschenbauer jetzt, dass mir der Föhn nicht gut tat.

Ich erinnerte mich an alte Erzählungen, dass, als es das künstliche Oxytocin noch nicht gab, Bäuerinnen bei Muttersauen, die zwar ein pralles Gesäuge hatten, aber die Milch verhielten, mit der Faust im Uterus herumrührten. Durch den mechanischen Reiz kam es zu leichten Nachwehen und, da es sich um das gleiche Hormon handelte, in vielen Fällen auch zur erfolgreichen Milchabgabe.

Ich sage ausdrücklich Bäuerinnen, denn Schweinegeburten waren früher deren Aufgabe, da Frauenhände gewöhnlich kleiner sind als die Pranken eines gestandenen Ökonomierates.

„Passen Sie auf! Sie waschen Ihren blanken Oberarm, aber wirklich gut, mit Kernseife, ebenso die Vulva der Stute und gehen dann mit gestrecktem Arm und geschlossener Faust in die Gebärmutter. Und dort massieren sie kräftig die Wand! Aber bitte nur so, dass keine Verletzung entsteht. Und absolute Sauberkeit!"

„Ich weiß nicht! Hab' noch nie da hineingegriffen! Und ehrlich gesagt, hab' auch keine große Lust dazu!"

So ein bockbeiniger Kerl! „Das ist momentan die einzige Chance, dass das Fohlen bei der Mutter trinken kann! Außer Sie wollen unbedingt rund um die Uhr die Milchflaschen-Amme spielen!"

Das überzeugte!

„Na schön, ich kann es ja einmal versuchen", brummte er und legte auf.

Am Nachmittag klingelte mein Handy!

„Sie geben schöne Ratschläge, Herr Doktor", schrie ein aufgebrachter Latschenbauer in mein linkes Ohr! „Vier Mal hab' ich Ihre sagenhafte Schweinemethode probiert! Jede Stunde! Nichts! Keine Milch! Dafür ist es der Lyra beim letzten Mal zu bunt geworden und sie hat mir einen Tritt auf das Knie gegeben. Jetzt kann ich nur mehr hatschen!"

Mir brauchte er was vom Hatschen erzählen!

Dafür spürte ich fast körperlich, wie die Gedanken in meinem Kopf hin und her sausten und wieder vom Schädelknochen zurückprallten. Es war wie ein geistiges Squash-Spiel gegen sich selbst! Der Schnellere gewinnt und eine Patrone hatte ich noch im Lauf!

„Hören Sie zu! Sie haben doch Sekt im Haus?"

„Sekt? Natürlich! Aber keinen Grund zum Feiern!"

„Ist auch nicht nötig!" Mir war plötzlich eingefallen, dass vor einigen Jahren eine Bäuerin erzählt hatte, dass sie vor genau dem gleichen Problem einer Milchverhaltung beim Pferd gestanden war. Und da hatte ihr die Schwägerin, eine geprüfte Hebamme, den Tipp gegeben, es einmal mit Sekt zu versuchen. Angeblich würde bei Wöchnerinnen, die ebenfalls an Milchstau litten, ein Gläschen dieses Getränks Wunder bewirken. Die Bäuerin war dem Rat gefolgt und, siehe da, die Stute gab Milch!

Ein Versuch konnte zumindest nicht schaden! „Dann holen Sie jetzt eine Pulle aus dem Keller und flößen sie dem Pferd langsam und vorsichtig ein!"

„Sekt? Einem Pferd?" Mittlerweile war er offenbar der Ansicht, dass mir nicht nur der Föhn zu schaffen machte, sondern auch ein entwurzelter Baum auf den Kopf gefallen sei!

„Alter Hebammentrick!", schnauzte ich.

„Schweinemethode! Hebammentrick! Ich habe geglaubt, die Tiermedizin wäre heutzutage schon weiter", schnaufte der Latschenbauer und legte erneut auf.

Da mein Knie ziemlich dick war und wehtat, legte ich mich ausnahmsweise frühzeitig mit einem essigsauren Tonerde-Umschlag ins Bett und versuchte, das Pochen im Gelenk über ein gutes Buch zu verdrängen. Schließlich fielen mir die Augen zu und als ich gerade im ersten Schlummer lag, läutete das Telefon auf dem Nachtkastl!

Ich fuhr empor! Bitte keine Geburt in meinem Zustand! Ein Blick auf den Wecker zeigte zehn vor Mitternacht!

„Ja", meldete ich mich verzagt.

„Es hat geklappt, Herr Doktor, es hat geklappt! Zwei Flaschen hab' ich der Lyra spendiert und jetzt sauft das Fohlen wie eine ganze Stammtischrunde! Ich hab' mir gedacht, dass muss ich Ihnen gleich erzählen!"

„Sehr aufmerksam, danke!" Natürlich freute ich mich. Aber in der Früh wäre meine Freude über diese Nachricht um nichts geringer gewesen! Das sagte ich jedoch nicht! Immerhin bekommt man sonst nur die Misserfolge prompt mitgeteilt

„Also dann, gute Nacht, Herr Doktor!“

Da mein Knie am nächsten Morgen wieder halbwegs beweglich war, riskierte ich nach Räumung der Straße einen Umweg hinauf zum Latschenbauer! Schließlich war es legitim, das Ergebnis meiner Improvisationskünste auch ein wenig zu genießen!

Der Latschenbauer saß auf einem Ballen Stroh und verfolgte das Trinkverhalten des Fohlens mit größerer Befriedigung als das einer ganzen schwedischen Aprés-Ski-Truppe in seinem Lokal.

Beim Hineingehen stolperte ich über zwei leere Flaschen am Eingang, die daraufhin klirrend über den Boden rollten.

Ich hob sie auf und begutachtete das Etikette: „Was denn? Ordinärer Prosecco? Nicht einmal ein anständiger Sekt oder gar ein Champagner?“

Der Latschenbauer blinzelte mir aus übernächtlichen Äuglein freundlich zu: „Sie übertreiben schon wieder einmal, Herr Doktor!“

Wer sagt da, Medizin sei logisch?

Wem nach dem von Haus aus langen oder selbstverschuldeten noch längeren Studium endlich das frisch erworbene Tierarztdiplom in der Tasche knisterte, der fühlte sich ungeheuer gehoben.

Alle waren gewaltig stolz, die Eltern, Freund oder Freundin, Verwandte, Bekannte, am meisten natürlich der noch „ofenwarme“ Veterinär. Stolz und voller Visionen, Idealismus und Tatendrang war er bereit, sich in den aufreibenden Kampf um das Wohlergehen seiner künftigen Patienten zu stürzen.

Trotzdem war jeder schlecht beraten, sich allein mit dem an der Hohen Schule erworbenen Wissen gleich in die eigene selbstständige Tätigkeit zu begeben, sofern er nicht schon während des Studiums einiges an Praxiserfahrung sammeln konnte.

Denn Universität und Praxis waren zwei verschiedene Paar Schuhe, vergleichbar mit dem Unterfangen, in Lacklederstiefletten eine Bergtour zu starten.

Wenn während der Vorlesung ein widerspenstiger Patient vorgestellt wurde, standen drei kräftige Stallburschen bereit, um den Kandidaten zu bändigen. Wenn der Professor höchstpersönlich die Untersuchung vornahm, sogar fünf, nicht zu vergessen den Assistenten, der ihm in den Mantel half!

In Zeiten des bäuerlichen Nebenerwerbes hingegen hatte man zeitweise als einzigen Beistand die Großmutter, die, im Türrahmen des Stalls stehend, den Rosenkranz betete; ob für die Kuh oder doch für den Tierarzt war dabei sehr die Frage!

An der Uni spielten auch Zeit und Behandlungskosten keine Rolle! Litt zum Beispiel eine Stute an Nachgeburtsverhalten, wurde nicht mehr, wie früher unumgänglich, eine manuelle Abnahme durchgeführt, nein, das Tier wurde an einen Dauertropf angehängt. Sollte das Problem danach weiter bestehen, legte man einfach einen zweiten an und danach noch einen dritten usw.! Wenn ein praktischer Tierarzt ähnlich arbeitete, indem er innerhalb einiger Stunden zum fünften Mal beim Bauern auftauchte, um die Infusion zu wiederholen, hatte ihn jener bereits nach dem dritten Versuch hinausgeschmissen!

Ich hatte das große Glück, für die erste Zeit bei Dr. Schneider, einem erfahrenen Veterinär unterzukommen, dem, da er gleichzeitig als Amtstierarzt fungierte, die tägliche Praxis bereits zu viel wurde und seine Hoffnung, der Sohnemann würde demnächst fertig sein, langsam abhandenkam.

Er war ein exzellenter Tierarzt und ich habe viel von ihm gelernt.

So auch die Sache mit dem „Kopftrunk"!

Zu seinem Kundenstamm gehörte nämlich auch ein großes landwirtschaftliches Gut, das von Klosterschwestern verwaltet wurde. Neben dem imposanten Stall mit sechzig Kühen gab es, so man den anschließenden Hügel hinauffuhr, noch zwei weitere dazugehörende Betriebe: einen, Außergschwand geheißen, in dem das Jungvieh gehalten wurde, und einen anderen, Haagmoos, der für das Mastvieh, Stiere und Ochsen, reserviert war.

In diesem hatte ich einen Stier zu verarzten, dem, als er gemütlich lag, ein Kamerad auf den Schweif getreten war. Die Quetschung war derart heftig, dass das letzte Drittel des malträtierten Schwanzes abzusterben begann und nekrotisch wurde.

Der Gutsverwalter, ein fester Kerl mit einem roten Gesicht, das wirkte, als würde er sich ständig aufregen, dabei war er ein gutmütiger Mensch, sorgte sich zu Recht, dass sich die Wunde noch infizieren und eine Blutvergiftung verursachen könnte.

Also fiel mir die Aufgabe zu, in dem alten roten Subaru, den mir der Chef als Praxisauto zur Verfügung gestellt hatte, hinauf nach Haagmoos zu fahren und den Schwanz zu amputieren.

„Passen Sie nur auf, dass Sie genau zwischen zwei Schwanzwirbeln absetzen!", wurde ich zuvor noch ermahnt, „und wenn es stark blutet, einfach mit dem Brenneisen veröden!"

Die Operation verlief komplikationslos, und als ich hinüber zum Wasserhahn schritt, um die Hände und das Instrumentarium zu waschen, bemerkte ich in der hinteren Stallecke einen abgesonderten, verdunkelten Verschlag, in dem sich etwas bewegte. Neugierig geworden, ging ich hinüber und entdeckte einen jungen Ochsen drinnen, der mich gehört hatte und den Kopf nach mir drehte. Sehen konnte er mich nicht, weil statt Augen nur zwei graue Murmeln in den Höhlen steckten.

„Was ist denn mit dem los?"

„Oh", meinte der Verwalter gleichmütig, „den hat der Chef vor ein paar Wochen wegen Kopftrunk behandelt! Jetzt ist er blind, aber in zwei Monaten kann er wieder sehen."

Das erste, was ich machte, war natürlich Dr. Schneider über jenen ominösen Kopftrunk auszufragen: „Auf der Uni habe ich diesen Begriff nie gehört!"

„Das glaube ich", lächelte der Chef, „richtigerweise heißt es ja ‚Bösartiges Katarrhalfieber', aber der Name stammt noch aus der Zeit, als es in unseren Ställen noch keine Tränkbecken gab und die Rinder deshalb zwei Mal täglich ‚zur Wasser' getrieben werden mussten!"

Die „Wasser" ist der Brunntrog im Freien, zumeist ein ausgehöhlter Baumstamm, selten aus Beton.

„Die Bauern glaubten", fuhr der Chef fort, „dass die Tiere in ihrem Durst zu rasch einen kalten Trunk genommen hatten, der ihnen dann zu Kopf gestiegen war. Daher der Name!"

Jetzt war mir einiges, wenn auch nicht alles klar. Katarrhalfieber, eine Viruserkrankung mit hochgradiger Entzündung der Schleimhäute und hohem Fieber, welche ausschließlich von Schafen, ohne dass diese erkrankten, an vorwiegend Jungrinder übertragen wurde, kam in zwei Ausprägungen vor: die Kopf-Augenform und die Darm-Form mit Durchfall.

„Aber", wagte ich einen Einwand, „Katarrhalfieber gilt doch als aussichtslos und unheilbar. Steht in jedem Lehrbuch!"

„Na, wenn es sogar im Lehrbuch steht!" Dr. Schneider schmunzelte: „Jedenfalls bringe ich von zehn Fällen mindestens sechs durch! Die Methode ist recht simpel: fünfundzwanzig Gramm Natrium Salicylicum in einem Viertel Wasser zusammen mit fünfzehn Gramm Acetanilid in einem Sechzehntel Schnaps aufgelöst und zusammen eingeben, drei Tage lang! Wenn danach noch immer Fieber besteht, weitere drei Tage geben. Bis dahin ist meistens die Entscheidung gefallen: Das Vieh ist entweder gesund oder es hat Durchfall dazu bekommen. In diesem Fall ist jede Therapiefortsetzung sinnlos. Den entzündeten Darm bekommen Sie nicht mehr in den Griff! Als Begleitmaßnahme gehört das Tier in der Zwischenzeit an einen möglichst dunklen Platz wegen der entzündeten Augen und zum Fressen bekommt es weiches Futter, weil auch das Zahnfleisch schmerzt."

Ich war wie vor den Kopf geschlagen! Da stopfte man sich während des Studiums mit dem Inhalt von Lehrbüchern voll und am Ende erzählt einem ein Praktiker, dass die Sache ganz anders lief. Aber ich kannte den Chef mittlerweile gut genug, um zu wissen, dass er zwar Schneider hieß, aber nicht Aufschneider!

Und er hatte die Wahrheit gesprochen! Im Laufe der Zeit verfeinerte ich die Methode noch dadurch, dass ich gleich zu Beginn einen Vitamincocktail spritzte, weil Vitamin A eine wichtige Schutzfunktion für Schleimhäute besaß. Meine Erfolgsquote hatte sich mittlerweile auf acht zu zwei gesteigert und wurde mir langsam selbst unheimlich! Drum nahm ich beim

Dürrberger vor Behandlungsbeginn auf eigene Kosten eine Blutprobe und schickte sie ins Labor! Nur um sicher zu gehen, dass ich nicht eventuell der stolzen Einbildung verfiel, Katarrhalfieber zu heilen, und es war in Wirklichkeit gar keines. Der Befund nach einer Woche lautete aber eindeutig: „Bösartiges Katarrhalfieber!" Trotzdem kam auch diese Patientin mit dem Leben davon.

Eines schönen Tages frug mich der Nachbarkollege, auch schon ein älterer Tierarzt, verdrießlich: „Ihr behauptet immer, Ihr könnt Kopftrunk behandeln. Behandeln tu ich ihn auch, aber mir stirbt jeder Patient!"

Nachdem er mir öfters, wenn der Chef auf Urlaub war, mit manch gutem Ratschlag am Telefon aus der Patsche geholfen hatte, rückte ich freimütig mit unserer Rezeptur heraus. Aber nach ungefähr zwei Jahren meinte er, als wir uns wiedersahen, nur kopfschüttelnd:

„Also ich weiß nicht, bei mir funktioniert das gar nicht! Mir sterben trotzdem alle!"

Komisch, dachte ich noch, machte mir aber weiter keine Gedanken darüber.

Als ein dreiviertel Jahr später Schneiders Sohnemann endlich auch sein letztes Examen bestanden hatte, wurde es, ähnlich einem flügge gewordenen Jungvogel, Zeit für mich, ein eigenes Revier zu suchen, was mir im schönen Gasteinertal auch gelang, weil man mit Vater und Sohn gemeinsam in einer Praxis immer nur das dritte Rad am Roller war!

Der Zufall wollte es, dass einer meiner ersten Fälle am Fürtner-Hof in einem klassischen „Kopftrunk" bestand. Die typischen Voraussetzungen, Schafe am Betrieb, waren gegeben und das Bild der Kalbin eindeutig: einundvierzigkommazwei Grad Fieber, der Speichel troff ihr in langen Fäden aus der Mundhöhle und sie blinzelte ständig, wenn ihr das Sonnenlicht durch das Stallfenster in die Augen blendete.

„Vielleicht sollten wir sie gleich erschießen", murmelte der Bauer, während er seine Hände in den Taschen der blauen Latzhose vergrub. „Bis jetzt sind mir alle krepiert!"

„Aber keine Spur", versicherte ich selbstbewusst, „meine Heilungsquote beträgt acht zu zwei!"

Damit beging ich gleich zwei Fehler auf einmal. Erste goldene Tierarztregel: Dränge nie einen Tierbesitzer zu einer Therapie! Erkläre die Krankheit, erörtere die Möglichkeiten sowie die voraussichtlichen Kosten und gib eine möglichst realistische Prognose ab. Die Entscheidung muss dann der Tierhalter selbst treffen. Zweite Regel: Berufe dich nie auf gehabte Erfolge! Jeder Fall ist individuell und vergangene Triumphe sind weniger interessant wie die Zeitung von vorgestern! Aber ich war jung und glühte vor Begeisterung, dem heimtückischen Virus auch diese Kalbin abzutrotzen.

Und der Fürtner nahm prompt den hingeworfenen Strohhalm dankbar auf: „Na, wenn Sie glauben, dass es sich auszahlt …!"

Also spritzte ich der Kalbin meinen bewährten Entzündungs-Vitamin-Cocktail, drückte dem Bauern die Pulver in die Hand und versprach, am vierten Tage wieder vorbeizuschauen.

„Es geht ihr gar nicht gut", lautete die Botschaft, die mir der Fürtner, die Hände in der Hosentasche, bei meinem Eintreffen verkündete! „Sie nimmt auch nichts zu sich! Kein Wasser und Futter schon gar nicht!"

Tatsächlich lag die Kalbin apathisch in ihrem Stand, das Fieber betrug noch immer über vierzig Grad und sie hatte auch nur wenig harten Kot. Kein Wunder, wenn sie nichts fraß!

„Das kommt schon vor! Manche Patienten brauchen halt etwas länger, um mit dem Virus fertig zu werden. Ich verpasse ihr zur Stärkung einmal eine Traubenzuckerinfusion und wir geben die Medizin nochmals für drei Tage. Und richten Sie ihr ein ‚Mehlbrot' her, das braucht sie dann nur zu schlürfen und hat dazu noch Flüssigkeit!"

Unter „Mehlbrot" versteht man Roggenmehl, in lauwarmes Wasser eingerührt, ein früher viel gebrauchtes Stärkungsmittel für Kühe, die gerade eine Schwergeburt überstanden hatten.

Wir mussten der Kalbin nicht einmal den Kopf fixieren, sie ließ die Infusion gottergeben über sich ergehen, so wie ich das beredte Schweigen des Bauern während der Prozedur!

Mit einem nun doch etwas unbehaglichen Gefühl verabschiedete ich mich!

Nach zwei Tagen hielt ich es nicht mehr aus und fuhr zum Fürtner, um mich nach dem Stand der Dinge zu erkundigen.

„Nichts!", sagte er. „Sie verweigert auch das Mehlbrot!"

Die Kalbin war bereits ziemlich abgemagert. Als ich ihren Kopf packte, um nach der Entzündung in der Mundhöhle zu schauen, streifte ich dabei eines der Hörner und erschrak. Das Horn wackelte, was so viel bedeutete, dass es sich vom knöchernen Hornzapfen zu lösen begann. Sie musste unheimliche Schmerzen haben.

„Ich fürchte", begann ich, „ich fürchte, wir müssen sie aufgeben. Eine weitere Behandlung wäre unverantwortlich!"

„Soso, also aufgeben!" brummte der Fürtner, die Hände unvermeidlich in den Hosentaschen, eine Geste, die mir mittlerweile ziemlich auf die

Nerven ging, „das hätten wir schneller und billiger haben können …!"

„Es tut mir leid", stotterte ich, „aber wahrscheinlich gehören Sie zu den zwei Fällen, in denen es schief geht!"

„Das beruhigt mich jetzt aber, Herr Doktor! Wirklich"

Seinen Sarkasmus hätte er auch in der Hosentasche lassen können! Immerhin hatte ich helfen wollen.

Der nächste Kopftrunk lauerte ein halbes Jahr später beim Seildllehen auf mich. Auch hier waren die Symptome klassisch und man hörte sogar die Schafe aus dem Nebenraum blöken.

Ich verfuhr nach der gewohnten Methode und, als ich am vierten Tag wieder Nachschau hielt, stellte ich zu meiner und des Bauern höchsten Zufriedenheit fest, dass die Kur angeschlagen hatte. Die Kalbin hatte zwar noch Fieber, zeigte sich aber sonst recht munter und fraß sogar ein wenig von dem weichen Grünfutter.

„Hervorragend", rief ich zuversichtlich, „noch einmal drei Tage lang Pulver und sie ist wieder die alte!"

Am sechsten Tag jedoch rief der Seidllechner an: „Der Kalbin geht es schlecht! Viel schlechter als am Beginn der Krankheit!"

Das durfte doch nicht wahr sein. Aber als ich am Hof eintraf, erkannte ich, dass der Bauer Recht hatte. Das Tier lag da und hinter ihr breitete sich eine große Pfütze stinkenden Durchfalls aus. Die Entzündung hatte auf den Darm übergegriffen!

„Tja, wir haben das Spiel leider verloren! In dem Stadium gibt es keine Rettung mehr!" Zu meiner Verwunderung brachte ich die Sätze ruhig und bestimmt hervor, obwohl es vor meinen Augen flimmerte!

Der Seidllechner zuckte die Schultern: „Das habe ich gleich von Anfang an gewusst!"

Ganz bestimmt! Offenbar hatte er vergessen, wie er bei meinem letzten Besuch noch gestrahlt hatte.

Auf der Rückfahrt beschlich mich ein unbehagliches Gefühl, weil mir die Worte des ehemaligen Nachbarkollegen einfielen: „Also, ich weiß nicht. Mir werden trotzdem alle hin!"

Was unterschied die Praxis von Dr. Schneider von allen übrigen Praxen? Kursierte in seinem Gebiet ein weniger aggressiver Virusstamm?

Aber das war nicht schlüssig. Denn die Schafe seiner Bauern kamen den Sommer über mit anderen Herden auf der Alm zusammen, folglich müssten sie dort auch den gefährlichen Erreger aufschnappen. Doch welcher ehrliche

Arzt traute sich zu behaupten, Medizin sei logisch. Medizin war reine Kunst, verbunden mit Glück und einem Quäntchen Wissen!

Die Sache blieb mir bis heute ein Rätsel. Auch eine Nachfrage an der Rinderklinik der Universität brachte keine befriedigende Antwort auf dieses Mirakel.

Meinen letzten Versuch unternahm ich beim Haselbauern. Dort hatte ich einige Zeit zuvor eine sanftmütige Kalbin namens „Gerti" besamt. Als ich einen Schritt zurücktrat, stieß ich an etwas Flauschiges. Ich drehte mich um und erblickte ein Schaf dicht an meinen Fersen.

„Oh, das ist die ‚Trude'", lachte der Haselbauer, als er mein verdutztes Gesicht sah, „wir haben es als verstoßenes Lamm bekommen, die Kinder waren ganz närrisch darauf, und weil die Gerti damals noch ein Kalb war, sind die zwei zusammen aufgewachsen. Seither sind die beiden die dicksten Freundinnen! Da wir sonst keine Schafe halten, habe ich die Trude dem Nachbarn gegeben, damit er sie weiter behält. Was soll ich Ihnen sagen? Die Trude hat nichts mehr gefressen und nur geschrien. Ich musste sie zurücknehmen und kaum war sie da, ist sie zur Gerti hin. Jetzt geht sie halt immer gemeinsam mit den Kalbinnen auf die Alm!"

Im selben Augenblick schoss das Schaf an mir vorbei zum Kopf der Gerti, die sofort mit ihrer rauen Zunge der Trude über den Rücken fuhr, als wollte sie ihr sagen: „Keine Angst, der Tierarzt hat mir nichts getan, mir geht es gut!"

Es war ein anrührendes Bild!

Bis zu dem Moment, als der Haselbauer anrief, um kundzutun, dass die Gerti schwer krank war!

Ihr Anblick verhieß nichts Gutes! Speichelfluss aus dem Mund, hohes Fieber und tränende Augen! „Kopftrunk", verkündete ich düster.

Der Haselbauer nickte: „Davon habe ich schon gehört! Mein Vater hatte vor dreißig Jahren auch so einen Fall! Dagegen kann man nichts machen, oder?"

Ich schwankte in meinen Überlegungen hin und her. Über meine ehemalige Erfolgsquote hielt ich besser den Mund.

„Wir wollen es versuchen", murmelte ich schließlich.

Die Geschichte verlief hoffnungslos wie immer. Gerti wurde von Tag zu Tag schwächer, bis ich schließlich die Behandlung abbrach: „Wir müssen sie erlösen!"

„Aber warum nur?", jammerte der Haselbauer, „sie war immer gesund und eine meiner besten Kalbinnen!"

Ich erklärte ihm notgedrungen den Infektionsmodus! Sein grimmiger Blick fiel auf die Trude, die wie gewohnt neben ihrer todkranken Freundin stand und sie ständig aufmunternd mit dem Kopf stupste.

„Sakra! Wenn ich das vorher gewusst hätte!" Seinem Ton nach würde die arme Trude in Bälde das Prunkstück der Tiefkühltruhe sein.

Ich wurde somit Zeuge vom beiderseits tragischen Ende einer innigen Tierfreundschaft!

Und das bedeutete somit das gleichzeitige und endgültige Ende der „Kopftrunkbehandlung" von meiner Seite!

Die restlichen Säckchen mit dem Acetanilid und dem Natriumsalicylat verstaute ich danach in die unterste hinterste Reihe des geräumigen Drogenkastens und war mir sicher, dass sie bis zu ihrer endgültigen Entsorgung anlässlich meiner Pensionierung nie mehr das Licht der Welt erblicken würden!

Und das würde leider noch ein Stück lang dauern!

Einen Oscar für Oskar

Oskar schrie und kreischte in den höchsten Tönen!

Ich meine, andere Hunde können auch in beträchtlicher Lautstärke winseln oder jaulen, aber das helle Geschrei von Oskar war einfach ohrenbetäubend.

Die Passanten, die hundert Meter unterhalb des Pfrerer-Hofes auf der Straße einen Spaziergang in der milden Herbstsonne unternahmen, schauten entsetzt zu uns herauf!

Sie sahen dort ein geparktes Tierarztauto und mussten annehmen, ich hätte den Hund überfahren oder würde gerade eine Vivisektion an ihm vornehmen! Nichts Dergleichen natürlich!

Oskar gab lediglich auf seine gewohnte Art seiner unbändigen Freude Ausdruck, dass ich wieder einmal zur Visite erschienen war und daher etwas Leckeres für ihn abfallen würde.

Ich öffnete die Wagentür und rief ihm entgegen: „Halt' die Papp'n, du Depp! Sonst glauben die Leut' noch, ich tu dir was!"

Der Befehl wirkte. Oskar verstummte und watschelte auf seinen stämmigen O-Beinen zur Heckklappe, wo, wie er genau wusste, einige Wursthappen seiner harrten.

Seitdem Quappila, unser Nachbarshund, der mich vor Jahren schon adoptiert und täglich zumindest einmal auf einen kleinen Imbiss vorbeigeschaut hatte, das Zeitliche gesegnet hatte, war es mir zur Gewohnheit geworden, überschüssige Fressalien – Karin kaufte immer überaus reichlich ein – auf die Tour mitzunehmen, um die Katzen und Hunde meiner Bauern damit zu beglücken! (Weil, alles konnte ich auch nicht aufessen, und ich war noch so erzogen, dass man Lebensmittel nicht einfach wegschmeißt, ganz im Gegensatz zur heutigen Wohlstandsgesellschaft, die keinerlei Skrupel empfindet, Nahrung tonnenweise in den Müll zu werfen.)

Und somit besaß ich die Gewissheit, dass sich zumindest einer am Hof freute, wenn der Tierarzt gerufen werden musste.

Es gab allerdings auch Tiere, die mir ohne vorhergegangenen Bestechungsversuch ihre Sympathie ganz spontan entgegenbrachten. Die junge grauweiße Katze vom Aurach-Bauern zum Beispiel.

Aus unerfindlichen Gründen hatte sie mich in ihr kleines Katzenherz geschlossen und verfolgte mich während meiner Tätigkeiten am Hof auf Schritt und Tritt!

Zudem strich sie dauernd um und unter meinem Wagen herum.

Der Bauer machte ein besorgtes Gesicht, ich beruhigte ihn jedoch: „Keine Angst! Wenn kleine Katzen um die Wege sind, fahre ich besonders vorsichtig weg. Um das zu beweisen, schaute ich demonstrativ unter das Auto, kontrollierte die Radkästen und erst, als von der Mietze keine Spur zu entdecken war, klemmte ich mich hinter das Lenkrad und fuhr los! Gute elf Kilometer war es zum Scheibling-Bauern, der eine Besamung angemeldet hatte.

„Grüß Gott", stieg ich aus, „was für einen Stier brauchen wir denn?"

Ich öffnete unbefangen die hintere Fahrertür, wo der Samencontainer in seiner Verankerung stand und plötzlich das Aurach-Kätzlein heraushüpfte. Das freche Luder musste sich irgendwie in den Wagen geschlichen haben und hatte während der gesamten Fahrt keinen Mucks von sich gegeben. Nicht einmal ein Rascheln oder sonst ein Lebenszeichen war von ihr ausgegangen!

Jetzt stand sie vor mir, schaute mich mit vertrauensseligen Augen an und miaute unternehmungslustig. Aber nicht lange!

Das Dumme an der Geschichte war, dass sie am Stocker-Hof einen Hund namens „Schweizer" hatten, der zwar an Katzen gewöhnt war, nicht jedoch das Aurach-Kätzchen an Hunde. Blitzschnell war sie, sobald sie ihn wahrgenommen hatte, wieder verschwunden. Zuerst unter das Auto und wohin danach wissen die Götter! Wie vom Erdboden verschluckt. Unglaublich!

Trotzdem ich ziemlich beunruhigt war, musste ich erst einmal die Besamung durchführen. Deswegen war ich schließlich hier! Hoffentlich rannte die kleine Katze inzwischen nicht hinüber zu den Bahngeleisen oder womöglich noch weiter über die Holzbrücke auf die Bundesstraße.

Nervös stocherte ich in der Kalbin, die natürlich nicht stillhalten wollte, herum, bis ich die Spitze der Besamungspistole endlich an der richtigen Stelle in der Gebärmutter spürte und abdrücken konnte!

Jetzt musste ich nur noch den Besamungsschein ausfüllen, dann konnte ich mich an das Aufspüren der Ausreißerin machen.

„Können Sie mir dabei helfen?", bat ich die Scheibling-Bäuerin. Gemeinsam begaben wir uns auf die Suche, an der sich, zu meinem Leidwesen, auch Schweizer höchst interessiert beteiligte, obwohl er sicher nicht wusste, was wir eigentlich zu finden hofften.

So wurde das nichts. Solange der Hund herumlief, würde sich die Katze nicht hervortrauen!

„Können Sie bitte den Hund für einen Moment wegsperren! Vielleicht kommt sie dann zum Vorschein!"

Die Bäuerin packte Schweizer, der schwer beleidigt darüber schien, dass er plötzlich nicht mehr mitspielen durfte, und steckte ihn in den alten Pferdestall!

Und würdest du es nicht sehen, würdest du es nicht glauben. Kaum war der Hund unter Dach und Fach gebracht, ertönte hinter mir ein Miau und der gesuchte Schlingel stand neben dem Vorderrad! Das kleine Biest musste eine Tarnkappe mit sich herumführen!

Rasch schnappte ich es und bugsierte es in den Fußraum des Beifahrersitzes.

„Ich hab sie, vielen Dank und auf Wiederschau'n", rief ich der Scheibling-Bäuerin zu, die noch beim Pferdestall, aus dem das langgezogene Winseln von Schweizer erklang, stand, und sprang in das Auto. Schnell die Türe zu, bevor mir die wuschelige Strawanzerin nochmals stiften ging!

Zur Sicherheit, dass sie unten auf ihrem Platz blieb und nicht zwischen den Pedalen herumstrolchte, legte ich ihr ein Wurstblatt hin.

Aber die Wurst war ihr wurst. Sie kletterte auf meinen Schoß und schaute erst einmal neugierig aus allen Scheiben in die vorbeiflitzende Landschaft. Als sie offenbar feststellte, dass ich Autofahren konnte, entspannte sie sich und legte sich quer über meine Oberschenkel mit dem Kopf Richtung Schaltknüppel, der es ihr angetan zu haben schien. Jedes Mal, wenn ich hingriff, schlug sie mit sanfter Pfote spielerisch nach meiner Hand und schnurrte dabei. Kein Zweifel, die Fahrt machte ihr Spaß!

Ich dagegen war weniger locker. Eine ungesicherte Katze beim Lenken auf den Knien ist, abgesehen von der Strafbarkeit, auch gefährlich, zum Beispiel im Falle einer Notbremsung. Ich rief daher Karin an: „Bitte, sei so gut, und sag' am Aurach-Hof Bescheid, ich habe versehentlich ihre Katze an Bord! Es soll jemand schleunigst hinunter zum Parkplatz neben dem neuen Kreisverkehr kommen. Ich bin dorthin unterwegs und warte auf die Übergabe!"

Als ich ankam, stand schon der blaue Suzuki da. Die Jungbäuerin stieg aus und kam zu meinem Wagen herüber.

„Es tut mir leid, aber ich habe nicht bemerkt, dass sie mir ins Auto geschlüpft ist. Erst am nächsten Bauernhof habe ich sie entdeckt."

Die Aurach-Bäuerin nahm ihren Ausreißer in Empfang und schmunzelte: „Mir scheint, Herr Doktor, Sie haben eine dicke Verehrerin gefunden!"

„Ja", sagte ich, „ist schon lange her seit dem letzten Mal!"

Im selben Moment wand sich das Katzenvieh aus den sie festhaltenden Armen und hockte schon wieder auf meinem Schoß!

So konnte das nicht weitergehen! „Hör' zu, du Stubentiger", nahm ich sie unter den Achseln und zog sie vor mein Gesicht, „du gehst jetzt schön brav dahin, wo du hingehörst! Ich kann dich nicht brauchen. Vor allem kann ich Katzen nicht leiden! Geht das in deinen runden Schädel? Ich kann Katzen nicht leiden!"

Sie schaute mich während der Gardinenpredigt mit ihren Kulleraugen an und schnurrte. Dann machte sie Miau, fuhr mir mit der gezahnten Zunge über die Nasenspitze und versuchte, auf meine Schultern zu kraxeln.

Es war ihr deutlich an zu kennen, dass sie mir nicht glaubte!

Ob Oskar Katzen mochte, weiß ich nicht!

Doch so lange sie durch ihre Existenz für seine Zusatzverpflegung sorgten, schienen sie ihn zumindest nicht besonders zu stören.

Als ich einmal fürwitzig den jungen Pfrerer-Bauern frug, was denn für Rassen noch so in Oskar vertreten waren, antwortete er direkt pikiert: „Keine! Oskar ist ein reiner Appenzeller!"

Ich entschuldigte mich selbstverständlich für meinen unerhörten Verdacht, musste aber im Geheimen grinsen: Oskar besaß einen Rücken, breit wie ein Kamelsattel, dazu viel zu kurze, stämmige Beine, die noch dazu o-förmig nach innen gebogen waren! In meiner Wiener Heimatstadt pflegte der Volksmund solche Exemplare liebevoll als „Wasserbankl" zu bezeichnen.

Wenn man ihm allerdings den Liedtext „Mei' Vater ischt ein Appenzeller, er frisst den Kaas mitsamt dem Teller" zugrunde legte, kam man der Sache wohl näher!

Oskar war der verfressenste Hund, der mir je begegnet war. Ich selbst besaß in meiner Jugend einen Spaniel! Ein böser Witz besagt: Wenn man einen Spaniel loswerden will, muss man ihn nur bei geöffneter Kühlschranktür das Wochenende über in der Wohnung einsperren! Am Montag ist er zerplatzt!

Verglichen mit Oskar, entpuppte sich jedoch sogar jeder Spaniel als Hungerkünstler.

Nachdem er in der Früh seine Schüssel Milch ausgeschlabbert hatte, begab er sich in den Hühnerstall, um sich dort erst einmal das Hendlfutter einzuverleiben. Anschließend verfügte er sich auf seinen strategischen Posten auf der bombierten Holzbrücke über den Heißingbach, von wo aus er wie Napoleon auf dem Feldherrnhügel verfolgte, wie das ehemalige Postfräulein fünfzig Meter unterhalb für ihre wilden Katzen, zwanzig bis dreißig an der Zahl, großzügig Futter ausstreute. Da er früher öfters von der postalischen Katzenmutti rüde vertrieben worden war, hatte er gelernt, den

Augenblick abzuwarten, bis sie wieder den Schauplatz verlassen hatte, um gleich darauf im Schweinsgalopp hinunterzustürmen. Die Katzenmeute stob in alle Windrichtungen davon und Oskar hatte sein zweites Gabelfrühstück für sich allein!

Allerdings hatte er diesbezüglich mit den Rabenvögeln wieder seine liebe Not. Wenn er einmal so satt war, dass er nicht einmal „papp" hätte sagen können und trotzdem noch etwas Fressbares aufgetrieben hatte, pflegte er das im Obstgarten unter einem Apfelbaum einzubuddeln!

Und merkte nicht, dass oberhalb einige Dohlen auf dem Ast saßen, sich einen selbigen lachten und bereits ihre imaginäre Serviette um den Hals banden! Denn kaum war er außer Sichtweite, stürzten die gefiederten Mundräuber hinunter und gruben Oskars Vorräte aus.

Wenn der ein paar Stunden später seinen erdigen Imbissstand erneut aufsuchte, um sich eine ausgiebige Jause zu genehmigen, fand er das Depot geplündert vor. Er schnüffelte dann eine Viertelstunde lang im Kreis am Boden herum und konnte es einfach nicht verstehen, wohin seine Notration verschwunden war. Zum Schluss setzte er sich mit dem breiten Hinterteil ins Gras und jaulte herzerweichend den Himmel an, während die versammelten Dohlen wieder auf dem Ast saßen und hämisch rülpsten!

Im Sommer auf der Alm stellte Oskar den Schrecken aller Hüttenbesitzer dar, weil er in ihren Mülltonnen nach verwertbaren Essensresten suchte. Dazu musste er natürlich die Tonnen vorher umwerfen. Anfangs dachten die Leute, dort oben hätten sich Waschbären angesiedelt, bis ihn jemand auf frischer Tat ertappte. Sobald sich nun Oskars gedrungene Silhouette an der Kammlinie zeigte, begannen die Hüttenbewohner, ihn mit Steinen zu bewerfen, um ihn zu vertreiben.

Daraufhin änderte er die Strategie! Getreu dem Motto. in der Nacht sind alle Oskars grau, verlegte er seine Beutezüge in die Dunkelheit! Woraufhin sich die Hüttenbesitzer schließlich gezwungen sahen, feste Umfriedungen für ihre Mistkübel zu bauen.

Sein unbezwingbarer Hang zum Abfallstöbern hätte ihm einmal fast das Leben kosten können. Als ich am Prärer-Hof ankam, war von Oskar, der mich sonst auf seine beschriebene Weise weit vernehmlich zu begrüßen pflegte, nichts zu sehen, stattdessen vernahm ich beim Aussteigen ein wiederholtes Kindergekicher. Lachende Kinder sind etwas Schönes, darum schaute ich um das Hauseck herum, was die Rasselbande so zu unterhalten vermochte!

Leider konnte ich mich der Heiterkeit nicht anschließen. Oskar hockte mit bekümmerter Miene in gekrümmter Haltung auf dem Rasen und versuchte offenbar zu kacken. Dabei blähte sich jedes Mal, wenn er drückte, ein Ballon aus seinem After aus, der wieder zusammenfiel, sobald der Hund zu pressen aufhörte!

Dass die Kinder das, im Gegensatz zu Oskar, recht lustig fanden, war durchaus verständlich!

Ich streifte einen Rektalhandschuh an und zog damit Oskar das Ding aus dem Hintern. Die Party war vorbei. Bei dem Gebilde handelte es sich um ein herkömmliches durchsichtiges Plastiksäckchen, in dem man im Supermarkt das gekaufte Obst oder Gemüse verstaute. Was mir aber gar nicht gefiel, war der helle Blutstreifen, der aus dem After sickerte, während Oskar seine Bemühungen wiederaufnahm.

Ich ging in den Stall und erzählte dem Bauern meine Beobachtung.

Der Pfrerer zuckte die Schultern: „Kein Wunder! Der Vielfraß hat das Sackl mit den Hendlknochen erwischt, bevor wir es in den Mistkübel werfen konnten!“

„Ja und?“

„Nix und! Jetzt hat er halt eine Verstopfung!“

„Nicht nur das! Offensichtlich hat so ein Knochenstück auch den Darm verletzt! Das kann in einem kompletten Darmverschluss enden! Oder in einer Bauchfellentzündung, wenn der Splitter durchgebohrt hat!"

Der Pfrerer setzte ein ratloses Gesicht auf: „Was machen wir da?"

„Bringen Sie ihn zu einem Kleintierpraktiker! Der wird ihn zuerst einmal röntgen!"

„Muss er operiert werden?"

„Möglich! Kommt ganz darauf an!"

„Hm! So eine Operation ist wohl teuer, was?"

„Na, ganz billig wird sie nicht ausfallen!"

„Und Sie können gar nichts für ihn tun?"

Ich sah den Bauern an. Der Pfrerer hing an seinem Hund, keine Frage! Aber eine teure Darmresektion im Vergleich zum Milchpreis war ihm schon eine wirtschaftliche Überlegung wert! Noch dazu, wo Oskar nicht mehr der Allerjüngste war.

„Nun, ich könnte es, falls der Knochenkot nur in den letzten Darmabschnitten steckt, mit einem Einlauf versuchen …!"

„Das ist gut, Herr Doktor, das probieren wir! Ein Einlauf hat noch niemandem geschadet!"

So hatten die früheren Militärärzte auch gedacht! Aber es war eine Chance!

„Gut! Ich fahre schnell in die Praxis, hole das Nötige und komme gleich wieder! Je eher wir anfangen, desto besser sind die Erfolgsaussichten, bevor sich das Ganze noch mehr entzündet!"

Ich hätte Oskar natürlich auch in die Ordination bestellen können, aber wer schon einmal einen gelungenen Einlauf mit nachfolgendem Ergebnis an einem Hund in einem geschlossenen Raum durchgeführt hatte, weiß, dass es dazu eines guten Magens und nachher einer robusten Putzfrau bedarf!

Eine spezielle Klistierspritze besaß ich nicht, daher griff ich stattdessen zu der Präputialspritze aus Metall, ein Museumsstück, mit dem man jemanden erschlagen hätte können. Als es noch Deckseuchen bei Stieren und Hengsten gab, brauchte man sie für desinfizierende Vorhautspülungen. Heutzutage sind diese Instrumente genauso aus dem Gebrauch der Tiermedizin verschwunden wie Kastrationskluppen und Aderlassflieten.

Aber für meine Zwecke genügte sie vollständig. Sie fasste eine große Menge an Inhalt und mit einem weichen Gummischlauch an der Spitze war sie goldrichtig, um in Oskars Innenleben ein bisschen Schwung zu bringen.

Am Hof zurück, bat ich den Pfrerer-Bauern und seinen Vater, Oskar gut festzuhalten, füllte die Spritze bis zum Rand mit Paraffin, führte den Gummiansatz vorsichtig in das Rektum und begann zu pumpen, als gälte es, eine Luftmatratze aufzublasen. Oskar zeigte sich von der Prozedur natürlich wenig begeistert, da normalerweise nur in sein Vorderende etwas hineinkam. Als ich den Schlauch aus dem jetzt fettig glänzenden After herauszog, hatte ich zumindest das gute Gefühl, meinen möglichsten Beitrag zu seiner Genesung geleistet zu haben. Im Anschluss verpasste ich ihm noch ein Antibiotikum gegen Bauchfellentzündung und riet dem Pfrerer, dem Hund die nächsten Tage nur Haferschleim mit süßem Joghurt, wegen des Geschmacks, und reichlich Speiseöl zu geben. „Das wird er wohl fressen!"

Der Bauer grinste: „Der frisst sogar Reisnägel mit Honig!"

Obwohl Oskar momentan beleidigt sein geschundenes Hinterteil ableckte, war ich mir sicher, dass das stimmte!

Am zweiten Tag rief der Pfrerer an: „Herr Doktor, heut' hat der Oskar das erste Mal geschissen! Zuerst hart und jetzt hat er Durchfall!"

„Das macht nichts! Hauptsache, der Darm funktioniert wieder!"

Triumpfe mussten heiß genossen werden! Ich setzte mich ins Auto und fuhr zum nahegelegenen Hof. Und richtig! Oskar kam mir in alter Lebensfreude entgegen, hinter ihm sein Herrchen. Aber während Oskar von mir etwas wollte, hatte sein Herrchen ein Präsent für mich. In einem Obstsäckchen präsentierte er mir stolz einige grauweiße, mit Schleim und Blut überzogene Kotknollen: „Das ist als erstes aus ihm herausgekommen!"

„Schön", sagte ich, „und jetzt lassen Sie es am besten gleich verschwinden, sonst frisst er das auch noch!"

An einem Sonntag – ich hatte keinen Dienst und sogar das Wetter passte ausnahmsweise – beschlossen Karin und ich, in unser Ferienhaus nach Villach zu fahren. Der kürzeste Weg von daheim Richtung Tauernschleuse führte über die Gadaunererstraße, wo wir auf der Brücke über den Heißingbach auf ein unvorhergesehenes Hindernis in Person von Oskar trafen. Er hatte seine überhöhte Feldherrenposition eingenommen und starrte hinunter in die Senke, auf den nächsten Nachschub an Katzenfutter wartend.

Von hinten sah er aus wie ein schwarzes Pannendreieck mit abgerundeten Kanten. Oben der relativ schmale Kopf und nach unten verbreiterte er sich bis zur Basis, mit der er stoisch auf der hölzernen Brücke pflasterte!

Ich hupte ihn an, aber wie ein richtiges Pannendreieck, rührte er sich nicht von der Stelle.

Er drehte nur den Schädel und linste indigniert über die Schulter, wer da zu stören wagte!

Da ich nicht im Praxiswagen saß, erkannte er mich nicht.

Deshalb ließ ich die Scheibe der Fahrertür hinunter, streckte meinen Kopf ins Freie und schrie: „He, mach gefälligst Platz!"

Jetzt fiel bei ihm der Groschen, er stemmte sich hoch und kam schweifwedelnd heran.

Da ich aber diesmal keine Anstalten machte, auszusteigen, machte er Anstalten, sich an der Wagentür abzustützen. Lieber einen Kratzer im Image als einen im Lack, dachte ich und bequemte mich doch aus dem Auto. Oskar fing sein Geschrei an, aber das nützte ihm wenig.

„Ich hab' heute nichts für dich, du Trottel! Ich hab' ja nicht gewusst, dass wir uns treffen! Das nächste Mal!"

Oskar brach mit dem Geschrei ab, offenbar hielt er meine Ausführungen für einen nicht besonders gelungenen Witz und watschelte wie üblich zur Heckklappe, auch wenn sie statt weiß schwarz war. So viel verstand er von Autos! Dort stand er jetzt und sah mich erwartungsfroh an. Es blieb mir nichts übrig, als nach hinten zu gehen! Dort hob ich die Arme, drehte die Handflächen so, dass er sie sah und sagte, bedauernd und beschwörend zugleich: „Versteh' doch, heute gibt es nichts!"

Da griff Oskar zum letzten Mittel! Winselnd warf er sich auf den Rücken und präsentierte mir mit angezogenen Vorderbeinen seinen Bauch. Eine schamlosere und unterwürfigerere Bettelei hatte ich noch nie erlebt! Ich hockte mich neben ihn und kraulte seine beachtliche Wampe: „Horch zu! Heute ist Schmalhans Küchenmeister! Aber das nächste Mal, wenn ich zu euch komme, bringe ich dir eine extra dicke Wurst mit! Versprochen!"

Ich lief zurück und sprang ins Auto, weil ich seine fragend-flehenden Blicke nicht mehr ertragen konnte. Wäre da nicht sein auf dem Asphalt ausgebreiteter Umfang gewesen, hätte man glauben können, hier liegt ein Hund kurz vor dem Verhungern.

Ich gab Gas und beobachtete im Rückspiegel, wie sich Oskar wieder auf dem höchsten Punkt der Brücke platzierte und uns nachstarrte. Ich konnte von hier seine Gedanken lesen: „Was sind denn das für seltsame Neueinführungen? Der Tierarzt ohne Delikatessen unterwegs?"

Karin, die die Schmierenkomödie mitverfolgt hatte, platzte fast vor Lachen: „Eines sag' ich dir: der Hund ist filmreif!"

„Genau", ich grinste, „einen Oscar für Oskar!"

Muttertag im Kuhstall

Wahrscheinlich handelte es sich um eine Alterserscheinung!

Aber ich merkte an mir selbst, dass ich im Lauf der Jahre feiger geworden war! Ich könnte jetzt natürlich schreiben „vorsichtiger", das auch, aber ein gewisses Maß an Unbehagen, welches ich früher nicht gekannt hatte, befiel mich regelmäßig vor Besuchen auf bestimmten Höfen!

Natürlich hing das Ganze auch mit der Entwicklung, die die Landwirtschaft mittlerweile genommen hatte, zusammen. Gab es zum Anfang meiner tierärztlichen Tätigkeit fast ausschließlich Milchviehhaltung, ist seitdem die Anzahl der Mutterkuhbetriebe stark angestiegen und der Trend hält weiter an.

Na und, wird sich so mancher denken, Kuh blieb Kuh, aber so einfach war das nicht!

In Milchbetrieben haben die Kühe schon allein durch das Melken mindestens zwei Mal täglich direkten Kontakt mit Menschen, während bei der extensiven Form die Rinder mehr oder weniger sich selbst überlassen bleiben, ausgenommen die Fütterung, die aber auch ohne persönliche Verbindung zu dem Einzeltier erfolgt. Solches führt naturgemäß zu einer Entfremdung.

Dazu kam der Umstand, dass, daher die Bezeichnung „Mutterkuh", die Kälber bei ihren Müttern belassen werden, was in gehäufter Form das Hervorbrechen archaischer Verhaltensmuster, nämlich der Verteidigungstrieb von Jungtieren und Herdenmitgliedern, bedeutet!

Nicht zuletzt aus diesem Grund musste man immer wieder vermehrt während der Sommermonate lesen, dass ein Wanderer auf der Alm von einer Kuh attackiert und schwer verletzt ins Krankenhaus geflogen worden war.

Am Schlossgut hatten sie auch Mutterkühe. Eine für die Verhältnisse in unserer Gegend sogar Riesenherde von fünfzig bis sechzig Tieren.

Es war an einem Ostersonntag, dreiviertel neun am Morgen. Ich saß zu dieser ungewöhnlichen Stunde noch auf unserer Terrasse und genoss die zaghaften Sonnenstrahlen, die die kühle Luft einigermaßen erträglich machten. Obwohl ich offiziell Feiertagsdienst hatte, war das Telefon heute bisher stumm geblieben. Wahrscheinlich sind die Bauern alle beim Ostereiersuchen, dachte ich vergnügt und steckte mir ein Pfeifchen an.

Karin, der es heraußen zu kalt war, las derweilen im Esszimmer die Zeitung und klapperte ab und zu mit ihrer Kaffeetasse. Abgesehen davon und dem leisen Rauschen eines Zuges am weit entfernten Gegenhang und dem Gezwitscher einiger Meisen in der Birke über mir, welches eine dicke Katze, die lautlos an mir vorüberstrich, veranlasste, kurz den Kopf zu heben, herrschte eine himmlische Atmosphäre geballter Sonntagsruhe. Selbst die Katze schien sich von diesem Osterfrieden urbi et orbi anstecken zu lassen, denn sie schenkte den Vögeln keine weitere Beachtung, sondern verschwand gemächlich ums Hauseck!

Meine Gedanken schweiften zurück in die frühen Kindertage, als ich selbst noch als Osterdetektiv unterwegs gewesen war und unseren damals gepachteten Badegrund in der Tullner Au nach Verstecktem absuchte. Neben den von der Mutter liebevoll gefärbten und verzierten richtigen Eiern gab es kleine bunte aus Zuckerguss, staniolumhüllte Hasen aus Milchschokolade, die genauso schmeckten wie in ein paar Monaten der Krampus, und, als Höhepunkt, immer ein knallgelbes Marzipanküken.

Gleichzeitig stand mir das Bild meines Vaters vor Augen, der in fürchterlich pludernden Lederknickerbocker, welche seinen dünnen Waden noch zusätzlich betonten, mich Knirps dabei mit Zurufen dirigierte: „Kalt, kalt, warm, wärmer, heiß!“

Ach, könnte man das Rad der Zeit doch zurückdrehen und wenigstens einmal noch diese selige Unbeschwertheit voll freudiger Überraschungen erleben ..., allerdings, mit dem Pfeiferauchen wäre es dann auch wieder vorbei!

Aus diesem nostalgischen Dilemma riss mich das plötzlich vom Ort her schallende Glockengeläut, welches das Ende der Messe verkündete, und das Klingeln des Telefons, das das Ende meiner arbeitsfreien Phase verkündete.

„Ja?“, brummte ich in den Apparat.

„’tschuldigung, Herr Doktor! Aber wir brauchen Sie dringend!“ Es war der Hermann vom Schlossgut! Ihn mit dem Begriff „Knecht“ zu bezeichnen, wäre eine glatte Beleidigung gewesen. Er war ein landwirtschaftlicher Facharbeiter, über den sich alle Welt wunderte, wie er die ganze Arbeit großteils alleine schaffte. Der Kerl musste, wie ein Krake, acht Arme besitzen, die er aber anderen Personen gegenüber verstecken konnte. Dazu war er äußerst verlässlich. Wenn er also meinte, es sei dringend, dann war es dringend.

„Musst du weg?“, fragte Karin aus dem Wohnzimmer.

„Ja! Klingt irgendwie nach Notfall!“

Der Vorteil von Visitenfahrten an hohen Feiertagen ist der, dass weder Lastwagen noch Traktoren auf der Straße zu finden waren. Die paar Bauern im Sonntagsanzug, denen ich unterwegs begegnete, grüßten äußerst freundlich. Ich wusste auch, warum. Weil sich jeder dachte: „Gott sei Dank ist er nicht zu mir unterwegs."

Zum Schlossgut waren es von mir daheim nur zehn Minuten und, da ich lediglich zwei mickrige Sonntagsfahrer überholen musste, schaffte ich es in sieben.

Ich fuhr am Schloss vorbei, umkurvte das dahinterliegende ehemalige Stallgebäude aus dem sechzehnten Jahrhundert, das aufgrund seiner Größe und den wuchtigen Steinmauern noch immer imposant dastand, heute aber nur mehr als Lagerräumlichkeit genutzt wurde, und stoppte zweihundert Meter weiter, wo sich sein modernes Pendant in Form eines ausgedehnten Laufstalles befand.

Herr Laiminger, der Verwalter, trat dort schon ungeduldig von einem Bein auf das andere. Sein dem Feiertag entsprechender Trachtenanzug sah etwas ramponiert aus. Er hatte reichlich Kuhdreck an Ärmeln und Knien, von den Schuhen gar nicht zu reden, und wäre ihm noch mehr Stroh im Haar gesteckt, hätte man fast glauben können, er wäre naturblond!

„Es tut mir leid, Sie ausgerechnet am Ostersonntag stören zu müssen ...", begann er.

„Macht nichts! Der Osterhase muss ja auch arbeiten!", beruhigte ich.

„Bei uns hat heute früh eine Kuh gekälbert, eine Woche zu früh und völlig ohne Anzeichen, weshalb wir sie nicht rechtzeitig in die Abkalbebox verbringen konnten. Sie hat sich praktischerweise dazu mitten auf die Lauffläche gelegt und da müssen einige andere Kühe über sie und vor allem das Kalb drübergetrampelt sein. Wir haben die zwei jetzt mit vereinten Kräften in den Liegebereich geschafft, aber die Kuh kann nicht mehr aufstehen und das Kalb ist überhaupt schlecht beisammen."

Teufel noch mal! Das klang nicht gerade erfolgversprechend: „Schau'n wir 'mal", versuchte ich mehr Zuversicht in meine Stimme zu legen, als der Schilderung von Herrn Laiminger angemessen war.

„Bitte, seien Sie so gut! Der Hermann ist eh drinnen! Mich müssen Sie aber entschuldigen, ich brauche dringend ein frisches Gewand!"

Dem war nicht zu widersprechen. Hätte sich der Verwalter in diesem Aufzug mit ausgebreiteten Armen in einen Weingarten gestellt, wäre der Winzer mit einem Schlag alle Sorge bezüglich räuberischer Vögel los gewesen.

Bevor ich den Stall betrat, rief er mir noch nach: „Wenn Sie reingehen, passen Sie auf! Wir haben eine neue Kuh, die ist Fremden gegenüber nicht ohne. Wir haben sie in die Trennbucht einsperren müssen, weil sie sonst sicher auf Sie losgeht. Aber trotzdem Vorsicht! Die kommt mit ihrem Schädel auch über die hölzerne Barriere!“

Gut zu wissen!

Wenn man die Halle betrat, dehnte sich vor einem der breite Futtertisch in die Tiefe des Raumes aus, den sogar ein großer Traktor bequem entlangfahren konnte. Zu beiden Seiten davon erstreckten sich die metallenen Reihen der Fressgatter, in die zur Fütterungszeit die Rinder mit dem Hals eingesperrt werden konnten und die keinen Durchgang ermöglichten.

Um in den Tierbereich zu gelangen, musste man sich daher nach rechts wenden, wo ein schmaler Gang zwischen der Außenmauer-Innenseite und der niederen Umfriedung des Areals für die Tiere entlangführte. Und an der Separierungs-Box mit der Killerkuh vorbei.

Die angriffslustige Dame stellte auch sofort die Ohren auf und fixierte mich mit kaltem Blick, als ob sie sagen wollte: „Komm nur her, Bürschchen, ich bin zwar von Natur aus Vegetarierin, aber Eindringlinge habe ich schon gefressen und besonders Tierärzte, die unsereins mit ihren spitzen Injektionsnadeln dauernd in den Hintern oder sonst wohin pieken.“

Ja, nach so vielen Praxisjahren bekommt man ein Gespür dafür, was Tiere denken!

Na schön. Ich war ja vorgewarnt. Also drückte ich mich mit eingezogenem Bauch, was Karin sicher zu der spitzen Bemerkung veranlasst hätte, dass dies gar nicht möglich wäre, und dem an die Mauer gepressten Rücken wie ein Fassadenkletterer auf dem Sims im fünften Stock an der gefährlichen Stelle vorbei.

Die Kuh schien über ein ausgezeichnetes Distanzgefühl zu verfügen, weil sie nicht einmal ansatzweise probierte, mich mit ihren Hörnern aufzugabeln. Allerdings war klar erkennbar, dass die Tatsache, dass ich vor ihr schmählich gekniffen hatte, ihren Groll auf mich noch vergrößerte.

Sei's drum, ich betrat jetzt den eigentlichen Tierbereich und marschierte über die dicke Strohauflage der Liegezone, die wie ein Moospolster federte, an das weit entfernte Ende des Stalles, wo ich durch den sonnenstrahlreflektierenden Dunst den Hermann erkannte, der neben meinen Patienten hockte.

„Das Kalb ist übel dran!“, murmelte er.

„Ich seh' es!“ Das Thermometer zeigte bloß siebenunddreißigkommasechs

Grad, die Atmung war seicht, aber was mir am meisten Sorge bereitete, war der umfangmäßig vergrößerte Bauch. Wenn ich dagegen drückte, kam er mir vor wie ein wassergefüllter Ballon.

„Das Kalb hat innere Verletzungen, wahrscheinlich eine Blutung durch einen Tritt in den Bauch!", verkündete ich düster. „Und stirbt!"

„Da kann man gar nichts machen?"

„Leider nein! Schauen wir uns einmal die Mutter an!"

Auch hier fand ich meine Befürchtung bestätigt. Eine haarlose, blutige Schürfwunde an der Lendenwirbelsäule kündete ebenfalls von einer massiven Verletzung an dieser Stelle!

„Schaut so aus, als wäre ihr zumindest eine andere Kuh ins Kreuz getreten."

„Querschnittlähmung?"

„Nein, nein, das nicht!" Ich deutete auf ihre Hinterbeine: „Sie kann die Füße bewegen und den Schwanz und der Kotabsatz ist auch vorhanden! Das Rückenmark ist also in Ordnung! Vermutlich ein Wirbelbruch!"

„Und das bedeutet … was?"

„Wenn mein Verdacht stimmt, dann schaut es schlecht für sie aus! Aber … vielleicht handelt es sich auch nur um eine Wirbelprellung und ein Hämatom, das nach innen drückt", versuchte ich uns beiden etwas Trost zu spenden, obwohl ich, ehrlich gestanden, nicht recht daran glaubte. Dazu hatte ich schon zu viele solcher Verletzungen erlebt. „Jedenfalls gebe ich ihr jetzt etwas gegen die Schmerzen und Sie müssen ihr die Stelle am Rückgrat zweimal täglich mit heißem Arnikaschnaps und einer weichen Bürste massieren! Mehr können wir die Feiertage über sowieso nicht tun, weil jeder Metzger erst am Dienstag wieder erreichbar ist."

Manche Tierärzte bedienten sich einfachheitshalber einer Stalltasche. Das ist ein tragbarer, robuster Plastikbeutel an einem Metallgestänge, das man aufklappen kann wie einen Campinghocker. So hatte man die wichtigsten Mittel gleich zur Hand. Ich jedoch bevorzugte es, meine Medikamente aus den Schubfächern und Laden der geräumigen Autoapotheke zu holen. Erstens kann die Stalltasche niemals das gesamte Repertoire fassen, zweitens kann sie manchmal umgestoßen werden, drittens hat man später den Stallmist im Wagen und viertens finde ich es nützlich, auf dem Weg zum Fahrzeug und dortselbst noch einmal in Ruhe die Diagnose und die Therapiezusammenstellung zu überdenken.

Ich schmuggelte mich also ein weiteres Mal an der Box mit der Killerkuh vorbei, welche wiederum vergeblich darauf hoffte, mich in ihre Reichweite zu bekommen. Detto auf dem Rückweg zu meiner Patientin! Als ich mich nach der Spritze endgültig vom Acker machte, brauchte ich mich gar nicht mehr schmuggeln! Sie hatte mittlerweile aufgegeben. Es war ihr offensichtlich klar geworden, dass ich ein mieser Feigling und Spielverderber war und sie strafte mich mit Verachtung, indem sie mich keines Blickes mehr würdigte, stattdessen mir ihr nicht ganz sauberes Hinterteil zukehrte und neidisch ihre freilaufenden Kameradinnen beobachtete.

Wie an Doppelfeiertagen so üblich, brachte der folgende erheblich mehr Arbeit mit sich als der erste. Als ich daher an diesem Ostermontagabend schon ziemlich geschlaucht endlich Richtung heimatlichem Herd zusteuerte, läutete das Handy und das Schlossgut in Person von Hermann meldete sich: „Die Kuh ist noch nicht aufgestanden“, verkündete er.

„Naja“, brummte ich in den Apparat, „immerhin ist es erst ein bisschen mehr als vierundzwanzig Stunden her! Das scheint mir doch etwas zu optimistisch!“

„Schon, aber sie hat heute nichts gefressen. Wahrscheinlich hat sie wieder Schmerzen!“

Das Feierabendpfeifchen musste sich offenbar noch ein wenig gedulden. „Na schön“, seufzte ich, „ich bin sowieso für heute mit den Visiten fertig, ich schau’ noch schnell auf einen Sprung vorbei!“

Als ich in den Stall eilte, war ich mit den Gedanken ganz bei meiner Patientin und dachte überhaupt nicht mehr an die „Killerkuh“. Auch dass die Separationsbox, an der man vorbei musste, leer war, fiel mir nicht weiter auf!

Der Hermann hatte leider Recht: Die Kuh hatte kein Fieber, aber das laute Knirschen mit den Zähnen, bei uns „Krantscheln“ genannt, war das untrügliche und typische Zeichen einer Schmerzäußerung von einem Rind!

„Ich gebe ihr nochmals etwas gegen den Schmerz! Wenn sie morgen noch immer nicht frisst, müssen wir sie zum Schlachter bringen!“

Damals waren die Bestimmungen über Wartefristen bei Medikamenten noch nicht so streng und auch festliegende Tiere durften notgeschlachtet werden. Heutzutage ist das unmöglich, Tiere, die nicht auf den eigenen vier Beinen, das gilt auch bei einem Beinbruch, in das Schlachthaus marschieren können, müssen getötet und von der Tierkörperverwertung entsorgt werden.

Auf dem Weg durch den Stall dachte ich nichts Böses, als ich aus den Augenwinkeln eine dunkle Masse auf mich zustürzen sah. Ich riss noch reflexartig den abgewinkelten Arm vors Gesicht, da traf mich schon der Stoß mit voller Wucht und schleuderte mich einige Meter durch die Luft. Die Landung auf einer dicken Schicht Kuhmist, teils weich, teils flüssig, bedeckt, gestaltete sich nicht direkt dramatisch, wohl aber der Umstand, dass die Killerkuh, keine andere war es, es nicht bei dem ersten Angriff beließ, sondern mich fortgesetzt attackierte. Ich hatte bis dato noch nie eine so greifbare Wut an einem Tier verspürt. Sie hob sich sogar ein wenig auf die Hinterbeine, um ihren Kopfstößen im Niederfallen noch mehr Pfeffer zu verleihen. Die Situation war ausweglos! Hätte ich für einen Moment die Beine auf den Boden gesetzt, um aufzustehen, hätte ich den Rinderschädel in der Visage gehabt! Ich lag hilflos wie ein Maikäfer am Rücken, strampelte mit den Füßen wie wild gegen die Schnauze von dem rasenden Biest und brüllte aus Leibeskräften, bis endlich der Hermann, der von der ganzen Aktion zuerst nichts mitbekommen hatte, schließlich herbeirannte und das Vieh mit Faustschlägen gegen die Augen von mir abdrängen konnte.

Anschließend half er mir hoch: „Geht's?"

„Jaja", stammelte ich, obwohl ich am gesamten Körper zitterte, „so eine Bestie!"

„Die werden wir wohl gleich mit zum Schlachter nehmen", meinte Hermann mit einem Blick auf die Kuh, die sich hinter einen der Eisenbügel, der die einzelnen Liegeplätze abgrenzte, verzogen hatte.

„Die Fleischbeschau wird mir ein Vergnügen sein! Rache ist Blutwurst. Und in diesem Falle sogar wortwörtlich!"

Obwohl mir das Gewand voll Kuhscheiße am Leib klebte und ich wie ein wandelnder Düngerhaufen daherkam, holte ich die Spritze aus dem Auto. Gleichzeitig nahm ich zur Selbstverteidigung die Pferde-Zahnraspel mit, ein schweres Eiseninstrument mit Holzgriff.

Sollte das Vieh einen nochmaligen Angriff starten, würde ich ihm damit Saures geben. Aber wie das häufig auch im Menschenreich so ist, stark im Austeilen, aber feig, wenn es darauf ankommt. Meine Kontrahentin stand noch immer hinter dem Eisenbügel mit gesenktem Kopf, schnaubte wie ein Stier und wühlte mit dem Vorderbein die Einstreu auf. Jedoch heran traute sie sich nicht mehr, weil sie die Raspel in meiner Hand sah!

Daheim in der Garage zog ich die getränkte Kleidung komplett samt der Unterhose aus und weichte sie erst einmal gründlich in einem Wasserschaff ein. Karin staunte nicht schlecht, als ich splitternackt zur Tür hereingeschneit kam: „Nanu! Hast du dir versehentlich selbst eine Hormonspritze verpasst, dass du es so eilig hast?"

Zwei Tage später, der Schock saß mir noch immer in den Gliedern, war der Schmalz-Bauer mit der Blauzungenimpfung dran!

Die Rinder auf dem Betrieb erfreuten sich einer äußerst robusten Gesundheit, und wenn einmal nicht, merkte es der Schmalz erst, wenn das Tier zwei Tage lang steif im Stall lag.

Einem Tierarztbesuch auf diesem Hof haftete somit etwas Exotisches an, ähnlich der Visite eines afrikanischen Medizinmannes im Londoner Buckingham-Palast!

Zu des Schmalz höchstem Bedauern fiel die Schutzimpfung gegen die Blauzungenkrankeit unter das Bundesgesetz, das jeden Rinderhalter dazu verpflichtete, eine entsprechende Maßnahme durchführen zu lassen.

Die Tiere, die noch nie eine medizinische Manipulation erlebt hatten, zeigten sich darüber ebenso wenig begeistert, manche schlugen sogar herzhaft aus. Aber das machte nichts, zu diesem Zweck hatte ich mir einen Impf-Stab zugelegt. Ein elastisches Kunststoffrohr mit der Injektionsnadel vorne und am anderen Ende eine Schlauchverbindung zur pistolenförmigen Automatikspritze. Durch den Stab konnte ich ausreichend Abstand zu den auskeilenden Hinterbeinen halten. Ich impfte in eine der Hautfalten links oder rechts der Schwanzwurzel, weil diese Stellen nicht besonders empfindlich waren. Das Ausschlagen war daher mehr als Akt des Erschreckens anzusehen, denn als Schmerzreaktion.

Trotzdem war ich erleichtert, als die Aktion glimpflich vorüber war, bloß der Schmalz trübte meinen Frohsinn, indem er sagte: „Eine hätt' ich noch!"

Er führte mich um das Mauereck in den Nebenraum, wo früher das Ross gestanden war und sich jetzt eine freilaufende Kuh samt ihrem erst wenige Tage alten Kalb in einer weitläufigen Box tummelte.

„Gut", sagte ich, „Sie müssen sie so zum Umdrehen bringen, dass ich an ihr Hintergestell herankomme!" Der Schmalz nickte, packte eine Mistgabel und schlüpfte vor mir in die Box.

Wozu braucht er denn die Gabel, dachte ich. Der will doch um Himmels willen nicht gerade jetzt sauber machen?

Gleich darauf wusste ich es. Kaum dass wir das Gehege betreten hatten, ging das Vieh auch schon auf uns los. Der Schmalzl fuchtelte mit der Mistgabel der Kuh vor der Nase herum, was sie zwar auf einige Entfernung hielt, das mit dem Umdrehen klappte jedoch nicht. Sobald der Schmalz zwei Schritte zur Seite machte, wendete sich die Kuh ihm nach, behielt mich aber dabei im Auge, und sobald ich den Versuch unternahm, in ihren Rücken zu kommen, drehte sie sich wieder in die Gegenrichtung!

„Laufen Sie einen Kreis“, rief ich. Der Schmalzl rannte, die Kuh ebenfalls und ich hinterdrein. Das Ganze spielte sich in hohem Tempo ab, sodass ich, der den größten Radius zu bewältigen hatte, einfach nicht zum Schuss, pardon, zum Stich kam!

Mittlerweile war die Chose zu einem veritablen Brummkreisel ausgeartet, ganz nach Hermann Leopoldi: „Schön ist so ein Ringelspiel ...!“

Das Kalb schien höchsten Gefallen an dem Treiben zu finden und machte jetzt lustig mit. Dabei geriet es mir in die Quere, ich stolperte darüber und stürzte mitsamt dem Zwerg zu Boden. Als die Kuh sah, dass ich mit ihrem Kalb im engen Clinch lag, ließ sie den Schmalzl samt Mistgabel links liegen, stieß ein Brüllen aus und sprang auf mich zu.

Nicht schon wieder! Ich kugelte zwar direkt vor der Boxentür herum, hatte aber weder Zeit noch Möglichkeit, diese zu öffnen. In purer Verzweiflung stach ich der Kuh in das Flotzmaul mitten zwischen die Nasenlöcher. Geistesgegenwärtig drückte ich dabei die Spritze ab. Soll sie ihre Impfung halt in den Rüssel kriegen! Die Kuh wich kurz zurück, Zeit genug für den Schmalzl, der die Mistgabel über die Boxenwand und sich hinterhergeworfen hatte, das Tür'l aufzumachen und mich am Mantelkragen hinauszuziehen. Keinen Moment zu früh.

Die Furie wäre bereits wieder auf Schlagdistanz herangekommen!

Zum zweiten Mal innerhalb weniger Tage rappelte ich mich aus dem Stalldreck hoch: „Fixlaudonstern! Drehen jetzt alle Rindviecher durch?"

Der Schmalz grinste ölig: „Naja, eine Mutterkuh halt, die auf ihr Kalb aufpasst! Sie hat sozusagen jeden Tag Muttertag! Und am Muttertag sieht man den Müttern ja auch manches nach!"

„Schön!" Ich klopfte dem Bauern mit dem Impfstab leicht gegen die Hemdbrust: „In vier Wochen ist die Nachimpfung fällig. Dann ist das Biest angehängt, verstanden. Nochmals gehe ich so nicht zu ihr hinein!"

Das Grinsen des Schmalz verschwand schlagartig: „Wie stellen Sie sich das denn vor, Herr Doktor? Sie haben es ja selbst gesehen, ohne Mistgabel als Abwehr geht da gar nichts. Und mit der Gabel in der Hand kann ich sie nicht festbinden ...!"

„Dann haben Sie genau einen Monat lang Zeit, das Lassowerfen zu erlernen. Ziehen Sie sich jeden Abend einfach eine Menge Westernfilme rein statt der Stammtische!"

Ich wusste nicht, ob Pongauer Bauern eine gleiche Fertigkeit entwickeln konnten wie Hollywoodcowboys. Aber egal. Auf einen neuerlichen Muttertag im Kuhstall war ich jedenfalls nicht scharf!

Rosenwurz und Honigschmier

„Und noch eine Dose ‚Vitaplast', bitte!", verlangte der Steidl-Bauer zusätzlich zu seinem ohnehin bereits umfangreichen Einkaufsprogramm an Medikamenten.

In ehemaligen Zeiten, als es noch sehr wenige Autos gab oder hochgelegene Höfe über keine Zufahrten verfügten, war es Brauch gewesen, dass der Tierarzt am Sonntagvormittag ein, zwei Stunden in der Ordination anwesend sein musste, weil die Bauern nach der Frühmesse, mit einem Rucksack ausgestattet, vorbeischauten, um sich mit bestimmten Arzneien für die kommende Woche zu versorgen, ehe sie sich wieder, nicht ohne ausgiebigen Umweg über das Wirtshaus – schließlich bedarf nicht nur das Vieh, sondern auch der Mensch einer Stärkung –, dem mühevollen Heimweg zu Fuß auf den Berg unterzogen.

Inzwischen hatte natürlich die Vollmotorisierung auch den letzten Winkel der Provinz erreicht. Aber der Steidl besaß nur einen Mopedführerschein, darum der Rucksack!

„Ich weiß nicht", lamentierte er, als ich ihm die Dose aus dem Glasschrank reichte, „mir kommt vor, dass das Mittel früher besser gewirkt hat!"

Der Steidl war zwar ein Raunzer von Natur aus, diesmal aber hatte er sogar Recht. Das alte „Vitaplast" hatte nämlich zusätzlich noch eine Spur Strychnin enthalten! Da Rinder gegenüber dieser giftigen Substanz, die, in winzigen Mengen verabreicht, die Förderung des Stoffwechsels mit sich bringt, eine wesentlich höhere Toleranz als der Mensch aufwiesen, gestaltete sich die Sache völlig unbedenklich. In der Ayurveda-Medizin spielt es sogar heute noch eine große Rolle, z. B. bei Appetitlosigkeit, Anregung der Darmtätigkeit, Blutarmut usw.

Auch der Homöopathie ist es als Nux vomica, der Brechnuss, bekannt

Allerdings war die im Präparat enthaltene Dosis sowieso derartig gering, dass man damit nicht einmal den bösen Nachbarn ins Jenseits befördern hätte können! Seit Strychnin jedoch auf der Dopingliste stand, war es als Medikament aus dem Verkehr gezogen worden!

„Wenn es nicht wirkt, geben sie es halt wieder her", sagte ich ungerührt!

„Nein, nein!" Der Steidl drückte mit einem Mal die Dose an sich wie einen Lottohaupttreffer, „sooo schlecht ist es auch wieder nicht!"

Durch das Ordinationsfenster beobachtete ich, wie er sich auf sein Moped schwang und davonknatterte!

Hauptsache jammern, dachte ich, das wirkt auf manche noch belebender als Strychnin!

Seit ich vor ungefähr dreißig Jahren als Tierarzt angefangen hatte, waren unzählige Mittel und Wirkstoffe aus der Medizin, aber noch mehr aus der Volksmedizin verschwunden. Teils durch neue Vorschriften, teils infolge Vergessenheit! Nicht alle Substanzen, vor allem die jahrhundertealten so genannten „Sympathiemittel", welche von Bauern und örtlichen Heilkundigen selbst hergestellt oder angewendet worden waren, besaßen einen praktischen Nutzen, sondern fußten mehr auf Aberglauben!

Andere „Arzneien" wiederum zeigten durchaus ihre Wirksamkeit, entpuppten sich jedoch bei längerem Gebrauch als das genaue Gegenteil von „gesund".

Ich habe in einem vorhergegangenen Buch schon einmal das „Arsenikessen" erwähnt, eine in manchen Regionen, besonders in der Steiermark überaus beliebte Methode, altersschwache Pferde noch einmal zur Leistung zu bringen. Auch schwer arbeitende Leute, wie beispielsweise Holzknechte, bedienten sich dieser Möglichkeit, ihre Schaffenskraft zu steigern! Allerdings erfolgte irgendwann der unausbleibliche Zusammenbruch, sowohl in körperlicher als auch in geistiger Form! Ebenso führten exzessive Aderlässe oft zu einer unerwünschten Schwächung der Patienten!

Doch ab und zu stieß man auch heute noch auf ein therapeutisch wertvolles Juwel aus dem Schatzkästlein alten Wissens um die Heilkräfte der Natur, dem die moderne Schulmedizin nichts Vergleichbares entgegenzusetzen hat!

Eine Salbe aus weißem Zahnwurz, beispielsweise, ist das wirkungsvollste Mittel gegen Schleimbeutelentzündungen (beim Pferd auch Gelenksgallen genannt), Leisten- oder Nabelbrüchen und Schwangerschaftsstreifen!

Hinter solchem Heilwissen war ich seit Jahren her wie der Leibhaftige hinter armen Seelen und sammelte es, um es später in meinem Ruhestand als kleines Kompendium künftigen Tierarztgenerationen zu hinterlassen!

Zum Schneckbauer wurde ich gerufen, weil sich die „Perl", seine hochwertige Norikerstute, am Bein verletzt hatte! Man hatte das Pferd bereits von der Alm herunter auf den Hof verbracht, und als ich es sah, wurde der Schneckbauer zum Schreckbauern für mich. Am linken Hinterbein klaffte eine dreißig Zentimeter lange Schnittwunde, die so tief war, dass ich die Sehnen im verletzten Gewebe durchschimmern sah! Zum Glück schienen diese nicht in Mitleidenschaft gezogen worden zu sein.

„Wann ist denn das passiert?“, frug ich erschüttert.

„Das wissen wir nicht! Bei der letzten Nachschau vor einer Woche war noch alles in Ordnung! Vermutlich hat sie sich an einem scharfen Schieferbrocken aufgeschnitten!“

Obwohl Perl das gar nicht schätzte, ließ ich vom Schneckbauer den Fuß anheben. Unter Zuhilfenahme einer Taschenlampe inspizierte ich die Wunde eingehend. „Also nähen kann man da nichts mehr! Abgesehen davon, dass eine Naht bei Pferden sowieso ein eigenes Kapitel darstellt und an Stellen wie dieser innerhalb einiger Tage wieder aufreißen würde, handelt es sich hier um eine ältere Verletzung! Erfolgversprechendes Nähen ist nur in den ersten sechs Stunden möglich!“

„Das weiß ich“, erwiderte der Schneckbauer mit einer außergewöhnlichen Bierruhe, „aber zum Nähen habe ich Sie gar nicht kommen lassen! Sie sollen ihr nur eine Tetanusspritze und vielleicht noch ein Antibiotikum geben!“

„Ja sicher, aber das Problem dabei ist, dass aus solchen Wunden und besonders an gewissen Lokalisationen gerne Wildes Fleisch entsteht!“, brummte ich skeptisch.

Pferde hatten nämlich nicht nur eine schlechte Hautfestigkeit, was Wundverschlüsse anbelangte, sondern auch die Tendenz zur Hypergranulation. Das heißt, es kam zu einer überschießenden Wucherung des Ersatzgewebes, was nicht nur unschön aussah, sondern in seiner Blutungsbereitschaft und Infektionsanfälligkeit zu weiteren Komplikationen führte.

„Aber was“, grinste der Schneckbauer, „da haben wir ein eigenes Mittel dagegen! Sagen Sie, brauchen Sie den Fuß noch? Mir tut langsam das Kreuz weh!“

Ich holte rasch eine Pinzette samt Tupfer und säuberte die Wunde, so gut es ging, von Grasresten und Dreck! Dann verpasste ich der Perl die gewünschten Spritzen!

„Und jetzt verraten Sie mir, was das für ein Wundermittel ist, von dem Sie geredet haben!“

Der Schneckbauer stellte behutsam das Bein seiner Stute auf den Boden und verschwand, um kurz darauf mit einer dickbauchigen Glasflasche zurückzukehren, die mit einer bräunlichen Flüssigkeit gefüllt war!

„Roswurz, Herr Doktor, Roswurz! Das beste Wundmittel, das es gibt! Ich hab’ es von der Lautner Zenz!“

Ich verzog kurz das Gesicht! Der Name Kreszenzia Lautner war mir vom Hörensagen bekannt! Sie war so eine Art Kräuterhexe für Mensch und Vieh, die auch heute noch Warzen besprach und Zahnweh zu Leibe rückte, indem sie einen spitzen Holzspan, den sie zuvor aus einer Weide geschnitten hatte, in das Zahnfleisch des Kranken stach, bis es blutete, um hernach den Splitter wieder in die entsprechende Stelle des Stammes einzusetzen. Sobald das Fragment eingewachsen war, war auch der Zahnschmerz vorbei!

Ich gehörte, Gott sei Dank, nicht zu den Tierärzten, die sich durch eine solche Kurpfuschereit konkurrenziert sahen, außerdem war das Weiblein fast neunzig, aber was sie mir höchst unsympathisch machte, war die Tatsache, dass sie bis ins hohe Alter Hunde, die man ihr brachte, erschlug, um sie zu verkochen und Hundeschmalz daraus zu machen – ein angeblich wirksames Einreibemittel bei Lungenerkrankungen!

„Na, wenn Sie meinen!“ Ich zuckte die Schultern und verabschiedete mich!

Einige Tage später, am Montag, bekam ich den nächsten verzweifelten Fall zum Frühstückskaffee serviert! Der neue Zuchtstier vom Franzl-Bauern hatte seit vorvorgestern ein geschwollenes Fesselgelenk, das mit jedem Tag schlimmer wurde! Gestern hatte ihn zwar der Kollege vom Wochenenddienst behandelt, aber ohne Erfolg! Der Stier hinkte nur noch auf drei Beinen dahin!

Ich quälte meinen Wagen und mich selbst – der Weg zur Franzl-Alm hatte es nämlich bezüglich Schlaglöchern und Weidegattern, die erst mühsam geöffnet werden mussten, in sich – hinauf auf den Kogel! Die geduckt in einem Bergkessel gelegenen Holzgebäude tauchten erst nach der letzten Kuppe aus dem Erlengestrüpp hervor! Der Stier, vulgo Blasius, lag apathisch auf dem Lärchenboden des niederen Stalles und streckte den erkrankten Fuß weit von sich! Als ich das heiß geschwollene Gelenk leicht berührte, zuckte er zusammen, machte aber keine Anzeichen, aufzustehen! Ein schlechtes Zeichen! Kein Wunder, er hatte über vierzig Grad Fieber! An der Außenseite des Gelenks entdeckte ich ein dunkles Loch, das in die Tiefe führte! „Das ist eindeutig ein Stichkanal! Offenbar hat er sich einen Ast hineingerammt!“

„Das hat der Kollege gestern auch gesagt! Aber was tun wir da?“

„Ich geb’ ihm nochmal ein Antibiotikum und etwas Entzündungshemmendes! Mehr ist im Augenblick nicht möglich! In achtundvierzig Stunden rufen Sie mich an, ob es Blasius besser geht!“

Nach achtundvierzig Stunden erfolgte der gefürchtete Anruf: Nein, Blasius gehe es nicht besser, im Gegenteil, das Gelenk wäre noch dicker geworden!

„Hm! Das bedeutet, dass bereits Eiter vorhanden ist! Wissen Sie, gegen Eiter kann natürlich ein Antibiotikum auch nichts mehr ausrichten!"

„So etwas Ähnliches habe ich mir auch schon gedacht! Darum habe ich, seit Sie da waren, mehrmals am Tag den Fuß mit Lerchpech eingeschmiert! Lerchenpech ist ein altes und viel verwendetes Hausmittel bei Abszessen! Aber es tut sich nichts!" Die Stimme vom Franzl-Bauern klang grantig: „Ich will, dass Sie noch einmal heraufkommen!"

Auf der Alm präsentierte sich mir ein entmutigendes Bild! Blasius hatte schon einiges an Gewicht verloren, das geht bei Rindern mit Schmerzen unheimlich schnell, und das Gelenk war prall und beinahe glühend!

Es half nichts, ich musste es mit einer Punktion versuchen! Blasius reagierte höchst unwillig auf den Nadeleinstich, es spritzte aber beileibe nicht die erhoffte Menge an Eiter heraus, sondern eine mehr blutige Flüssigkeit!

„Hoffentlich steckt nicht noch ein Holzsplitter drinnen", murmelte ich und applizierte mittels Spritze eine kräftige Dosis Antibiotikum in das Gelenk! „Wenn das der Fall ist, dann können wir den guten Blasius vergessen!"

„Tierkörperverwertung?" Der Franzl-Bauer fuhr auf: „ Wissen Sie, was mich der Stier gekostet hat? Und wo krieg' ich mitten im Sommer einen Ersatz her?"

Da ich ihm auf beide Fragen keine Antwort geben konnte, blieb für mich da heroben nichts mehr zu tun!

Der Himmel über dem Graukogel hatte sich mittlerweile ebenso verfinstert wie die Zukunftsaussichten von Blasius, da war wieder einmal ein ordentliches Gewitter im Anzug.

Dumpfes Grollen drang aus den schwarzen Wolkentürmen!

Ich beeilte mich, ins Tal zu kommen, ein Gewitter im Bergwald war, auch wenn man im Auto saß, kein Spaß!

Einen Kilometer weit hatte ich auf der Forststraße geschafft, da brach es mit voller Wucht los! Es krachte und blitzte, dass die Nadelbäume gegen den hell erleuchteten Himmel schwarze Silhouetten bildeten, dazu rauschte der Regen sintflutartig herab!

Beinahe hätte ich das Weiblein übersehen, das unter den Fichten hervorgestolpert kam und mit ihrem Stecken heftig fuchtelte!

Der Nebensitz war zu dem Zeitpunkt noch nicht verbaut, daher blieb mir gar keine andere Wahl, als die verhutzelte Autostopperin mitzunehmen! Schließlich konnte ich die Alte in dem Unwetter nicht im Wald stehen lassen!

Nass bis auf die Haut kletterte sie zu mir herein! Auf dem Schoß hielt sie einen großen Leinenbeutel!

„Vergelt's Gott", lispelte sie.

„Schon recht!"

Die Alte schob das triefende Kopftuch ein wenig aus der Stirne und schielte mich von der Seite her an:

„Sind Sie der Tierarzt?"

„So steht es zumindest auf der Tafel oben am Wagendach", antwortete ich einsilbig! In Gedanken war ich noch immer beim Blasius und musste mich darüber hinaus darauf konzentrieren, durch den Wasservorhang vor der Windschutzscheibe die Straße zu erkennen!

Außerdem ging von dem Weiblein, obwohl sie frisch aus dem Wald kam, ein strenger Geruch aus! Und an ein Fensteraufmachen war nicht zu denken! Mein Bedarf an Konversation fiel somit sehr dürftig aus!

„Aha! Dann sind wir ja sozusagen Kollegen! Ich bin die Lautner Zenz!"

Jetzt riskierte ich doch einen Blick auf die Alte! Alle Achtung! Für neunzig war die noch ziemlich rüstig! Ihre blauen Augen schimmerten mich freundlich an!

Trotzdem blieb ich einigermaßen reserviert: „Kollegen? Das glaube ich kaum! Ich hab' noch keinen Hund umgebracht!" Hoffentlich, setzte ich in Gedanken hinzu!

Sie kicherte: „Ah so! Die alte Hundeg'schicht! Aber das ist lang' her. Na ja, damals war halt eine andere Zeit! Und leiden hat keiner müssen, das kann ich beschwören! Und unter uns g'sagt, das können S' mir glauben, es gibt nix Besseres für's Füngerl als eine Einreibung mit Hundeschmalz!"

Ich blieb stumm! Wir hatten den Wald hinter uns gebracht und konnten jetzt einen Blick auf das regenverhangene Gasteinertal werfen! Es blitzte und donnerte in unserem Rücken noch immer, aber die Intensität hatte deutlich abgenommen!

„Sind Sie beim Franzl oben gewesen, ha?", fing die Alte neuerlich an! „Was hat's denn?"

Gegen meinen Willen erzählte ich ihr die Geschichte vom Blasius!

„Aha, na so! Mit'n Hax'n also! Na ja!" Mehr sagte sie nicht mehr, bis wir vor ihrem Knusperhäuschen angelangt waren. Dort kraxelte sie samt dem Leinenbeutel aus dem Auto und streckte nochmals den Kopf herein: „ Also nochmals Vergelt's Gott! Und weil Sie mich so brav mitgenommen haben, verrat' ich Ihnen jetzt ein Mittel, mit dem Sie dem Blasius helfen können: Dazu brauchen Sie einen Honig, einen Zucker, ein Roggenmehl und eine

Bauernbutter! Das alles zu vier gleichen Teilen in einer hölzernen Schüssel zusammenrühren und zweimal am Tag auflegen! Das zieht den Eiter g'schwind heraus! Werden S' schon sehen!" Damit drehte sie sich um und verschwand im Hexenhäuschen!

Ich überlegte: Honigpflaster waren nichts Neues, nur war die Rinderhaut um einiges dicker als das menschliche Pendant! Und der Dalken sollte das schaffen? Aber Probieren ging über Studieren! Ich wählte die Handynummer vom Franzl! Wahrscheinlich erwischte ich ihn eh nicht! Aber zu meiner Verblüffung vernahm ich sofort seine immer leicht heisere Stimme!

„Hören Sie, ich hätte da noch einen Vorschlag, was wir beim Blasius versuchen könnten!"

Damit gab ich ihm das Rezept durch!

„Das ist kein Problem, Herr Doktor, das haben wir alles! Ist Ihnen das jetzt eingefallen?"

Nach kurzem inneren Ringkampf mit mir selbst siegte schließlich die Ehrlichkeit und ich gestand die unerwartete Begegnung im Wald und dass der Tipp von der Lautner Zenz stammt! Wahrscheinlich hatte der Franzl inzwischen sowieso mehr Vertrauen in ihre Künste als in die Spritzen der Tierärzte!

Nachdem mir der Bauer versichert hatte, sich genau an die Anweisungen zu halten, beendete ich das Telefonat! So, und jetzt wollte ich wissen, wie das andere Mittel von der Lautnerin, der sagenhafte Roswurz, bei der Perl gewirkt hatte!

Der Schneckbauer schien außerordentlich zufrieden, und als er mir das Pferd vorführte, kam ich aus dem Staunen nicht heraus: Der Riss war um Etliches geschrumpft, die Hautränder näherten sich bereits wieder an und die Wundfläche, die vor zwei Wochen noch so grauenhaft ausgesehen hatte, präsentierte sich trocken, ohne eitrige oder schmierige Beläge!

Von einem „Wilden Fleisch" war weit und breit nichts zu sehen!

Der Schneckbauer amüsierte sich offenbar über meine Verwunderung: „Ich hab's Ihnen ja gesagt! Der Roswurz ist ein wahres Wundermittel!"

„Scheint so!" Vielleicht werde ich auch noch Kunde bei der Lautner Zenz, dachte ich!

Dieser Gedanke verstärkte sich, als mich ein paar Tage später der Franzl-Bauer voll Begeisterung anrief, das Gelenk vom Blasius sei aufgebrochen und esslöffelweise Eiter herausgeströmt! „Der Fuß ist nur noch halb so dick und er fängt schon an, ihn zu belasten!", schrie er in den Apparat! „Fressen tut er auch wieder!"

„Wunderbar“, antwortete ich verwirrt, „aber vielleicht sollten Sie die Prozedur noch eine Zeitlang fortsetzen, damit der gesamte Eiter abfließt, bevor sich das Loch schließt!“

„Mach ich, mach ich! Und vielen Dank!“, rief er!

„Ich werde ihn weitergeben“, sagte ich bescheiden!

Die Einzige, die über die Methoden der Lautner Zenz nicht restlos begeistert war, war ausgerechnet mein liebes Eheweib!

Als sie nämlich eines schönen Tages in der Hausapotheke, wohin sie auf meine Bitte hin gegangen war, um ein Durchfallpulver, das sich der Bauer später abholen wollte, bereitzulegen, den Wassertopf mit den Blutegeln entdeckte!

Die Lautner Zenz hatte mir, als ich ihr den Dank vom Franzl-Bauern und mir persönlich überbrachte, ein paar Prachtexemplare aus dem kleinen Tümpel hinter ihrem Haus als Geschenk verehrt: „Die sind gut gegen alles Mögliche! Bei geschwollenen Gelenken, Blutergüssen, Hautleiden und und und!“

Sie betete mir eine ganze Indikationsliste herunter! „Schau'n Sie, wer weiß, wie lang' ich noch leb'! Und mich freut's, wenn einer, noch dazu ein G'studierter, die alten Sachen bewahren will!“

Stolz hatte ich meine Neuerwerbung in das Apothekenregal gestellt und voll Ungeduld gewartet, bis ich sie zum ersten Mal zur Anwendung bringen konnte! Meine Bauern würden Augen machen, frohlockte ich!

Die Augen von Karin einige Tage später waren jedoch ganz andere! Zugegeben, der Topf war ziemlich am Rand gestanden, sodass sie ihn in ihrer Eile – das Telefon läutete schon wieder – mit der Schulter heruntergestreift hatte. Das Gefäß fiel zu Boden, zerbrach und verspritzte seinen Inhalt über Karins Zehen, die barfuß in geflochtenen Sandaletten staken. Karin, die über die Existenz unserer neuen Hausgenossen noch im Ahnungslosen getappt war – ich hatte sie ihr aus einer gewissen Vorsicht heraus bislang verschwiegen –, bekam einen hysterischen Schreikrampf angesichts der schwarzen wurstförmigen Leiber, die sich plötzlich um sie herumschlängelten! Noch um eine Spur stärker wurde der Anfall, als sich einer der Egel, doch, doch, diese Biesterchen lassen sich bezüglich Tempo nicht lumpen, an ihrem Mittelfuß festgesaugt hatte!

„Komm sofort heim und nimm mir das abscheuliche Ding herunter!“, kreischte sie ins Telefon, „sonst weiß ich nicht, was ich tue!

Das war eindeutig ein Fall für das Blaulicht! Karin saß noch immer leicht geschockt auf der Küchenbank und streckte mir angewidert ihr Bein entgegen!

Der kleine Racker hatte, wie ich an seinem verdickten Körper erkennen konnte, bereits die Vorspeise hinter sich gelassen und war offenbar mitten im Hauptmenü! In zwanzig Minuten würde er von selbst abfallen! Da Karin aber ganz den Eindruck vermittelte, an den kulinarischen Gewohnheiten von Blutegeln nicht das geringste Interesse zu heucheln, beeilte ich mich!

Salz darauf streuen, wäre wirkungsvoll, aber tierquälerisch! Also holte ich aus der Ordination eine Holzspatel und einen alkoholgetränkten Tupfer! Damit gelang die Ablösung problemlos!

„Das blutet ja noch!", konstatierte Karin anklagend!

„Oh, das ist ganz normal!", beruhigte ich sie, „das kann sogar ein paar Stunden anhalten!"

Aber von Beruhigung konnte keine Rede sein! Der vorwurfsvolle Tonfall wechselte in eine mehr fauchende Version: „Sag einmal, bist du von allen guten Geistern verlassen? Solche grauslichen Viecher einfach in die Apotheke zu stellen, ohne mir ein Wort zu sagen?"

„Ich habe mir gedacht, dass sich deine Begeisterung darüber in Grenzen halten würde," gestand ich kleinlaut!

„Und ob, mein Lieber! Die Biester kommen schleunigst aus dem Haus, sonst zieht statt deiner der Scheidungsanwalt ein! Hast du mich verstanden? Als Frau von einem Tierarzt ist man ja einiges gewöhnt, stinkendes Gewand, tote Katzen in der Ordination, Anrufe mitten in der Nacht, aber was zu viel ist, ist zu viel!"

Das kam davon, wenn man eine Mag. phil. ehelichte! Die letzte Abgebrühtheit fehlte!

Ich redete ihr zu wie einem kranken Pferd, was ich übrigens bei kranken Pferden noch nie getan hatte: „Sei doch vernünftig, Blutegel sind etwas ganz Natürliches und höchst interessant! Und außerdem nützlich für meine Arbeit! Und der arme Kleine hat sicher einfach Hunger gehabt und die Gelegenheit ergriffen, und was gibt es Leckereres, als ein so schön geformtes Bein wie deines!" Ich unterließ momentan besser den Hinweis, dass der blutdürstige Schlingel eigentlich dazu auserkoren war, sich in die nächste Pferdewade zu verbeißen!

Karin erwies sich für Schmeicheleien jedoch als unzugänglich! Sie legte viel mehr die Unerbittlichkeit eines Steuerprüfers mit Magengeschwür an den Tag: „Pass auf! Du kannst deine Mittelaltermethoden bei deinen Kühen benutzen, aber mir brauchst du keinen Honig um den Mund zu schmieren, klar? Das Ekelzeug muss weg!"

Ich seufzte! Vorerst würde es also nur bei Rosenwurz und Honigschmiere bleiben! Mit Ausnahme von Karin! Bei der half momentan nicht einmal Honig!

Schlafprobleme!

„Tja, ich fürchte, das ist das Ende!", murmelte ich.

„Das weiß ich auch", entgegnete Frau Oberstudienrat Kremsbichler schroff und ihre Leibesfülle wogte bedrohlich, „deswegen sind Sie ja da!"

Wir befanden uns in der gepflegten Jagdstube des schmucken kleinen Landhauses, rings an den Wänden prangten Geweihe auf geschnitzten Holztafeln, die das jeweilige Erlegungsdatum samt dazugehörigem Ort verrieten, präparierte Tiere wie Eulen, Birkhähne und anderes Viehzeug glotzten auf uns herunter und jede Menge Bilder, die allesamt das mehr oder weniger edle Waidwerk zum Gegenstand hatten, zeugten noch von der Passion des kürzlich verstorbenen Direktor Kremsbichler.

Wir, das waren somit nur mehr Frau Kremsbichler, die nunmehrige Hausherrin, meine Wenigkeit und „Dux", ein fünfzehnjähriger Deutsch-Kurzhaarrüde, der sich anschickte, seinem Herrchen in die ewigen Jagdgründe zu folgen. Er lag regungslos auf einer am Boden ausgebreiteten Decke vor uns und atmete schwer.

Seine Probleme hatten vor ungefähr drei Monaten begonnen, als er öfters zu erbrechen begann und ich daraufhin in der rechten Bauchseite eine faustgroße Verhärtung ertastet hatte.

In der Kleintierpraxis, wohin ich ihn zwecks weiterer Untersuchung überwiesen hatte, war dann ein Lebertumor diagnostiziert worden. Anständigerweise hatte die junge freundliche Tierärztin sofort erklärt, dass man da nichts mehr machen konnte und Frau Kremsbichler solle Dux so lange behalten, als er noch Lebensfreude, sprich Appetit und Bewegungslust, zeige, dann aber sofort Schluss machen.

Nun, der Augenblick war eindeutig gekommen. Seit gestern Abend überfiel dem Hund eine sich rasch verschlimmernde Apathie, seine stets ausdrucksvollen braunen Augen hatten, wie das Fell, jeglichen Glanz verloren und sein Brustkorb hob und senkte sich qualvoll. Wahrscheinlich hatten die Metastasen bereits die Lunge erreicht.

„Na schön", seufzte ich, „dann bringen wir es hinter uns!"

Ich wollte meine Tasche eben auf den Tisch stellen, da hielt Frau Kremsbichler mich rigoros am Arm zurück: „Moment! Zuerst etwas unterlegen! Wer weiß, wo die Tasche schon überall gestanden ist!"

Ich zog die linke Augenbraue hoch. Alle, die mich kennen, wissen, dass ich keine dreckigen Taschen auf Wohnzimmertische zu platzieren pflege, und werden sich daher jetzt wundern, dass ich mir so einen Ton gefallen ließ. Aber Frau Oberstudienrat genoss ein kleines Privileg. Als Karin nämlich an ihre erste Schule kam, war dort Frau Kremsbichler Klassenvorstand und so etwas wie die eigentliche Herrscherin über den Lehrkörper. Karin hatte sie jedoch von Anfang an ins spröde Herz geschlossen, da ging es der Frau Professor wie mir, und sie half ihr in allen erdenklichen Situationen, sogar bei der Stundenplaneinteilung, bei der üblicherweise Junglehrer gegenüber der arrivierten Kollegenschaft, wie man so schön sagt, „die Krot' fressen" müssen!

Trotzdem war es gut, dass Karin nach ein paar Jahren eine Stelle an der hiesigen Schule ergattern konnte, denn auf die Dauer wäre das gluckenhafte Gehabe seitens Frau Kremsbichler auch nicht gut gegangen und ehe es zum Zerwürfnis kommen musste, konnten sich die beiden in aller Freundschaft trennen.

Eingedenk ihrer gehabten Verdienste um mein liebes Eheweib sah ich also der Dame, die nicht aus ihrer Haut hinauskonnte, obwohl sie figürlich durchaus den Eindruck dazu erweckte, einiges nach.

Ich wartete daher geduldig ab, bis Frau Kremsbichler endlich einen alten Überzug gefunden und über das Damasttischtuch mit gestickten Jagdmotiven ausgebreitet hatte. Dass ich anschließend aber die Tasche mit demonstrativem Nachdruck auf die Tischplatte setzte, wollte ich als leichten Protest verstanden haben.

Ich zog das kombinierte Narkosemittel in der Spritze auf und injizierte es Dux in den Oberschenkel. Er merkte gar nichts davon. Sobald seine Lidreflexe erloschen waren und ich sicher sein konnte, dass er sich in einem sogar operationswürdigen Stadium befand, stach ich die Nadel tief zwischen die Zehenballen. Mit diesem kleinen Trick überzeugte ich gerne die Tierbesitzer von der völligen Bewusstseins- und Schmerzausschaltung, bevor ich die Tötungsspritze verabreichte.

Auch Dux zeigte keinerlei Reaktion mehr!

„So, würden Sie uns jetzt bitte kurz alleine lassen?"

„Wozu, wenn ich fragen darf?"

„Na, weil ich dem Hund das Euthanasiemittel direkt ins Herz spritze und ich keinen Wert darauf lege, dass Sie mir vielleicht umkippen!"

„Herr Doktor!" Frau Kremsbichler stemmte die Arme in ihre ausladenden Hüften, „ich bin kein Backfisch aus dem vorigen Jahrhundert, der beim Anblick von einem Tropfen Blut gleich zusammenklappt! Wenn ich umfalle, dann nur, weil ich tot bin!"

Ein Gedanke, mit dem ich mich, ich gestehe, langsam anfreunden konnte!

Dux war immer ein schlanker Hund gewesen, so dass ich keine Mühe hatte, das pochende Herz zwischen den Rippen mit den Fingerkuppen zu finden. Bei dicken Kandidaten muss man dazu das Stethoskop verwenden.

Kaum war das Tötungsmittel, das einen andauernden Atemstillstand provozierte, in die Herzkammer geströmt, machte Dux noch zwei tiefe Atemzüge, ein bis zwei Streckkrämpfe der Beine und lag dann still!

Er hatte es überstanden!

„Wollen Sie ihn auch ausstopfen lassen?", frug ich etwas provokant, während ich von den Knien hochkam und auf das reichhaltige Sammelsurium konservierter Trophäen ringsum zeigte.

„Halten Sie mich für eine Mumiensammlerin wie meinen Mann? Ich werde die ganzen Staub- und Mottenfänger dem nächsten Trödler bei erster Gelegenheit nachwerfen. Dux kommt natürlich in ein Grab im Garten. Das Loch habe ich schon in der Früh ausgehoben! Sie müssen mir nur noch helfen, ihn hinunterzuschaffen!"

Sie holte eine große karierte Decke, die aussah wie ein Plaid, das sie gerade einem schottischen Dudelsackpfeifer vom Leib stibitzt hatte, und auf die ich den schlaffen Körper hob, dann packte jeder von uns an zwei Zipfeln an und wir schleppten Dux hinaus in den Garten. Eigentlich hätte ich ihn auch allein tragen können, aber ich fand, wenn die Frau Oberstudienrat seinerzeit Karin geholfen hatte, sie durchaus auch mir zur Hand gehen konnte.

Trotzdem blieb ich Kavalier, weil ich das Kopfende nahm, was bekanntlich schwerer ist.

Frau Kremsbichler ging dafür voraus, allerdings rückwärts.

„Achtung Stufe!", warnte ich, als wir die Terrassentür erreichten.

Sie blieb kurz stehen: „Herr Doktor, ich bin zwar in Pension, aber keinesfalls senil! Glauben Sie mir, die Stiegen und Staffeln in meinem Haus kenne ich zur Genüge!"

Auch gut! Als wir die kleine Treppe zum Rasen hinunter erreichten, hielt ich also brav den Mund!

Tatsächlich stapfte Frau Kremsbichler mit traumwandlerischer Sicherheit abwärts, über die Lage der frisch ausgehobenen Grube jedoch dürfte sie wegen deren Neuheit nicht so recht im Bilde gewesen sein, denn hätte ich sie nicht mit einem kräftigen Ruck an der Decke davor bewahrt, wäre sie rücklings hineingeplumpst.

Wir betteten Dux samt seinem Plaid darin zur letzten Ruhe, das Zuschaufeln überließ ich der Frau Professor!

Ehe ich mich verabschiedete, erkundigte ich mich noch: „Haben Sie vor, sich wieder einen Hund zuzulegen?"

„Natürlich! Was glauben denn Sie? Ganz allein im Haus, wo man doch heutzutage so oft von Überfällen und Einbrüchen liest?"

Ich war zwar der festen Meinung, dass jeder nächtliche Einbrecher, der von Frau Oberstudienrat im Nachthemd überrascht werden würde, fluchtartig den Tatort verlassen und den Beruf wechseln würde, musste das aber aus Schicklichkeitsgründen hinunterschlucken.

„Wieder einen Jagdhund?"

„Nein! Dux war der Hund von meinem Gatten! Ich will einfach einen liebenswerten Mischling, der keinen stundenlangen Auslauf braucht. Wissen Sie zufällig so einen? Die Bauern haben ja oft einen unfreiwilligen Wurf, wo sie anschließend nicht wissen, wohin mit den Welpen ...!"

Es stimmt, dass ich hie und da auf einem Hof gefragt wurde: „Herr Doktor, brauchen Sie nicht dringend einen jungen Hund?", aber augenblicklich herrschte unter den Gasteiner Hündinnen offenbar Ruhe an der Gebärfront! Ich zuckte die Schultern.

„Schade! Sehr schade!" Frau Kremsbichler ergriff den Spaten und warf mir einen Pädagogenblick zu, mit dem die Lehrer zu meiner Zeit ihre Schüler wegen ungenügender Leistung mit einem fetten Fünfer von der Tafel weggeschickt hatten.

Als ich abends neben Karin im Bett lag, erzählte ich ihr von meiner Begegnung mit ihrer Ex-Kollegin. Sie schmunzelte: „Jaja, die Helga ist schon ein besonderer Typ! Ein weicher Kern, aber eine raue Schale!"

„Mit der sie sogar einer Sanduhr auf den Zeiger gehen würde", brummte ich, „gute Nacht!"

Die Sanduhr hatte keine Verschnaufpause. Ein paar Wochen später fand sich Frau Kremsbichler mit einer ungefähr vier Monate alten männlichen Promenadenmischung, die sie mir mit Bestimmtheit auf den Ordinationstisch setzte, in der Praxis ein.

Der Kleine wedelte mir fröhlich mit dem Schwänzchen zu, derweilen er vorne ordentlich sabberte!

„Na, du bist aber ein freundliches Kerlchen", sagte ich und knuddelte ihn herzlich, was er begeistert mit einer winzigen Ladung Urin auf meinen Mantel quittierte. „Wie heißt er denn?"

„Schorsch! Im Tierheim haben sie ihn Mungo genannt, aber ich finde den Namen äußerst blöd!"

Das fand ich auch. Schorsch war wirklich der ideale Name für diesen witzigen Gesellen!

„Und was für eine Mischung ist er denn?"

„Ich habe gehofft, das könnten Sie mir verraten!"

Hm! Meine Freunde können zwar ehrfurchtsvoll bestätigen, dass ich in jeder Bar auch um zwei Uhr früh noch die alkoholischen Ingredienzien eines exotischen Cocktails zu analysieren vermochte, aber Schorsch stellte eine echte Herausforderung dar. Die kurze Schnauze mit den Schlabberlefzen deutete auf einen Boxer hin, die krummen, stämmigen O-Beine könnten von einer Bulldogge stammen und das drahtige Fell erinnerte an einen Zwergschnauzer.

Die Diagnose war sicherlich gewagt, aber soll mir mal einer das Gegenteil beweisen!

Schorsch war jedenfalls zufrieden mit sich und der Welt!

„Sie haben ihn doch nicht nur zu mir gebracht, um seinen Stammbaum zu erfahren?"

„Nein. Gechipt und geimpft ist er schon vom Tierheim. Aber er kratzt sich die ganze Zeit und mich juckt es auch schon! Ein Pilz vielleicht?"

Wie zur Bestätigung trat Schorschs Hinterbein Richtung Ohrgrund in heftige Aktion und Frau Kremsbichler fuhr sich mit der Hand zwischen die Schulterblätter!

Ich legte einen Bogen weißen Papiers unter Schorsch und rubbelte kräftig seinem Bauch entlang.

Eine Menge Material sammelte sich auf der Unterlage. Dann benetzte ich die Fingerspitzen mit Wasser und versprühte es unter Händeschütteln über den Bogen, wie in früheren Zeiten vor Erfindung des Dampfbügeleisens die Hausfrauen die Wäsche benetzt hatten.

„Da! Sehen Sie!" Einzelne schwarze Punkte auf der weißen Fläche bildeten einen rosa Saum. „Flohkot! Das Wasser löst das darin enthaltene Blut! Der gute Schorsch hat Flöhe! Und Sie vermutlich auch", setzte ich wahrheitsgemäß hinzu.

Der Gesichtsausdruck Siegfrieds, als ihm Hagen das Schwert in den Rücken gestoßen hatte, konnte nicht fassungsloser ausgefallen sein als der momentane von Frau Kremsbichler!

„Soll das heißen … wollen Sie damit sagen … der Hund hat mich mit seinen Flöhen angesteckt?"

„Naja", grinste ich, „wenn es umgekehrt wäre, wäre das einigermaßen komisch! Aber keine Angst, ich träufle Schorsch ein Mittel zwischen die gescheitelten Nackenhaare und Sie müssen daheim seinen Korb, oder wo er halt liegt, gründlich reinigen."

„Er schläft bei mir im Bett!"

Also stimmt das Sprichwort „Wer mit Hunden schlafen geht, wacht mit Flöhen auf" doch, dachte ich. Ich verkniff mir jedoch eine Antwort, weil mich die Hygienegewohnheiten anderer Leute nichts angingen.

„Und wie werde ich meine Flöhe los?", wollte Frau Kremsbichler nach einer kurzen Pause wissen.

„Ich habe keine Ahnung!" Ich hatte wirklich keine. Das Einzige, das mir spontan einfiel, war ein Flohhalsband, aber das schien mir am Ende doch keine wirklich praktikable Lösung.

Einige Tage lang hörte ich nichts von Frau Kremsbichler, wahrscheinlich befand sie sich auf Flohjagd, da läutete mitten in der Nacht das Telefon. Ich blinzelte auf den Wecker: es war zwei Uhr fünfzehn!

„Ja", murmelte ich in das Gerät.

Eine Stimme dröhnte an mein Ohr: „Ich kann nicht schlafen!"

Blöder Scherz! „Dann nehmen Sie eine Schlaftablette oder, noch besser, eine Überdosis Morphium! Frechheit sowas!", knurrte ich und legte auf.

Genau zwanzig Sekunden später läutete es abermals: „Herr Doktor! Hier spricht Kremsbichler!"

Ich stöhnte laut! Aber nur innerlich!

„Ich habe gesagt, ich kann nicht schlafen, verstanden?"

„Schon, aber was geht mich das an? Ich bin Tierarzt!"

„Darum geht es ja! Mein seliger Gatte hat auch geschnarcht und dabei gerasselt wie eine Dampfmaschine! Seit er mich verlassen hat, habe ich geglaubt, jetzt habe ich endlich Ruhe! Aber der Schorsch neben mir übertrifft ihn bei Weitem! Gibt es kein Mittel dagegen? Irgendetwas Homöopathisches?"

Und das um zwei Uhr zwanzig! „Natürlich gibt es ein Mittel: Schmeißen Sie ihn aus dem Schlafzimmer!"

„Das habe ich schon probiert! Aber dann jault er so laut, dass ich ihn durch die geschlossene Tür höre!"

„Dann stecken Sie ihn halt in den Keller!"

„Da tut er mir wieder leid!"

Himmelkreuzfünfzehn! Wenigstens tut ihr der Hund leid! „Wissen Sie was? Heute Nacht wird er es überleben und morgen besorgen Sie ihm eine schöne Hundehütte für den Garten, dort kann er nach Herzenslust schnarchen oder jaulen, ganz wie es ihm beliebt!" Mit diesem Ratschlag beendete ich das Gespräch, konnte aber nicht wieder einschlafen, weil ich dauernd gewärtig sein musste, dass Frau Kremsbichler nochmals anrief. Erst gegen vier Uhr war ich dann doch hinweggedämmert.

Zwei Tage später läutete das Telefon. Ein Blick auf den Wecker zeigte dreiviertel eins!

„Wissen Sie, wer gerade bei mir an der Haustüre geklingelt hat?“ Die nächtliche Quizfrage stammte eindeutig von Frau Kremsbichler.

Da sie sehr lebendig klang, konnte es, zu meinem großen Bedauern, nicht der Frauenmörder Wurm gewesen sein.

„Die Polizei“, nahm sie eine Antwort vorweg, „ich bin nämlich Ihrem Rat gefolgt, habe eine komfortable Hundehütte besorgt, sie hinter dem Haus im Garten aufgestellt und Schorsch darin angeleint. Ich habe ihn nicht mehr jaulen gehört, dafür aber mein Nachbar und der hat die Polizei gerufen! Was also jetzt?“

„Jetzt wird geschlafen! Zumindest von mir“, schränkte ich kategorisch ein. „Ich lasse mir die Sache durch den Kopf gehen und rufe Sie verlässlich an! Gute Nacht!“

Am nächsten Morgen saß ich in der Küche, den vierstöckigen Espresso vor mir, und wartete ungeduldig darauf, dass der Toaster endlich das Unterfutter für die Orangenmarmelade ausspuckte.

Mit einem Klacken sprangen die beiden Röstscheiben empor! Bei dem Anblick kam mir die Königsidee!

Wenn zwei Brote, warum nicht zwei Hunde?

Ich ließ die Toaste kalt werden und rief Frau Kremsbichler an: „Hören Sie, ich glaube, ich habe die Lösung! Ohne Sie fühlt sich Schorsch wahrscheinlich einsam. Holen Sie sich einen gleichaltrigen Hund dazu, dann können beide in der Hundehütte schlafen und Sie und Ihr Nachbar haben fortan Ihre Ruhe!“

„Zwei Hunde?“ Frau Kremsbichler nahm meinen Vorschlag einigermaßen skeptisch auf.

„Gewiss doch. Besser als jede Nacht zwei Polizisten!“

Das Argument überzeugte: „Wenn Sie meinen …? Aber wehe, das klappt nicht und ich habe zwei jaulende Hunde am Hals!“

Das war am Dienstag.

Am Donnerstagabend läutete das Telefon. Diesmal aber gnädigerweise schon um zehn! Karin, die abhob, flüsterte: „Die Kremsbichler! Für dich!“

Na, für wen denn sonst? Hätte diese Frau schon damals gelebt, hätte man dem ägyptischen Pharao gar nicht umständlich sieben einzelne Plagen schicken müssen, um ihn umzustimmen, die Kremsbichler allein hätte genügt.

„Sie müssen sofort zu mir kommen!" Bumms! Aufgelegt.

„Die spinnt jetzt komplett!" Ich wählte hastig ihre Nummer, aber außer dem Freizeichen bekam ich nichts zu hören.

„Die geht nicht mehr ran", schnaubte ich, „aber wenn die glaubt, sie kann mich herumkommandieren, dann ...!"

„Fahr lieber hin", unterbrach mich Karin sanft, „sonst ruft sie wieder nach Mitternacht an!"

Obwohl ich innerlich ein Fall für den Entminungsdienst gewesen wäre, sah ich ein, dass sie wieder einmal Recht hatte.

Das Landhaus lag im Dunklen, nur die Messingampel über der Haustüre spendete Licht. Dort erwartete mich auch schon Frau Kremsbichler.

Ich bremste, trotzdem es mich einiges an Überwindung kostete, dicht vor ihr ab und sprang aus dem Auto: „Was zum Kuckuck ...!"

„Psssst!" Sie legte verschwörerisch den Zeigefinger an die Lippen, „kommen Sie mit, aber leise!"

Da sie eine Stablampe in der Hand hielt, wurde ich doch neugierig, was sie mir Sensationelles bieten würde. Verstohlen, wie zwei Landstreicher am Polizeiposten vorbei, schlichen wir um das Haus in den hinteren Teil des Gartens.

Dort konnte ich die Hundehütte im Mondlicht erkennen.

Wir pirschten uns heran und Frau Kremsbichler richtete den Strahl der Taschenlampe in die Öffnung. Drinnen lagen Schorsch und ein mir bis dato noch unbekannter Struppi eng aneinandergedrückt und sägten um die Wette.

Frau Kremsbichler zog mich wieder ums Hauseck und dort erlebte ich sie zum ersten Mal heiterer Stimmung: „Ihr Rat zu einem Gefährten für Schorsch war goldrichtig! Er hat sich in der Nacht da im Garten tatsächlich einsam gefühlt! Jetzt kann der Nachbar schlafen und ich auch! Ich lasse Karin schön grüßen, sie hat einen klugen Kerl geheiratet!"

„Ich werde es ausrichten", versetzte ich trocken, „aber eine Frage noch. Sie erwähnten, dass Ihr Mann auch so grauenhaft geschnarcht hatte! Was haben Sie mit ihm gemacht? Auch ab in die Hundehütte?"

„Nein, da bin ich lieber selbst aus dem Schlafzimmer ausgezogen und in das Wohnzimmer übersiedelt! Nur hatte mein Mann nicht gleich losgeheult, wenn ich ihn allein gelassen habe!“

Also wirklich, das konnte ich nachvollziehen!

Ziegenböcke

Willi war auch schon in die Jahre gekommen! Vielleicht erinnert sich der eine oder andere noch an die Episode, als ich durch den unerwarteten Besuch meiner ehemaligen Jugendliebe samt deren schwer erträglichen Göttergatten Bernd, einem Arzt, beglückt worden war und letzterer aus nicht mehr nachvollziehbarer Eifersucht darauf bestanden hatte, mich und Verena, die einmal ein paar Tierarztvisiten miterleben wollte, zu begleiten und sich dafür sogar in seiner Leibesfülle hinten auf die Medikamentenkiste gequetscht hatte. Boshaft, wie ich nun einmal veranlagt war, hatte ich damals für Bernd den Ziegenbock Willi vorgesehen, der, an sich verträglich, solange man sich in seiner unmittelbaren Gesellschaft befand, die Eigenschaft besaß, niemanden mehr unbehelligt aus seiner Box zu entlassen. Sobald sich jemand dazu anschickte, bekam er von Willi die Hörner, ganz nach dem Motto: „He, du willst schon gehen?", ins Kreuz gerammt. Während sich Bernd als Stadtmensch als unfähig erwies, unter Willis permanenten Annäherungsversuchen auszubüxen, dazu war nämlich ein kräftiger Nasenstüber nötig, waren Verena und ich erst einmal kaltblütig auf einen Eiskaffee gegangen, ehe wir den verschwitzten Othello wieder aus seiner Zwangslage befreiten. Offenbar hatte nicht nur ich eine alte Rechnung mit ihm zu begleichen. Von welchen Eifersuchtsphantasien der gute Bernd in der Zwischenzeit geplagt worden war, will ich mir gar nicht ausmalen!

Jedenfalls hatte der Zahn der Zeit auch den guten Willi gehörig angenagt, er schätzte nunmehr vermehrt Einsamkeit und Ruhe, die er die Sommer über auf der Kreuz-Alm fand.

Dort lag er stundenlang auf seinem Lieblingsplatz, einem grasbewachsenen Felsen, und tat das, was ein Wiederkäuer, so er nicht gerade frisst, eben tut: Wiederkäuen. Dabei schaute er versonnen in die beeindruckende Gegend mit den Bergwänden ringsum, als überlegte er, wie oft es ihm wohl noch vergönnt war, hier herauf zu kommen. Von Weitem hätte man ihn mit einem ägyptischen Sphinx verwechseln können.

Die Geißen und das Fortpflanzungsgeschäft hatte er längst an einen jüngeren Nachfolger abgetreten, ein Umstand, der ihm kein Kopfzerbrechen zu bereiten schien.

Selbst als ich mit dem Auto dicht neben ihm vor der Almhütte anhielt, hielt er stoisch an seiner Tätigkeit fest.

Ich ging die paar Schritte zu ihm hinauf und tätschelte seinen knochigen Rücken: „Na, Alterchen, alles bestens?"

Er warf mir aus noch immer hellen Augen einen Blick zu, der besagte: „Bis vor einer Sekunde ja", ehe er die Karotte entdeckte, die ich natürlich daheim für ihn eingesteckt hatte. Einen Moment ließ er die Maske des Philosophen fallen und knusperte sie begierig aus meiner Hand. Als er aber bemerkte, dass mein Proviantvorrat zu Ende war, drehte er wieder den Kopf Richtung Ferne und setzte sein weises Gesicht auf.

Ein solches versuchte ich zu imitieren, als mich die Burgi, die langgediente Sennerin des Kreuz-Bauern, in den kleinen Stallanbau hinter die Almhütte führte, wo die Heidi angebunden war. Nein, nicht die Schwester, sondern eine junge Kuh, die seit gestern jämmerlich lahmte. Kein Wunder, das rechte Hinterbein war bis zur Fessel hinauf geschwollen. Die Kuh setzte es auch nur an der Zehenspitze auf. Als ich in die Hocke ging und die Sohle abtastete, zuckte Heidi schmerzhaft auf.

„Gebrochen?", frug die Burgi besorgt und beugte sich über mich. Ihrem schlichten Gewand entströmte der Duft nach Milch, Käse und Wiesenblumen!

„Ich glaube nicht!" Ich hatte nämlich kurz ein Loch im Klauenhorn gespürt, „wahrscheinlich ein Sohlenabszess, das dringend nachgeschnitten werden sollte, aber ohne Fixierstand kaum möglich!"

„Aber was, Herr Doktor, das machen wir schon!" Die Burgi lachte herzhaft, denn die Aussicht, dass Heidi keine schwerwiegende Verletzung davongetragen hatte, stimmte sie fröhlich. Immerhin trug so eine Sennerin eine große Verantwortung und Heidi war nicht nur eine schöne, sondern auch eine wertvolle Kuh.

Sie kramte aus einer Truhe ein Seil hervor, schlang die Schlinge blitzschnell um den kranken Fuß von Heidi, spannte es quer durch den Raum an das andere Ende hinüber, zog daran, bis Heidis Bein nach hinten gestreckt war und knotete es an einem Balken fest! Die Kuh strampelte natürlich an dem Strick, aber es half ihr nichts!

„So, jetzt lassen wir sie so eine Weile hängen, und bis sie sich beruhigt hat, trinken Sie inzwischen ein Stamperl", befahl die Burgi und wischte sich die Hände an der Schürze ab.

Gesagt, getan. Während ich mir einen vorzüglichen Wacholder auf der Hausbank schmecken ließ, saß die Burgi neben mir mit einem Glas Buttermilch. Nach einer Viertelstunde schnappte ich das Hufmesser und wir begaben uns in den Stall. Die Heidi hatte mittlerweile ihre ausweglose

Situation akzeptiert, hätte sie versucht, mit einem anderen Bein auszuschlagen, wäre sie hingefallen, und da die Burgi zusätzlich mit ihren kräftigen Arbeitshänden den Fuß umklammerte, konnte ich den Sohlendefekt nachschneiden: „Das Loch stammt bestimmt von einem Stein", erklärte ich keuchend, weil sich das Horn doch als einigermaßen hart erwies. Endlich war ich durch und unter einem erlösenden, zischenden Geräusch spritzte ein dünner, graugelber Eiterstrahl hervor! „Na so was," staunte ich, „ da waren ja gasbildende Keime am Werk! Kein Wunder, dass das arme Vieh den Fuß kaum mehr aufgesetzt hat!" Ich füllte die Öffnung mit einer antibakteriellen Salbe und spritzte Heidi darüber hinaus ein Antibiotikum.

„Gut! Einmal täglich zusätzlich mit *Bloamach* baden, damit sich der Eiter vollständig zusammenzieht und entleert! Die Fixationsmethode dazu beherrschen Sie ja!"

Die Burgi nickte! *Bloamach* waren in heißem Wasser gesottene Heublumen, die Hitze länger speicherten und somit ein ausgezeichnetes Mittel gegen Abszesse lieferten.

„Ein Stamperl geht noch, Herr Doktor! Auf einem Bein kann man nicht stehen!"

Ich seufzte. Nein, dazu braucht es mindestens drei, wie die Heidi gerade bewiesen hatte.

Wir nahmen also neuerlich auf der Hausbank Platz, als plötzlich um die Kurve des Wanderweges, der durch dichtes Gesträuch hindurchverlief, ein Dackelmischling herumschoss, mit lautem Gekläffe in die verstreute Schar der Kitze fuhr und nach ihnen schnappte. Die Ziegen stoben auseinander, selbst der neue Bock, dieser Feigling, ergriff die Flucht, anstatt seine Herde zu verteidigen, und der Dackel jagte im Kreis, bis er endlich eines der Jungtiere am Fuß erwischt hatte, welches panisch aufschrie. Bevor wir noch zu einer Reaktion fähig waren, hatte sich Willi, dem das unerhörte Geschehen nicht verborgen geblieben war, mit einer steifen Bewegung erhoben und schritt nun, wie weiland Sir Lancelot als Ritter der Tafelrunde, auf den Plan, um Ehre und Heil der Schutzlosen zu verteidigen. Er näherte sich dem Köter, der, ob der unerwarteten Kontrahage das Kitz zwar fahren ließ, sich aber mit gespreizten Beinen und nervtötendem Gebell dem neuen Herausforderer stellte. Mut hatte er, der Kampfdackel! Willi verharrte kurzfristig, dann senkte er den Kopf und gab dem Eindringling einen kräftigen Stoß vor die Stirn! Der Hund ließ einen kurzen Quietscher ertönen und brach, wie vom Blitz getroffen, zusammen. K. o. in der ersten Runde. Willi machte einen Schritt retour und fixierte seinen bewusstlosen Gegner. Als der eine Minute später den Kopf hob – die Beine gehorchten ihm noch nicht –, erhob sich Willi mit angewinkelten Vorderfüßen kurz auf die arthritischen Hinterbeine und schlug ein zweites Mal zu. Diesmal war es final. Wir hörten das Knacken der Genickwirbel bis zu uns herüber!

Als eine Minute später die Besitzer des Dackels um die Ecke bogen, fanden sie zu ihrem Entsetzen folgendes Szenario vor: ein friedliches Pärchen auf der Hausbank, ein noch friedlicherer Geißbock auf einem Felsbrocken, eine aufgeregte Schar Ziegen samt Nachwuchs über die Wiese verstreut und ein toter Hund im Gras.

„Was ist denn da um Himmels willen passiert?" frug der männliche Teil des gemischten Wandererdoppels entgeistert.

„Ich weiß auch nicht", entgegnete die Burgi gelassen, „der Hund ist um die Ecke geschossen, mitten unter die Kitz hinein und hat sie im Kreis herumgejagt! Und plötzlich ist er umgefallen und war tot! Herzschlag vermutlich!"

Im selben Moment brach über den ahnungslosen Spaziergänger ein Inferno an Vorwürfen seitens seiner Begleiterin ein: „Ich hab' dir doch gleich gesagt, du egoistischer Depp, diese Tour ist für unseren Jimmy mit seinem schwachen Herzen zu anstrengend, noch dazu bei dieser Hitze! Aber nein, der gescheite Herr muss ja seinen Willen durchsetzen und das arme Tier so einer Tortur unterwerfen …!"

Der Hundebesitzer schlang sich wortlos den Kadaver wie eine Nerzstola um den, zugegebenermaßen, geduckten Hals und marschierte schnurstracks von dannen. Hinter ihm nach seine zeternde Gefährtin. Noch zwei Wegkehren lang schallte ihr Keifen zu uns herauf!

„Na pfüat Gott!", meinte die Burgi, „der hat keinen schönen Urlaub mehr! Aber die Wahrheit kann ich ihm auch nicht sagen, sonst verklagt er mir am Ende noch den Kreuz-Bauern! Und das wär' dann das Ende von Willi!" Sie verdeutlichte ihre Befürchtung mit der auf der ganzen Welt verstandenen Geste des Gurgeldurchschneidens.

Willi durfte also weiterleben. Ihm drohte auch nicht das Schicksal einiger Geschlechtsgenossen, die sich gerade, ohne es zu wissen, auf „Laurenzi" vorbereiteten.

Der Lostag am zehnten August jeden Jahres wird in einem kleinen benachbarten Bergdorf mit einem „Bockbratl" begangen! Für diejenigen, die jetzt glauben, sich verlesen zu haben, noch einmal in Hochdeutsch: Bockbratl ist gebratener Ziegenbock! Beim Unterwirt wird aufgekocht!

Als ich zum ersten Mal als neu mit der Fleischbeschau beauftragter Tierarzt – denn natürlich unterliegen auch Ziegen, so sie in öffentlichen Gaststätten serviert wurden, den Kriterien der Schlachttieruntersuchung – damit konfrontiert wurde, dachte ich anfangs an einen Scherz!

Nicht rechtzeitig kastrierte Eber galten ja auch wegen des im Fleisch vorherrschenden Geschlechtsgeruches und Geschmackes als untauglich.

Nein, nein, das sei kein Scherz, hatte der Unterwirt beteuert und mir eine Liste von Bauernhöfen überreicht, auf der die Betriebe, wo sich die Kandidaten befanden, aufgelistet waren. Denn vor der Schlachtung musste ja kurz vorher eine Lebendbeschau die einwandfreie Gesundheit der Tiere bestätigen.

„Aber die stinken ja schauerlich!“, wandte ich ein, noch immer im Gefühl, gepflanzt zu werden. In meiner Vorstellung sah ich die Bauern am Stammtisch sich über den Veterinär-Grünschnabel zerkugeln, der wie ein Wilder von Hof zu Hof gerast war, um miefende Geißböcke zu besichtigen.

„Keine Spur“, hatte der Unterwirt gemeint, zu dieser Jahreszeit sei der Geruch schwächer, da stänken sie nicht!

Bevor ich mich verarschen ließ, beschloss ich, mich zur Sicherheit noch in Salzburg bei der Veterinärdirektion, der obersten Behörde im Lande, zu erkundigen! Aber auch dort bestätigte mir der Veterinärdirektor höchstpersönlich am Telefon, dass die Sache in Ordnung ginge, da das Bockessen zu Laurenzi als Brauchtum gelte und Brauchtum auch Ausnahmen von bestehenden Gesetzen kenne.

„Wenn das so ist, werde ich einen Antrag zum Weltkulturerbe stellen!“, antwortete ich sarkastisch und legte auf.

Natürlich stanken die Viecher wie üblich und ich am Abend gleichfalls, wie Karin indigniert feststellte, wenn ich nach so einer Aktion bei der Haustür hereingeschneit kam.

Dieses Jahr hatte ich überhaupt das dumpfe Empfinden, dass der Geruch zwei Tage später noch immer an mir hing wie ein Sektenjünger an seinem Guru, als mich der Unterwirt anrief und mir beschied, dass das Bockessen heuer wohl ausfallen müsse!

Ich ging hoch wie eine Rakete: „Was soll denn das wieder heißen? Die Tiere sind ja schon alle geschlachtet und hängen säuberlich der Reihe nach im Kühlhaus!“

„Wir kriegen keinen schwarzen Radi!“, lautete die dumpfe Erklärung!

„Na, dann nehmt doch einen weißen!“

„Ausgeschlossen! Zum Bockbratl gehört schwarzer Radi! So will es der Brauch!"

Lag es jetzt an meiner oder seiner Borniertheit, dass mir die Sache nicht klar wurde!

„Und was habe ich damit zu tun?"

„Sie haben doch immer gute Einfälle! Wissen Sie nicht, wo wir doch einen herkriegen?"

Also mit was für Aufgaben man als Landpraktiker konfrontiert wurde, war schon allerhand. Mir fiel spontan das „Dienstmannlied" aus dem Film mit Moser und Hörbiger ein.

Aber was sollte ich unternehmen, dass die Ziegenböcke nicht umsonst ihr aromageschwängertes Leben ausgehaucht hatten?

Ünal! Natürlich! Der könnte die Lösung sein! Ünal betrieb einen Obst- und Gemüseladen in der Bezirkshauptstadt und, seit ich vor Jahren die kleine Katze seiner Kinder vor dem Ertrinken gerettet hatte, als ich zufällig am Marktbrunnen vorbeigeschlendert war und darin den kleinen Satansbraten, um sein Leben kämpfend, entdeckt hatte, zählte ich zu Ünals dicksten Freunden. Ich meine, nicht figürlich, da hatte er noch ganz andere Kaliber in seinem Bekanntenkreis!

Türkische Obst- und Gemüsehändler führten, meiner Erfahrung nach, stets die frischeste, knackigste Ware, arbeiteten vierundzwanzig Stunden am Tag und beschafften alles, was die essbare Flora so hergab! Wenn einer einen schwarzen Radi auf die Schnelle herbeizaubern konnte, dann war es Ünal!

Ich musste sowieso demnächst auf die Bezirkshauptmannschaft, um für den nächsten Urlaub einen neuen Reisepass ausstellen zu lassen, also warum nicht gleich heute?

„Servus Doktor!", begrüßte mich Ünal freundlich. Er war von unbestimmbarem Alter, trug einen grauen Bart und ein buntgestricktes Käppi, war klein und so mager, dass man glauben konnte, seine einzige Nahrung bestand nur aus dem Inhalt seiner Obststeigen!

„Brauchst du etwas? Saftige Wassermelonen habe ich da!"

„Nein, keine Melonen! Hast du schwarzen Radi?"

„Radi?"

„Rettich", verbesserte ich mich! „Aber schwarzen!"

„Hab' ich nicht! Nimm weißen!"

Diesen Satz hatte ich heute schon gehört, seufzte ich im Stillen. „Weißer geht nicht! Zu gebratenem Ziegenbock passt nur schwarzer!"

„Ziegenbock? Bist du verrückt? Wer frisst schon Ziegenbock?"

„Ich nicht", versicherte ich glaubhaft. Dann hielt ich ihm einen Kurzvortrag über regionales Brauchtum.

„Ihr Österreicher spinnt!", stellte er fest.

Da konnte ich ihm, zumindest in diesem Fall, nicht ganz Unrecht geben. Trotzdem schwoll meine patriotische Ader wie die Hämorrhoide bei einer Sitzkassierin.

„Na und Ihr? In Anatolien haust ihr sogar mit euren Ziegen im selben Zimmer!"

Er sah mich vorwurfsvoll an: „Was geht mich Anatolien an? Ich stamme aus Izmir! Wir fressen dort keine Ziegenböcke und hausen mit ihnen auch nicht zusammen!"

Da ich keinen weiteren kulturellen Disput führen wollte, außerdem das Passamt in zwanzig Minuten schließen würde, beendete ich die Diskussion: „Also, was ist jetzt mit dem schwarzen Rettich?"

„Ruf' mich morgen in der Früh' an!"

„Wann? Um acht?"

„Von mir aus um sechs!" Damit drehte er sich um und eilte vor das Geschäft, um einer Kundin zwei prachtvolle Wassermelonen anzudrehen!

Ich beherrschte mich und rief am nächsten Tag um acht an!

„Ich hab' genug schwarzen Rettich! Du kannst dazu so viele Ziegenböcke fressen, wie du magst!"

„Ich …", setzte ich an, ließ es aber gut sein. Ich verzichtete auch darauf zu fragen, wie er das Kunststück fertig gebracht hatte, Details wollte ich gar nicht wissen. Ich bedankte mich und rief den Unterwirt an, dass bei Ünal schwarzer Rettich in Hülle und Fülle jederzeit abholbereit wäre.

„Tausend Dank, Herr Doktor, Gott vergelt's! Sie haben uns wirklich aus einer scheußlichen Lage herausgeholfen! Zum Dank sind Sie morgen herzlichst zu einem Bockbratl eingeladen!"

„Das ist sehr freundlich! Leider habe ich gerade eine ziemliche Magenverstimmung!"

„Jammerschade! Dann gilt die Einladung natürlich auch für das nächste Jahr!"

Bleib bei der Wahrheit, sagte ich zu mir! Und zum Unterwirt: „Nächstes Jahr hab' ich wieder eine!"

Wunderwuzzi auf Widerruf!

Der Fuhrmann-Hof musste in früheren Jahren ein prachtvolles Anwesen dargestellt haben. Das Bauernhaus, ganz aus Stein gemauert, thronte majestätisch auf einem sanften Hügel, umringt von grünen Weiden, und bot einen herrlichen Ausblick auf den glitzernden Spiegel des Zeller Sees. Zu Zeiten der Postkutschen, daher der Name „Fuhrmann", waren in den weitläufigen Stallungen bis zu 99 Zugpferde untergebracht, ab hundert wäre nämlich die höhere Steuer fällig gewesen. Eine Wagenremise fristete etwas abseits zwischen Brennesseln und wild aufgeschossenen Holunderbüschen ihr Dornröschenschicksal, jedoch ohne Hoffnung, je wieder wachgeküsst zu werden. Sämtliche Schweinebuchten waren verwaist und mit Spinnweben bedeckt, nur im Rinderstall herrschte noch ein, wenn auch nicht reges, so doch Leben.

Auch das Bauernhaus selbst hätte seit Langem einer Renovierung bedurft. Was für ein riesiger Kasten, dachte ich beeindruckt. Dreistöckig, mit massiv abgeschrägten Seitenwänden und sogar einem Erker bot es den Anblick vergangenen Wohlstandes. Kein Wunder. Lagen doch zu linker Hand des gewölbten Hausflötzes die ehemaligen Wirtsstuben, wo Scharen an Fuhrleuten ihre Rast gehalten und für reichliche Zeche gesorgt hatten.

Von solcher Herrlichkeit hat sich nichts in unsere Zeit herübergerettet.

Der Hof wurde von den bärtigen Walch-Brüdern, zwei im ledigen Stand verbliebenen Mannsbildern, bewirtschaftet. Brüder ist eigentlich zu wenig gesagt, die zwei erblickten als eineiige Zwillinge das rundliche Gesicht der Hebamme und konnten von Außenstehenden nur insofern unterschieden werden, als Melchior, der um zehn Minuten Jüngere, immer, soferne er nicht aß, einen langen Strohhalm im Mundwinkel wippte, während aus den Nüstern von Ruprecht zusätzlich zum zausigen Vollbart ein Büschel Nasenhaare herauswucherte, aus denen sich mühelos ein Gamsbart für den Hut ausgegangen wäre. Die zwei erweckten für den arglosen Betrachter auf den ersten Blick den Eindruck, selbst nicht zu wissen, wer von ihnen eigentlich wer war.

Trotzdem waren beide beileibe nicht so einfältig, jedenfalls aber, man kann es nicht anders bezeichnen, hoffnungslos verlottert!

Als ich nämlich angerufen wurde, gestaltete sich das Gespräch folgendermaßen: „Ja, hier ist der Melcher vom Fuhrmann-Hof. Können Sie kommen? Wir haben eine Kuh mit einer Euterentzündung!"

„Äh, Fuhrmann-Hof? Am See? Habe ich richtig verstanden?“ Das lag nämlich ein gutes Stück weitab von meinem üblichen Praxisgebiert.

„Jaja, der Melcher vom Fuhrmann-Hof! Können Sie kommen? Wir haben eine Kuh mit Euterentzündung!“

„Das habe ich schon mitgekriegt! Wie kommen Sie auf mich?“

„Die Leut' sagen, Sie sind beim Euter der Beste!“

Das ging natürlich runter wie Öl! Musste es auch, wenn sie mich haben wollten, weil es bis zum Fuhrmann-Hof unter Garantie fünfzig Fahrminuten waren! Mindestens!

„Ist die Euterentzündung schlimm?“

Pause!

„Ich glaub' schon. Sie frisst nichts mehr!“

„Seit wann hat die Kuh die Entzündung?“

„Weiß nicht!“

„Ja, haben Sie in der Früh beim Melken schon etwas bemerkt?“

„Unsere Kühe werden nicht gemolken! Sind Mutterkühe!“

Langsam begann mich dieses Frage-Antwort-Spiel zu nerven. Dem Burschen musste man wirklich alles aus der Nase ziehen: „Wieso sind Sie dann der Melker, wenn Sie nicht melken?“

Pause!

„Weiß ich nicht!“

Es sollte noch eine ganze Weile dauern, bis ich draufkam, dass „Melcher“ den Spitznamen von Melchior bedeutete, mit dem ihn sein Bruder Ruprecht rief, der wiederum vom Melcher „Prechtl“ genannt wurde!

Offenbar ein schwieriger Fall! Und dabei war nicht unbedingt die Euterentzündung gemeint!

Trotzdem versprach ich zu kommen! Erstens hat man als „Bester“ eine gewisse sportive Verpflichtung, zweitens reizte es mich, den imposanten Bauernhof, den ich natürlich vom fallweisen Vorbeifahren kannte, einmal aus der Nähe zu betrachten.

Als ich am weitläufigen Hofgelände einfuhr, hupte ich kräftig. Aber nur eine Kuh aus dem Stall antwortete mir mit einem ebenso kräftigen Muh!

Ich hupte nochmals, diesmal blieb jedoch auch die Kuh stumm!

Also bekam ich Gelegenheit, das Haus zu betreten. Anklopfen erübrigte sich, denn angesichts der massiven wettervernarbten Eichentür hätten nur Hammerschläge Wirkung gezeigt. Der Hausgang, ein breites Gewölbe mit Steinboden, war düster und roch etwas modrig. Ich öffnete die erste Türe rechts und schaute in die ehemalige Wirtsstube mit ihren langen Bank- und Tischreihen.

Daraufhin probierte ich es links und, siehe da, stand in einer riesigen Küche mit gemauertem Herd, wo auf einer Eckgarnitur, die für mindestens fünfzehn Personen grob geschreinert war, zwei Männer saßen und sich abwechselnd Brocken von einem Speckrücken abschnitten.

„Schönen guten Tag! Ich bin der Tierarzt! Die Herren Walch, wie ich annehme? Haben Sie mein Hupen nicht gehört?"

„Schon, aber wir haben geglaubt, Sie wollen auch ein Stück Speck!" Mit diesen kauenden Worten schob mir der eine, der mit den Nasenhaaren, also der Ruprecht, die Schwarte herüber und legte das Messer mit Hirschhorngriff daneben.

„Nein, danke!" Das Fett zeigte nämlich schon eine intensiv gelbliche Farbe und hätte in der Kombination mit der schwarzen Kruste jedes Monarchistenherz erfreut. Wahrscheinlich stammte die Delikatesse sogar noch aus der Kaiserzeit. „Ich würde mir lieber gleich die Kuh ansehen, wenn's recht ist!"

Die Brüder nickten, schluckten tapfer ihre Bissen hinunter und wischten die fetten Hände an ihren Hosen ab, ein vielgeübter Brauch, wie den Beinkleidern anzusehen war!

Im Rinderstall mussten früher an die sechzig Kühe gestanden sein, jetzt waren es nicht einmal mehr ein Drittel! Meine Patientin, die „Goidl", ließ sich nur mit Mühe auftreiben, kein Wunder, ihr linkes Vorderviertel bestand nur mehr aus einem heißen Gewebsklumpen, das Thermometer zeigte fast einundvierzig Grad!

„Schlägt sie?", frug ich vorsichtig, was mich angesichts der Schmerzen, die das Vieh haben musste, nicht weiter erstaunt hätte.

„Nein!", antwortete der „Prechtl", packte das Hinterbein der Kuh und umklammerte es mit einem eisernen Griff, der mir Respekt abnötigte. Nur das Zittern seiner Nasenhaare sowie die Stirnadern zeugten von der Kraftanstrengung! Offenbar ist ranziger Speck doch gut für die Muskeln, dachte ich.

Ich presste die geschwollene Zitze zusammen und dicke Eiterklumpen klatschten auf den Stallboden: „Eitrige Mastitis mit Gewebseinschmelzung", teilte ich den Brüdern meine Diagnose mit, „und Septikämie! Auf Deutsch: Blutvergiftung!" Ich wandte mich an den „Melcher": „Während ich die Medikamente herrichte, melken Sie in der Zwischenzeit das Euter gründlich aus!"

Jetzt konnte er seinem Namen wenigstens einmal Ehre erweisen! Nach der Infusion erschien die Kuh schon einigermaßen frischer! „So, ab nun wird alle paar Stunden weitergemolken, das Viertel ist natürlich hin, aber, um den Abszedierungsprozess zu beschleunigen, legen Sie mehrmals am Tag zusätzlich heiße Breiumschläge auf! Wahrscheinlich wird irgendwann der Eiter nach außen durchbrechen! Das bedeutet dann die endgültige Heilung!"

„Hört sich gut an!", meinte der „Prechtl" gleichmütig, „die Letzte is' uns nämlich d'ran gestorben!"

Ein paar Wochen danach wurde ich erneut auf den Fuhrmann-Hof zu einer Mastitis bei der „Weindl" beordert. Das Schöne an einer Praxis im Gebirge ist nämlich der Umstand, dass fast sämtliche Kühe noch Namen besaßen! So etwas bezeugt die Verbundenheit der Bauern mit ihren Tieren und dass sie sie als Individuen betrachten! Dass es aber schon wieder eine Euterentzündung auf diesem extensiv wirtschaftenden Betrieb gab, mag verwundern, lag jedoch daran, dass in Mutterkuhhaltungen die Kühe nicht, wie bei Melkkühen üblich, schonend auf das „Trockenstellen" vorbereitet werden, sondern, sobald das Kalb verkauft wurde, die Kuh mit ihrer Milchmenge im Euter einfach stehen gelassen wird. Empfindlichere Tiere reagieren auf diese abrupte Methode oft mit einer Mastitis.

Diesmal war es noch nicht ganz so schlimm wie zuvor bei der „Goidl", obwohl die Entzündung auch schon mehrere Tage alt war. Das Gemelk hatte nur noch eine gelbe, wässrige Konsistenz mit Flocken darin und das Fieber betrug neununddreißigkommaacht Grad.

„Himmel!", stöhnte ich, „wieder so eine verschleppte Geschichte! Sie müssen einfach früher anrufen, wenn ich Ihre Euter retten soll! Ein Euter behandelt man entweder gleich oder gar nicht! Plakativ gesprochen!"

Der Melcher grummelte: „Das is' ziemlich schwierig, Herr Doktor, weil ...!"

„Ich weiß, Ihre Kühe werden nicht gemolken", seufzte ich mit deutlicher Resignation, „aber ich bin schließlich kein Wunderwuzzi oder gar der Harry Potter, obwohl ich auch Brillen trage!"

Das mit dem Harry Potter hätte ich besser nicht gesagt!

„Harry Potter?", fragte der Prechtl interessiert, „is' das ein Tierarzt aus der Gegend?" Seinem Tonfall nach hoffte er auf einen Kollegen, der möglicherweise gleich gut, aber vielleicht nicht so pedantisch wie ich war und sich nicht dauernd über verschlampte Fälle beschwerte.

„Nein, der zaubert in England!" Ich verzichtete darauf, den Gebrüdern den winzigen Unterschied zwischen einem realen Tierarzt und einem fiktiven Magier näherzubringen, obwohl manche Bauern offenbar den Anspruch vertraten, es gäbe da keinen!

Nachdem ich die Kuh dennoch nach allen Regeln der Kunst behandelt, jedoch erneut wenig Zweifel an der Wiederherstellung der Drüsenfunktion gelassen hatte, nahm mich der Melcher beim Arm und führte mich zu einer weiteren Kuh: „Da haben wir noch ein Problem mit der Klara! Sie hat gestern gekälbert und aus keinem ‚Tutten' geht Milch raus! Sind alle zu!"

Unter dem Tier hing zwar ein gewaltiges Euter, aber daneben stand ein hübsches Stierkalb und machte einen ziemlich hungrigen Eindruck.

Als ich nach dem Euter langte und Melkbewegungen vollführte, stellte ich, zu meinem Erstaunen, fest, dass sich alle vier Zitzen aufblähten! Das war äußerst ungewöhnlich, normalerweise verkleben bei solchen Tieren die haardünnen Milchkanälchen direkt oben an der Drüse, sodass die gesamte Zitze leer bleibt wie ein Handschuhfinger.

In diesem Fall waren einfach nur die unteren Öffnungen verwachsen! Der Melcher interpretierte meine überraschte Miene falsch, indem er nuschelte: „Da kann man halt nichts machen!"

„Doch! Aufschneiden!"

Die Gebrüder starrten mich an. Gäbe es bei Olympia neben dem Bewerb des Synchronschwimmens auch einen solchen im Kopfschütteln, dann hätten sie ihn gewonnen: „Damit haben wir keine gute Erfahrung! Da hat noch jede eine Euterentzündung gekriegt und hinterher war der ‚Tutten' erst wieder zu!"

„Mit einem Zitzenräumer, nehme ich an, was?", setzte ich ein wissendes Lächeln auf.

Ein Zitzenräumer war ein Werkzeug, das man in den Strichkanal einführte und hernach zwei Klingen aufspringen ließ. Dann zog man das Instrument ruckartig wieder heraus und beseitigte so die Verwachsung. Allerdings war dieses Verfahren ziemlich grob und hinterließ Sekundärverletzungen an der Schleimhaut des Zitzeninneren, welche das Infektionsrisiko erhöhten und für weitere postoperative Verklebungen sorgten.

„Naja, der Tierarzt is' halt immer mit so einem Dings hineingefahren! Am ersten Tag is' auch ordentlich Milch rausgeschossen, aber schon am nächsten war die Entzündung da und hinterher war alles wieder zu!"

Kein Wunder!

„Mit meiner Methode funktioniert das aber!", warf ich mich in die Brust, „dazu taugt nämlich nur die Hug'sche Lanzette!"

„Ah so? Na wenn Sie glauben? S i e müssen das verstehen!"

Die zwei hatten zweifellos Vertrauen in mich gefasst! Ich durfte sie folglich nicht enttäuschen. Obwohl vier Zitzen aufzuschneiden, einen ungeplanten

Zeitaufwand von mindestens dreißig Minuten bedeutete, wurscht, hier ging es um die tierärztliche Ehre!

Ich holte den Operationskoffer aus dem Auto und, nachdem ich der Klara zuerst ein Sedierungsmittel und anschließend mit einer kurzen Injektionsnadel ein Lokalanästhetikum durch die verwachsenen Zitzenschließmuskeln gespritzt hatte, begann ich, mit kontrollierten Schnitten, immer im harten Narbengewebe verbleibend, das Hindernis zu beseitigen.

Leider kam mir dauernd das Kalb dazwischen, das, weil ich es mehrmals mit dem Ellenbogen vom Euter wegstieß, aus lauter Hunger anfing, an meinem Ohr zu saugen!

Verständlich, trotzdem äußerst störend!

„Wären Sie so nett, mir den gierigen Zwerg noch für eine Weile vom Leib zu halten?", bellte ich, „die Sache ist so schon heikel genug!"

Folgsam nahm der Prechtl das Kalb in den Schwitzkasten und ich konnte meine Arbeit beenden.

Die Kunst bestand nämlich darin, die Öffnung soweit aufzuschneiden, dass der Milchentzug bei Bedarf leicht, aber kein spontanes Ausrinnen erfolgen konnte. Normalerweise findet man an der Kuh eine funktionierende Zitze, die als Maßstab für die Stärke des physiologischen Milchstrahls, der von Tier zu Tier unterschiedlich ist, dient.

Hier musste ich jedoch improvisieren. Trotzdem glaubte ich, als ich mich endlich ächzend erhob, die Sache ganz gut hinbekommen zu haben!

Ich demonstrierte den Gebrüdern noch rasch einen speziellen Melkgriff, mit dem sie in den nächsten Tagen, ehe sie das Kalb dran ließen, den Schließmuskel unten an der Zitze dehnen konnten, und verfügte mich, mit steifem Rücken und abgelutschtem Ohr, von dannen!

Mein gutes Gefühl sollte mich nicht betrogen haben! Denn drei Wochen später hatte ich wieder den Prechtl in der Leitung: „Sie sind ja beim Euter wirklich so ein Wunderwuzzi, Herr Doktor, wie die Leute erzählen! Die Klara hat keine Euterentzündung gekriegt und alle Zitzen sind offen! Und sogar die Weindl, bei der sie gezweifelt haben, ob das Viertel noch einmal wird, gibt eine tadellose Milch!"

Es erstaunte mich, dass der Prechtl sich das Wort Wunderwuzzi gemerkt hatte, anscheinend gefiel es ihm, und es gab schließlich wesentlich weniger schmeichelhafte Bezeichnungen, also nahm ich es als Kompliment.

„Aber was anderes, Herr Doktor, diesmal hat es die Schweizerin, unsere älteste Kuh erwischt. Seit gestern frisst sie nichts mehr und steht nicht mehr auf! Und ein Kalb mit Durchfall haben wir auch noch!“

Aha, dachte ich, nachdem sie offenbar von meinen Qualitäten überzeugt waren, bekam ich jetzt die internistischen Fälle ebenfalls übertragen! Warum nicht? Der Fuhrmann-Hof fiel sicher nicht unter meine attraktivsten Betriebe, aber wenn man wo wertgeschätzt wird, fährt man gerne hin!

Mich draußen bemerkbar zu machen, stellte, wie ich mittlerweile wusste, vergebene Liebesmüh’ dar, also marschierte ich gleich in die Küche und fand die Gebrüder bei ihrer Lieblingsbeschäftigung: der Speckjause! Allerdings stellte sich schon die Frage, wie es bei solcher Essfrequenz überhaupt alten Speck im Haus geben konnte!

Aber das war nicht meine Sorge!

Die kam erst im Stall auf mich zu, als ich dort eine Kuh vorfand, in der nicht mehr viel Leben war! Sie lag völlig apathisch in einer Lacke blutigen Durchfalls, die Augen waren tief eingesunken und der Körper fühlte sich kalt an! Kein Wunder, die Thermometeranzeige blieb bei sechsundreißigkommavier stehen. Während ich noch rätselte, was die Ursache für diesen verheerenden Zustand sein konnte, blieb mein Blick an einem völlig verschimmelten Heuschopf im Futtertrog hängen!

„Hat sie davon gefressen?“, deutete ich auf das grauweiße Gebilde.

Die Brüder zuckten nur die Schultern!

„Das wäre nämlich eine Erklärung!“, setzte ich nach.

„Ah geh“, ließ sich der Melcher vernehmen, „wenn wir ein schimmliges Brot haben, schneiden wir das erste Stück herunter und aus. Hat uns noch nie geschadet!“

Nicht jedes Rindviech ist gleich empfindlich, lag mir schon auf der Zunge! „Schimmel ist nicht gleich Schimmel! Manche Arten von Schimmelpilzen produzieren Giftstoffe, so genannte Mykotoxine! Die zerstören schon in geringsten Mengen die Organe! Bei der Kuh ist eindeutig die Leber im Eimer!“

„Und? Was kann man dagegen machen?“

Jetzt war ich an der Reihe, mit den Schultern zu zucken: „Gar nichts! Sie liegt bereits im Sterben!“

„Na schön!“ Der Prechtl brummte, „schauen wir uns wenigstens das Kalb an!“

Ich hörte das Keuchen schon, ehe ich das Tier zu Gesicht bekam. In einer dunklen Ecke lag ein struppiges Kalb mit pumpenden Flanken und bebenden Nüstern, aus denen bierschaumartiger Ausfluss herausquoll! Ich setzte das Stethoskop an die magere Brust und hörte nichts Schönes: „Seit wann hat es denn die Atemnot?"

„Seit einer Woche! Wir haben es eh ein paar Mal mit ‚Mankei'-Schmalz eingerieben, aber es hat nichts genützt!"

Murmeltierschmalz also! So viel ich weiß, behandelt man damit in der Hausmedizin Gelenksbeschwerden! Gegen Lungenerkrankungen wurde in alten Zeiten Hundefett, laut alten medizinischen Berichten mit verblüffendem Effekt bei Menschen, angewandt! Ich behielt die Weisheit aber für mich, nicht dass ich die beiden Vögel womöglich auf den Gedanken brachte, einen vagabundierenden Flocki zu verarbeiten!

„Prima! Jetzt hat das Kalb zur Entzündung noch ein ausgewachsenes Lungenödem bekommen! Mit dem ganzen Wasser in seinen Bronchien könnten Sie glatt einen Gemüsegarten begießen!"

„Heißt das, Sie wollen für das Kalb auch nichts mehr tun? So wie bei der Kuh?" Der Tonfall vom Prechtl wurde leicht feindselig!

Hab mich gern, dachte ich, beherrschte mich aber: „Na, die Aussichten sind nicht rosig! Aber wenn Sie wollen, können wir einen Versuch wenigstens wagen! Mehr als ein Verzweiflungsversuch wird es aber nicht, das möchte ich schon betonen!"

Der Prechtl ließ ein Geräusch aus seinem Bartgestrüpp hören, dass ich als Einverständnis wertete.

Zusätzlich zur üblichen Therapie stopfte ich dem Tier noch eine Entwässerungstablette in den Rachen! „So! Wenn es die Nacht übersteht, müssen wir morgen unbedingt nachbehandeln! Wenn nicht, sagen Sie mir bis spätestens acht Uhr in der Früh Bescheid!"

Mit der dumpfen Ahnung, etliches von meiner jüngsten Reputation eingebüßt zu haben, beeilte ich mich, wegzukommen, trotzdem ich nichts dafür konnte, mit aussichtslosen Fällen konfrontiert zu werden!

Als aber am nächsten Morgen niemand vom Fuhrmann-Hof angerufen hatte, begann ich, frische Hoffnung zu schöpfen! Offenbar hatte der Behandlungsversuch, wider Erwarten, doch angeschlagen!

Ungeduldig musste ich allerdings zuerst die wichtigsten Visiten in meiner unmittelbaren Umgebung absolvieren, ehe ich mich auf die Fahrt zum entfernten Fuhrmann-Hof begeben konnte. Der Verkehr am Vormittag war allerhand, dazu kamen einige Kolonnenschleicher und als Höhepunkt eine Baustelle mit Ampelregelung auf halber Strecke! Obwohl dort momentan kein Mensch arbeitete, dauerte die Rot-Phase mindestens zehn

Minuten und ich begann langsam, anstatt weiter auf der Straße aus der Haut zu fahren!

Endlich war ich am Fuhrmann-Hof angelangt! Ich stürmte in den Stall, den Kadaver der vergifteten Kuh hatten sie hinter den Misthaufen verfrachtet, aber das Kalb lag noch in seiner Ecke!

Jedoch steif wie ein Besenstiel!

In mir stieg die Wut hoch! Und dazu hatte ich mich abgehetzt, ein oder zwei Strafmandate riskiert und den Baustellenpolier angeschnauzt! Mit dem symbolischen Kriegsbeil bewaffnet, marschierte ich in die Küche: „Das Kalb ist ja tot!", bellte ich.

„Jaja, in der Nacht muss es gestorben sein …!", verlautete der Melcher!

Da platzte ich los: „Und da können Sie nicht anrufen, wie ausgemacht, um mir das mitzuteilen, sondern lassen mich extra den ganzen Weg hierher samt der Scheiß-Baustelle machen?"

„Wir haben gemeint, Sie wollen sich das Kalb noch einmal anschauen!", murmelte der Prechtl.

„Zu was? Glauben Sie, ich hab' noch nie ein totes Kalb gesehen? Noch dazu eines, bei dem sowieso abzusehen war, dass es nicht überlebt!"

Die Gebrüder glotzten mich lediglich an, stumm wie zwei eingelegte Karpfen in einem Einsiedeglas!

Weil ich keine Antwort bekam, drehte ich auf dem Absatz um und stapfte hinaus, nicht ohne Nachdruck die Küchentür hinter mir zuzuknallen!

Da aber das betagte Kastenschloss, wie so manches auf dem Hof, nicht mehr recht funktionierte, schnappte die Tür nicht zu, sondern schwang wieder auf und ich hörte im Flur meinen Nachruf aus der Küche: „Der war aber böse!" Das war der Melcher!

„Kein Wunder", antwortete kauend der Prechtl, „Euter kann er, sonst nix!"

Und dann kam „Kralli“!

Natürlich nicht allein. Als sich das Wohnmobil vor das Ordinationsfenster schob, war es, als würde ein Hochhaus vorbeigezogen. Großer Gott, was für ein Monstrum. Eine Yacht auf sechs Rädern. Satellitenschüssel, doppelstöckige Fahrradgalerie am Heck, nur das Beiboot und der Hubschrauberlandeplatz am Dach fehlten noch. Das Kennzeichen aus Graubünden bewies wieder einmal, dass die Schweizer die Löcher im Käse haben und nicht in den Geldbeuteln. Dieses Schlachtschiff musste auch über eine gehörige Besatzung verfügen, denn draußen im Warteraum war plötzlich ein Stimmengewirr, als hätte die halbe Mannschaft der Queen Mary plötzlich ihren Landurlaub angetreten. Nicht schlecht geraten. Eine, sage und schreibe, neunköpfige Familie hatte sich versammelt

„Guten Tag, Doktor!“, begann das offensichtliche Familienoberhaupt mit unverkennbar schwyzerischem Akzent, „mein Name ist Wälti und wir haben da ein Problem!“ Er hob einen Reisekäfig für Katzen, der bis jetzt hinter den Körpern der Kinderschar versteckt war, in die Höhe!

Ich trat zur Seite: „Kommen Sie bitte herein!“ Dies wurde leider als allgemeine Aufforderung verstanden, denn der gesamte Clan setzte sich daraufhin in Bewegung und marschierte an mir vorbei in den Ordinationsraum. Ich hoffte nur, dass ich auch noch Platz finden würde!

„Wo liegt das Problem?“

„Das Problem ist, dass wir die Katze nicht mehr aus dem Käfig rausbekommen. Seit drei Tagen! Wir haben ihr, weil sie so ungern Auto fährt, zur Beruhigung ein Baldriankissen hineingestopft und seitdem ist sie völlig gaga! Wenn man hineingreift, dreht sie durch und kratzt und beißt, das Kissen lässt sie überhaupt nicht los, ihr Wasser und das Futter müssen wir ihr vorsichtig mit einer Stielpfanne verabreichen! Selbst das Katzenklo sucht sie nicht mehr auf!“

Das konnte man deutlich riechen! Kein Wunder, wenn es der Familie im Wohnmobil langsam schwummerig wurde!

Ich riskierte einen Blick durch das Gittertürl: Hinter einem grünen Pölsterchen waren lediglich zwei angelegte Ohren und ein funkelndes Augenpaar zu erkennen, welches dreinschaute wie Arminius vor der Schlacht im Teutoburger Wald!

„Wie heißt sie denn?“, frug ich, um Zeit zu gewinnen und meine Gedanken zu sammeln.

Herr Wälti murmelte etwas, was ich zuerst nicht verstand, weil einer der Sprösslinge mit seiner Schwester zu raufen anfing.

„Wie bitte? Karli?“

„Kralli!“, verbesserte er mich.

Dämlicher Name, dachte ich im Stillen. Zuversicht heuchelnd verkündete ich: „So, dann wollen wir mal!“ Behutsam löste ich die Verriegelung des Käfigs und hob das Oberteil ab.

Was ich sah, war eine zusammengeduckte, schwarzglänzende Katze, gelbe Augen und weiße, spitze Zähne, während sie fauchte!

Ich zog vorsichtig am Baldrianpolster. „Autsch!“ Ein blitzschneller Tatzenschlag und ich trug das Markenzeichen von Adidas auf dem Handrücken.

„Vielleicht sollte ich doch lieber den Handschuh nehmen!“, lächelte ich gequält.

„Das denke ich auch, Doktor!“

Solche Schutzhandschuhe bieten den Vorteil, dass es der Katze nicht so leicht gelingt, ihre Waffen einzusetzen, allerdings sind sie aufgrund der Dicke relativ steif und erschweren den raschen, exakten Zugriff. Aber man sagt ja von den Schweizern, dass sie nicht zu den Schnellsten gehören! Vielleicht gilt das für ihre Katzen auch!

Ich packte erneut das Kissen von der einen Seite, auf der anderen hielt es ja die gute „Kralli“ umklammert, und hob es samt Katzenvieh schwungvoll aus dem Behälter! Die Folgen waren fürchterlich. „Kralli“ kreischte hysterisch und strampelte mit den Hinterbeinen. Dabei flog der Käfigunterteil vom Ordinationstisch und verteilte unter dem Gekicher der Kindermeute die gesammelten Stoffwechselprodukte im weiten Bogen auf dem Linoleum. Als „Kralli“ merkte, dass sie den Boden unter den Füßen verloren hatte, krümmte sie sich zu einer Kugel zusammen und schlug ihre Hintertatzen kunstvoll in meinen ungeschützten Unterarm. Jetzt nur nicht schwach werden, knirschte ich, verbiss den Schmerz und schüttelte das Kissen wie Frau Holle ihr Bettzeug. Der Polster wies sowieso schon mehrere Löcher und Risse auf, aus denen sich das Füllmaterial zu „Krallis“ Hinterlassenschaften gesellte! Endlich gab das Gewebe mit der daran hängenden Katze nach, ein Ratsch und die verdutzte Berserkerin hockte, einen mickrigen Stofffetzen im Mund, inmitten ihrer Schweinerei unter dem Ordinationstisch! Im selben Moment setzte sich der Wälti-Nachwuchs johlend in Bewegung, um sich von beiden Seiten gleichzeitig auf ihre wiedergewonnene Katze zu stürzen!

„Nicht!“, rief ich, aber es war schon zu spät! Ich stolperte über einen Knirps und musste aus der Bauchlage heraus verfolgen, wie „Kralli“ den letzten ihrer verbliebenen Fluchtwege nützte!

Mit einem imponierenden Satz landete sie oben auf dem Schrank, wo sie gründlich aufräumte! Die Zweiliter-Flaschen aus braunem Glas mit den selbstgebrauten Medizinzubereitungen klirrten der Reihe nach auf den Boden und gaben ihren Inhalt preis: Die zähflüssige Nabeltinktur, der aromatische Schwedenbitterextrakt, die dunkle Roswurz-Lösung bildeten eine unerfreuliche Mixtur zwischen meinen Schuhen.

„Kralli“ hingegen hatte eingesehen, dass auf dem Kasten nichts mehr zu holen war, und sich unter den Schreibtisch ins hinterste Eck verzogen! Wahrscheinlich war sie auf eine Scherbe getreten, weil plötzlich war auch ein bisschen Blut im Spiel! Jetzt reichte es! Ich holte einen ausrangierten Geburtsmantel aus schwerem Gummi, warf ihn dem Biest über und zog es nach Art der Heringsfischer wie mit einem Schleppnetz hervor! Nun konnte „Kralli“ toben, wie sie wollte! Ich hielt die oberen Enden eisern zusammen, sie war im Sack!

Herr Wälti, der inzwischen den Transportkäfig wieder zusammengeschraubt hatte, erkundigte sich kummervoll: „Und wie kriegen wir sie jetzt in den Behälter?“

„Gar nicht!“, erklärte ich und überreichte ihm das zappelnde Bündel, „den Mantel schenk’ ich Ihnen! Verstauen Sie ihn derweilen sicher im Wohnmobil und schauen Sie, dass ein bisschen Luft hineinkommt, irgendwann wird sich der vierbeinige Drogenjunkie ohne seinen Stoff schon wieder beruhigen! Dann können Sie ihn ja umquartieren!“

Herr Wälti nahm die kleine Rauschgiftlerin in Empfang, sammelte seine Kinderschar ein und fragte: „Was bin ich Ihnen schuldig, Doktor?“

Ich musterte das stinkende Tohuwabohu ringsherum und kratzte mich an der Augenbraue:

„Wenn es Ihnen nichts ausmacht, kommen Sie morgen zahlen! Sie werden vielleicht verstehen, dass ich momentan nicht die Nerven zum Rechnen habe!“

Er grinste: „Alles klar! Dann bis morgen!“

Frau Wälti, die den Untergang meines kleinen Pompejs die ganze Zeit über sprachlos mit offenem Mund verfolgt hatte, ließ jetzt zum ersten Mal etwas von sich hören: „Sie haben aber Vertrauen!“

„Oh, Gnädigste!“, antwortete ich, während ich meinen noch immer blutenden Unterarm mit einer Mullbinde umwickelte, „keine Sorge! Ich habe schließlich Ihr Autokennzeichen! Außerdem", das konnte ich mir nicht verkneifen, „wer einer solchen Bestie ein Zuhause bietet, muss ein guter Mensch sein!"

„Kralli", dachte ich, als das Wohnmobil mit der gesamten Schweizer Großinvasion den Vorplatz verließ und das Sonnenlicht wieder ungehindert durch das Fenster das hinterlassene Schlachtfeld beleuchten konnte! Der Name kam mir plötzlich gar nicht mehr dämlich vor! Ich hätte sogar noch ganz andere auf Lager gehabt!

Achtung! Acetonämie!

Ich erwischte die Sommergrippe! Oder besser gesagt, sie erwischte mich, weil ich von ihr ja gar nichts wollte! Wobei die Bezeichnung Sommer der aktuellen Jahreszeit reinen Hohn sprach! Wochenlanger Regen und wolkenverhangener Himmel hatten sich bisher in schöner Regelmäßigkeit abgelöst, und wenn einmal kurz die Sonne durchgeblinzelt hatte, war ihr erster Gedanke: „Huch, was haben die da für ein Sauwetter", worauf ihr sofortiger Rückzug erfolgte!

Begonnen hatte es an einem, wie es im Radio geheißen hatte, niederschlagsreichen Morgen in den Alpen, an dem ich auf die Birchner-Halt musste, um einer Kalbin in der Geburt zu helfen. Ein beständiger kalter Nieselschauer strömte auf uns herab, während ich mich, auf dem Bauch liegend, abmühte! Alles war schief! Die Wiese, auf der die Kalbin lag, war schief, die Lage des Kalbes war schief und sogar das verlegene Grinsen des Birchner-Bauern, der mich schon viel früher hätte rufen müssen, weil die Fruchtblase schon vor Stunden geplatzt war! Gott sei Dank ging die Geburt nicht schief! Eine halbe Stunde später lag ein schwer atmendes Kalb im Gras! Kaltes Wasser zur Wiederbelebung erübrigte sich, das Wetter reichte völlig aus!

Waschelnass kramte ich mein Zeug zusammen, das Hemd und die Hose klebten mir am Leib. Ein kalter Wind tat sein Übriges, um das ungute Gefühl noch zu verstärken! Kaum setzte ich mich auf den Autositz, fand ich den Fehler! Der Stoffbezug saugte sich ebenfalls voll und, da ich einen Haufen Visiten hatte, verbrachte ich den ganzen Vormittag in meiner feuchten Schale!

Als ich um eins nach Hause kam, hatte ich Kopfweh, aber keinen Appetit und legte mich stattdessen auf die Lederbank im Wohnzimmer! Dort wurde ich erst wieder durch das Rütteln von Karin wach, die fragte: „Musst du nicht fahren? Es ist schon nach vier Uhr!"

Himmel! Obwohl ich mich schlapp fühlte und Beine aus Gummi zu haben schien, quälte ich mich in ein frisches Stallgewand!

Allerdings war der Stoff am Fahrersitz noch keineswegs trocken, aber was half es? Schließlich warteten drei Almen und auch sonst einiges auf mich!

Die Arbeit zog sich aufgrund meines angeschlagenen Zustandes entsetzlich in die Länge, und als ich um halb acht Uhr abends nach Hause kam, verzichtete ich auf das Abendessen, nicht einmal auf einen Whisky samt Pfeife hatte ich einen Gusto, ein ernstliches Alarmzeichen, sondern haute mich sofort ins Bett! Dort begann es! Schüttelfrost zu neununddreißigkommasieben Grad Fieber!

„Soll ich einen Arzt rufen?“, frug Karin besorgt.

„Bloß nicht“, stöhnte ich! „Der verschreibt mir höchstens Antibiotika und was sollen die gegen eine Grippe helfen?“

„Woher weißt du, dass es Grippe ist? Vielleicht hast du was anderes!“

Das war typisch! Hätte ich meiner lieben Frau erklärt, wie man, obwohl ich keine Ahnung davon hatte, einen Dachstuhl konstruierte, hätte sie mir vermutlich geglaubt. In meinem angestammten Metier hingegen zweifelte sie meine Diagnosefähigkeit an!

Ich protestierte mit letzter Kraft: „Also bitte! So viel medizinischen Hausverstand darfst du mir schon zutrauen! Schließlich verdiene ich damit mein tägliches Brot.“

„Willst du wenigstens ein Aspirin?“

„Nein! Fieber ist ein natürlicher Abwehrmechanismus des Organismus und es vorzeitig zu unterdrücken, erschwert dem Immunsystem, seine Aufgabe der Erregerabwehr zu erledigen!“ Wie oft hatte ich diesen Grundsatz nicht schon meinen Bauern gepredigt!

„Eine Wärmflasche kannst du mir bringen, damit ich mich über Nacht ordentlich ausschwitz und morgen wieder fit bin! Und aus dem Homöopathieschrank in der Ordination die Belladonna-Flasche!“ Meine Antworten fielen keineswegs so geschliffen, wie hier zu lesen aus, sondern waren von deutlichem Zähneklappern begleitet!

„Du spinnst! Glaubst du, ich lasse dich morgen arbeiten?“, erklärte Karin kategorisch, ging mir aber das Gewünschte holen!

In der Früh maß ich achtunddreißigkommazwei, kam mir aber schlapp vor wie ein Badetuch, das man über die Trockenstange gelegt hatte. Karin hatte Recht! Lieber im Bett bleiben und gründlich auskurieren, als womöglich die Geschichte in die Länge ziehen!

Das war auch am nächsten Tage der Fall, achtunddreißigkommaeins, und auch am übernächsten Tag noch immer achtunddreißigkommanull!

In dieser Zeit klingelte unten beständig das Telefon und ich hörte gedämpft Karin dauernd sagen: „Nein, mein Mann ist leider krank!“

Es war zum Aus-der-Haut-Fahren!

Am fünften Tag zeigte das Thermometer endlich siebenunddreißig Grad! „Ha!“, rief ich!

Obwohl ich noch immer das Gefühl hatte, zum größten Teil aus Plastillin zu bestehen – ich hatte mich während der letzten Tage hauptsächlich von Butterbroten mit Tee und ein paar Äpfeln ernährt –, konnte mich nichts mehr davon abhalten, meinem Beruf nachzugehen!

Bestimmt waren einige Patienten mittlerweile kränker als ich!

Leider erwies sich der Wille stärker als das Fleisch! Obwohl den ganzen Tag lang keine körperlich anstrengenden Tätigkeiten auf mich gewartet hatten, fühlte ich mich am späteren Nachmittag wie eine eingeweichte Klopapierrolle!

Aber ich musste im vorigen Leben offenbar ein ziemlich fieser Kerl gewesen sein und dafür jetzt ein schlechtes Karma mit mir herumschleppen, denn, als ich gerade Hoffnung schöpfte, endlich fertig zu sein, teilte mir Karin mit, dass auf der Fichten-Alm eine Kuh läge, die nicht mehr aufstand!
„Soll ich nicht sagen, dass sie einen anderen anrufen müssen?"

„Nein", erklärte ich müde, „der Stegenwallner ist eine alte und treue Kundschaft, den kann ich nicht im Stich lassen!"

„Aber dich ruinieren!", bemerkte Karin trocken und legte auf!

Der Stegenwallner zeigte sich auch sehr angetan und dankbar, wie er meines Autos ansichtig wurde: „Entschuldigen Sie, dass ich Sie heraufgeplagt habe! Wie geht es Ihnen?" Meine Grippe war offenbar Ortsgespräch gewesen! Zumindest unter den Bauern!

„Soso lala! Momentan eher mehr lala! Was ist mit der Kuh?"

„Keine Ahnung! Vor zwei Wochen hat sie heroben gekalbt und jetzt frisst sie nichts mehr und will nicht aufstehen!"

„Wo ist sie?", frug ich und schielte hoffnungsvoll zum an den Berghang geduckten Stall hinüber!

„Leider da unten!" Der Stegenwallner deutete einen steilen Hang, eine so genannte „Leit'n", hinunter! „Wir haben sie zum Melken nicht mehr heraufgebracht!"

Richtig! Zirka hundertfünfzig Meter unterhalb der Almhütte entdeckte ich den weißbraunen Kuhschädel, der zwischen den grünen Farnblättern herausleuchtete!

Himmelarschundzwirn! Und das in meinem Zustand!

Es hatte seit gestern zum Regnen aufgehört, aber der Himmel war noch immer in graue Wolken gehüllt und Nebelfetzen strichen über die Alm!

Behutsam, der Boden war ziemlich aufgeweicht, stiegen wir zu der Kuh hinunter!

Kaum, dass ich ihre Lidbindehäute geprüft und dabei ihren Atem gerochen hatte, war die Sache klar!

„Schnuppern Sie einmal an ihrem Maul!“, befahl ich dem Stegenwallner!

Der Bauer beugte sich zu seiner Kuh, bis sie Nase an Nase standen!

„Und?“, frug ich. „Nach was riecht das?“

„Die riecht ja nach Obst!“, antwortete der Stegenwallner verblüfft, indem er sich aufrichtete!

„Genau! Klassische Acetonämie! Dabei bekommt die Atemluft einen Obstgeruch! Scharf-süßlich wie beispielsweise faulige Orangen!“

„Wie funktioniert das?“

„Wenn eine Kuh zum Zeitpunkt der Geburt sehr fett ist, und das ist diese, nimmt sie zu wenig Energie über das Futter auf!“

„Das stimmt“, unterbrach mich der Stegenwallner, „Kraftfutter hat sie eher zögerlich gefressen!“

„Eben! Und infolge der hohen Milchleistung gerät sie in ein Energiedefizit! Der Stoffwechsel versucht das auszugleichen, indem er Körperfett abbaut! Aus diesen Fettsäuren entstehen Ketonkörper, die fruchtig wie Obst oder Aceton riechen und über die Lunge ausgeschieden werden! Aus diesem Grund spricht man von Acetonämie! Allerdings so intensiv wie hier ist es selten!“

„Können wir etwas tun, damit die Kuh wieder wird? Sie ist eine meiner besten!“

„Sie braucht eine Infusion und morgen holen sie sich in der Ordination noch ein Mittel ab, das den Leber- und Kohlenhydratstoffwechsel ankurbelt!“, beruhigte ich zuversichtlich!

Weniger zuversichtlich war ich in meinem Zustand bezüglich des anstrengenden Weges hinauf zum Auto wegen der Medikamente, dann wieder herunter und anschließend noch einmal zurück!

Als das vorbei war, wurde mir fast ein wenig schwindelig!

„Kommen Sie auf eine Stärkung in die Hütte“, meinte der Stegenwallner – und er meinte es gut!

Beim Eintritt in die Stube, auf der Terrasse war es temperaturmäßig einfach zu ungemütlich, begrüßten mich mit lautem „Hallo“ zwei jägergrün gekleidete Mannsbilder, die um den Stammtisch herumsaßen! Den einen kannte ich, es handelte sich um den Alois Hinterhuber, allseits genannt als den „Jagerloisl“ frei nach Ludwig Thoma!

Der Jagerloisl, eine gedrungene Gestalt mit verschmitzten Fältchen und einer gewaltigen Knollnase im Gesicht, begann gleich zu schreien: „Servus Dokta, huck' di zuwe!“

„Ah, die Herren Waidmänner! Ein kleiner Aufwärmer vor der Pirsch?“

Gelächter: „Auf der Pirsch warn'n mir schon! Zeitig in der Fruah!“

Dann allen Respekt vor dem Sitzfleisch! „Und? Was erlegt?"

„Freilich! Die Flasch'n da und vorher noch eine andere." Der Jagerloisl zeigte feixend auf die geschliffene Schnapsbuddel mit Zinnverschluss in der Mitte des Tisches, die höchstens noch einen Finger breit Inhalt aufwies! „Sonst haben wir nix erwischt!"

Sauber!

„Ein kleiner Muntermacher, Herr Doktor! Gut für den Kreislauf!" Der Sohn vom Stegenwallner platzierte ein prachtvolles Stamperl, das von seiner Größe her woanders als Achtel durchgegangen wäre und bestimmt noch vom Großvater stammt, vor mich hin!

„Zum Wohl!"

Der Schnaps war zwar nur ein gewöhnlicher Obstler, aber ausgezeichnet und erfüllte meinen Körper mit wohltuender Wärme!

Kaum, dass ich ausgetrunken hatte, stand schon die nächste Einheit vor mir!

„Langsam, Kinder!", mahnte ich, „ich bin schließlich kein Jäger!"

„Geh, tua net so, Dokta! Mir Jaga sauf'n öffentlich und Ihr Tierärzte hoamlich!", schrie der Jagaloisl ausgelassen und schenkte nach!

„Nein, wirklich nichts mehr! Ich habe gerade erst eine Grippe überstanden!"

„Na und? Schnaps ist gegen Grippe die beste Medizin!"

Wenn das stimmte, brauchte sich zumindest der Loisl die nächsten drei Jahre keine Sorgen machen.

So, Zeit zum Aufbruch! Aber plötzlich spürte ich die Wirkung des Alkohols! Gewöhnlich konnte ich einiges vertragen, wenn ich, einmal im Jahr, in Wien und dann beim Heurigen war, sind sechs bis acht Viertel kein Problem für mich, jedoch die überstandene Erkrankung mit einhergehender Schwächung stellte die normalen Verhältnisse auf den Kopf!

Ich sank zurück auf die Holzbank!

„Herr Stegenwallner", stammelte ich, „ich fürchte, ich kann nicht mehr heimfahren!"

„Na, dann ist es eh schon egal! Bleiben Sie halt noch ein Wengerl sitzen, der Loisl nimmt Sie dann mit nach Hause!"

„Der? Der ist doch betrunkener als ich!"

„Sein Auto kennt den Weg von allein", grinste der Jagdkamerad!

„Aber ich kann doch meinen Wagen nicht einfach da stehenlassen!"

„Den führt Ihnen der Anderl, mein Bub, nach! Der schläft sowieso nicht heroben und trinken tut er auch nichts, als Sportler!"

Wie es aussah, musste ich wirklich mit dem Jagerloisl mitfahren. Mein eigenes Auto war, seit ich auf dem Beifahrersitz die Holzfächer für das Büromaterial eingebaut hatte, nur mehr ein flotter Einsitzer!

Ach zum Kuckuck, dachte ich, was soll's! Genehmige ich mir halt einmal die kleine Auszeit! „Prost!" Es wurde noch recht gemütlich.

Irgendwann bemerkte ich jedoch, dass meine Zunge schwerer wurde und die Pausen zwischen den Sätzen länger! Ungeheure Müdigkeit überfiel mich!

„Ich glaub', es ist Zeit, dass wir den Doktor heimbringen", vernahm ich wie durch eine Nebelwand!

Draußen war es schon dunkel, kein Wunder an so einem finsteren Tag!

Ich enterte mit Mühe den Geländewagen vom Jagerloisl, der sich damit auf der Fahrerseite genauso abplagte! Zum Glück fielen mir gleich die Augen zu, sodass ich nicht mitbekam, in welchem Höllentempo mein Chauffeur die Schotterstraße hinunterraste! Nur manchmal hörte ich sein „Öha!", wenn er eine Kurve zu spät anbremste oder ein bisschen mit den Rädern über den Wegrand geriet!

Aber Besoffene haben bekanntlich einen Schutzengel, und wir waren noch dazu zu zweit, deshalb kamen wir unbeschadet vor meinem Haus an!

Kurz darauf bogen auch die Scheinwerfer meines Wagens hinter uns in die Einfahrt ein.

„Soll ich ihn in die Garage stellen?", frug der Anderl!

Ich winkte ab: „Nein, lassen wir heute heraußen stehen! Vielen Dank!"

„Gern geschehen!" Der Anderl übergab mir die Schlüssel und stieg zum Jagerloisl ins Auto! Der war in der Zwischenzeit über dem Lenkrad eingeschlafen, darum nahm der Anderl sicherheitshalber selbst dort Platz, nachdem er den vor sich hin duselnden Loisl rigoros auf die Beifahrerseite bugsiert hatte!

„Gute Nacht!"

Jetzt erwarteten mich nur noch zwei Hürden bis hinein in das Refugium einer kuscheligen Bettstatt: das Haustürschloss und Karin!

Die erste meisterte ich, überraschenderweise, bereits mit dem dritten Anlauf! Ich tastete dorthin, wo sich im nüchternen Zustand gewöhnlich der Schalter befand, da ging das Licht von selbst an!

Karin stand auf dem obersten Treppenabsatz in ein Badetuch gehüllt. Offenbar wollte sie sich ebenfalls gerade zu Bett begeben! Sie sah verführerisch aus, die Augen ausgenommen!

„Wo zum Teufel warst du? Ich hab' dich mindestens zehn Mal angerufen!"

Das verdammte Handy! Ich hatte es, als ich zur Kuh hinuntergekraxelt war, vorsichtshalber im Auto gelassen, um es nicht zu verlieren! Da lag es noch immer!

Plötzlich fiel ihr mein leichtes Schwanken auf: „Was hast du denn? Ist dir noch schlecht von der Grippe?"

Ich setzte ein wahrscheinlich dümmliches Grinsen auf: „Achtung! Komm mir nicht zu nahe! Ich hab' Acetonämie!"

Karin ignorierte meine Warnung und stieg die Stufen herab, um mich festzuhalten: „Acetonämie?" sie ließ mich wieder los: „Was soll der Blödsinn? Du stinkst nach Obstschnaps!"

„Genau!", grinste ich nochmals und fiel der Länge nach vor ihre Füße!

Wollfäustling und Turbo-Bauer!

Es gibt für jeden Tierarzt Bauern, bei denen die Arbeit Freude bereitet! Das sind diejenigen, die, Punkt 1, die Bemühungen anerkennen, sich, Punkt 2, etwas erklären lassen, alle, Punkt 3, Anweisungen sorgsam befolgen, gelegentliche, Punkt 4, Misserfolge hinnehmen, weil sie Punkt 1 berücksichtigen, nicht, Punkt 5, andauernd über die notwendigerweise angefallenen Behandlungskosten raunzen, und, Punkt 6, sich auch für einen Scherz als zugänglich erweisen.

Die andere Gruppe, glücklicherweise die erheblich kleinere, besteht aus Tierbesitzern, die schon von Haus aus beleidigt sind, dass ihr Tier überhaupt tierärztliche Hilfe benötigt, und eine Atmosphäre um sich verbreiten, in der man das Gefühl hat, ständig Eiswürfel unter dem Kragen zu tragen!

Interessanterweise sind bei der ersten Gruppe die Behandlungen deutlich mehr von Erfolg gekrönt als bei der zweiten, das hat, meiner Ansicht nach, jedoch nichts mit esoterischen Gründen zu tun, sondern schlicht mit der Tatsache, dass man dort erst zu den Patienten gerufen wird, wenn es gar nicht mehr anders geht! Wenn es dann schließlich ans Bezahlen geht, krümmen sie sich, dass man glauben kann, die Folterkerker der spanischen Inquisition seien dagegen die reinsten Wellness-Oasen gewesen!

Der Windisch, vulgo Häuslmoar, war so einer! Obwohl noch gar nicht so alt, hatte er den kleinen Hof schon vor Längerem seiner Tochter übergeben, die seither, sehr zu seinem Unwillen, nur noch zwei Haflingerstuten und einige Ziegen und Schafe hielt! „Viecher“, die, so pflegte es der Windisch auszudrücken, „nutzlose Fresser“ seien!

Deshalb überraschte es mich, als der Windisch persönlich am Telefon war, um mir mitzuteilen, dass ein Schaf nicht „derlämpern“ könne, was so viel hieß, dass sie ihr Lamm nicht zur Welt bringen konnte!

Er empfing mich mit einem Gesichtsausdruck, der normalerweise Gerichtsvollziehern gegenüber vorbehalten war, selbst sein Stoppelbart bemühte sich, misanthropisch herunterzuhängen!

„Na, wo brennt's?“, versuchte ich, eine heitere Stimmung an den Tag zu legen!

„Nirgends!“, knurrte der Windisch, „sonst hätte ich die Feuerwehr und nicht Sie angerufen! Eines von den verdammten Viechern meiner Tochter, eh so ein nutzloser Fresser, bringt seit Stunden nichts weiter!“

Er stapfte mürrisch vor mir her in den Stall!

Zu meinem Entsetzen stand dort ein kleines Schaf, das kläglich blökte. Ein Teil der Nachgeburt hing hinten auch schon heraus!

„Das Schaf ist doch noch viel zu jung, um zu lämmern", rief ich!

„Das Schaf ist nicht zu jung! Das ist ein Zwergschaf! Sowas sollten Sie doch erkennen, oder? Die Maria, meine Tochter, hat es zum Geburtstag geschenkt bekommen! Weiß bei Gott nicht, warum man sowas züchtet! Leere Fresser!" Dieses Kriterium schien ihn unaufhörlich zu beschäftigen! „Leider sind die Maria und der Schwiegersohn für ein paar Tage weggefahren!! Und an wem bleibt in dieser Zeit die ganze Arbeit hängen? Am Alten!"

Angesichts der ernsten medizinischen Situation war ich nicht bereit, über Generationsprobleme zu diskutieren: „Wurst, ob Zwergrasse oder nicht!", rief ich, „wie soll ich mit der Hand denn da hineinkommen?"

„Dann müssen wir sie abstechen!" Zum ersten Mal glomm etwas wie Fröhlichkeit in den Augen vom Windisch auf!

Nicht so eilig, alter Schwede, dachte ich und bereute schon meine spontane Reaktion: „Zuerst muss ich es jedenfalls einmal probieren! Das bin ich dem Tier schuldig!"

Ich habe, ohne Untertreibung, für einen Großtierpraktiker sehr schmale Hände, vor allem die Linke, daher schmierte ich diese mit reichlich Gleitgel ein und führte sie behutsam in die Vagina! Der knöcherne Beckenring machte Schwierigkeiten! So sehr ich die Hand zur Hohlform krümmte, es fehlten im Durchmesser ein paar Millimeter! Obwohl es höllisch wehtat, konnte ich es fühlen! Das Tier schrie auf! „Schieben Sie von vorn das Schaf gegen mich!", befahl ich dem Windisch! Gleichzeitig stemmte ich mein rechtes Bein als Gegendruck gegen eine senkrechte Holzstrebe hinter mir und zwängte ächzend weiter! Mit einem Mal flutschte die Hand durch die Enge in den Uterus und ich spürte die Beine der Frucht! „Ich bin drinnen!", rief ich, „aber das Lamm ist ziemlich groß, fast wie ein Normales! Was war denn da für ein Widder am Werk?"

Der Windisch beutelte den Schädel: „Woher soll ich das wissen?"

Inzwischen suchte ich mit den Fingern den Kopf, der nach hinten verschlagen lag! Unter einiger Anstrengung konnte ich ihn Richtung Geburtskanal drehen, wobei mir eine winzige Zunge den Daumen abschleckte!

Trotzdem war das Missverhältnis zwischen der Körpergröße des Lammes und der Beckenweite ein enormes!

„Auf natürlichem Weg kriegen wir es nicht heraus! Was machen wir also?"

„Abstechen!" Der Windisch war ziemlich einseitig, was brauchbare Vorschläge betraf!

„Kaiserschnitt?“, lautete mein Alternativangebot!

„Was das kostet! Rentiert sich doch nicht! Ich zahl’ es jedenfalls nicht!“

Ich konnte seinem Lamentieren im Augenblick keine Beachtung schenken, weil ich mit Schrecken feststellte, dass ich nicht mehr aus dem Schaf herauskam! Meine Hand musste durch die Manipulation in der Gebärmutter und die dort herrschende Wärme ein wenig angeschwollen sein und jetzt war die Rückweg durch das Becken völlig unmöglich! Ich steckte fest!

„Ich bin eingeklemmt!“, keuchte ich panisch, „keine Chance, die Hand rauszuziehen!“

„Na also! Jetzt müssen wir sie abstechen!“ Der Windisch schien mit der Entwicklung der Dinge ganz zufrieden.

Abgesehen davon, dass der Gedanke, mit einem Schaf am Arm wie einen wolligen Muff auf der Wagenpritsche zum Metzger gefahren zu werden, in mir keine Begeisterungsstürme wecken mochte, wollte ich dem knickerigen Kerl auch nicht nachgeben! Immerhin lebte das Lamm und seine Mutter war ein vitales, wenn auch mittlerweile schon ein wenig mitgenommenes Zwergschaf!

„Bringen Sie mir einen Wasserschlauch und drehen Sie den Hahn auf!“, stöhnte ich! Es kostete erhebliche Mühe, den Schlauch an meinem festsitzenden Arm vorbei in die Scheide zu schieben, ein Vorbeikommen in das Becken hinein war sowieso aussichtslos! Aber ich hoffte, die Kälte des Wassers auf meinen Unterarm würde sich schließlich auf die Hand weiterleiten und diese zum Abschwellen bringen! Zehn Minuten lang kniete ich hinter dem Schaf, der Wasserschlauch gurgelte und spritzte mir Ladungen ins Gesicht und das Muttertier versuchte heftig, unter protestierendem Mähen dem eiskalten Einlauf zu entkommen! Aber vorerst hingen wir noch zusammen wie die berühmten Magdeburger Halbkugeln! Erst als ich schon glaubte, der Unterarm würde mir aufgrund Erfrierung abfallen, gab es einen Ruck und die Hand war frei! Ein Triumpf der Physik!

„Gut so!", sagte ich und massierte mir den Unterarm, um wieder Gefühl hinein zu bekommen, „und jetzt machen wir gefälligst den verdammten Kaiserschnitt!" Ich getraute mich, in diesem Fall die Verantwortung auf mich zu nehmen, weil ich wusste, wie sehr die Windisch-Tochter an allen ihren Tieren hing!

Irgendetwas in meinem Mienenspiel musste den Windisch davon überzeugt haben, dass weiterer Widerspruch mit Risiken und Nebenwirkungen behaftet sein könnte, da brauchte er erst gar nicht seinen Arzt oder Apotheker fragen, deshalb brummte er: „Von mir aus! Ich zahl' das aber nicht!"

Er schleppte einen ausgedienten Küchentisch herbei, worauf wir zuerst ein sauberes Leintuch und hernach das inzwischen narkotisierte Schaf legten, mit der elektrischen Schermaschine befreite ich das Operationsfeld von der Wolle, um es anschließend gründlich mit dem Klingenrasierer glatt zu schaben und die Lokalanästhesie zu setzen! Ein Kaiserschnitt beim Schaf, dieser war mein allererster, war im Vergleich zu einem Rind viel einfacher, die Muskelschichten waren dünner und kurz darauf stieß ich auf den Uterus, unter dessen Hülle ich das Gezappel der Hinterbeine vom Lamm spürte! Nach dem Einschnitt packte ich den Racker an den Füßen und zog ihn hervor! Eine quietschfidele „Arn", so werden weibliche Schafe genannt, fiel sanft in das Stroh!

Währenddessen hatte ich die Gebärmutter nicht aus den Fingern gelassen! Ein erfahrener Kollege hatte mir einst geraten: „Lassen Sie beim Schaf nie die Gebärmutter aus, bevor Sie nicht die Uterusfasszangen daran angesetzt haben! Sie finden Sie sonst in der Bauchhöhle nie wieder!"

Ob das stimmte, wusste ich nicht, jedenfalls hielt ich die dünne Muskelschicht zwischen den Fingern umklammert wie eine Blaue Mauritius bei Windstärke zwölf!

Als ich die Klammern ansetzte und sie dem Windisch zum Halten gab, machte er ein Gesicht, als ob ich ihm eine volle Kinderwindel in die Hand gedrückt hätte! „I' zahl nix! Damit das klar ist!"

Ohne weitere Kommentare vernähte ich die einzelnen Schichten mit Catgut und die Haut schließlich mit Seide! Gemeinsam hievten wir das Zwergschaf wieder auf den Boden.

„So, geschafft! In zehn Tagen komme ich wieder und ziehe die Nähte!", sagte ich und packte das Instrumentarium ein!

„Aber ich zahl das nicht!", ließ der Windisch trotzig verlauten!

„Wenn Sie das noch einmal sagen, kostet es das Doppelte!", drohte ich, „nämlich auch Schmerzensgeld!"

Befriedigt sah ich, wie das Lamm bereits erste Versuche unternahm, auf wackeligen Beinen an das Euter seiner schlafenden Mutter zu gelangen!

Ein Glück für uns drei, dass ich meine Hand wieder frei bekommen hatte!

Es tragen ja viele Leute Wollfäustlinge!

Aber keine, die beim Anziehen „mäh" machen!

Welch' anderes Betriebsklima herrschte dagegen beim Aschenbrenner. Auch dort hatte schon seit geraumer Zeit der Jungbauer den Hof übernommen, der Vater unterstützte jedoch die Pläne und Aktivitäten des Juniors und legte noch immer fleißig selbst Hand an! So war der alte Stall vor zwei Jahren großzügig zu einem Laufstall erweitert worden mit zwei Abteilungen, eine für die Milchkuherde und die andere für Mutterkühe. Dort befand sich noch ein weiterer Bereich, in dem untertags die dazugehörige Kälberschar untergebracht wurde, weil man am Aschenbrenner-Hof die Jungtiere nur früh, mittags und abends zu ihren Müttern zwecks Milchtrinken entließ, sie aber sonst, um der Verletzungsgefahr vorzubeugen, separierte!

Es verging keiner meiner Besuche, bei dem ich den Aschenbrenner senior nicht auf dem Gelände antraf und er nicht mit irgendeiner Arbeit beschäftigt war, die er aber gern unterbrach, um ein wenig mit mir zu plaudern! Er besaß ein reichliches Wissen über die Geschichte des Tales in allen Facetten und zeigte sich auch über aktuelle politische oder allgemeine Ereignisse des Weltgeschehens informiert! Außerdem redete er mich scherzhaft mit „Herr Primar" an!

Wenn der Sohn einmal nicht anwesend war, half er mir an dessen Stelle bei der Arbeit!

So auch an jenem besagten Tag, als mich der Aschenbrenner junior angerufen hatte, ich möge doch vorbeischauen, eine Kuh würde husten und nur wenig fressen, er selbst sei mit dem Viehanhänger zur Versteigerung nach Maishofen unterwegs, er wolle die Sache aber nicht bis zu seiner Rückkehr am Abend anstehen lassen: „Der Vater ist eh da!"

„Es ist die Elsa!", teilte mir der alte Aschenbrenner mit, „die wir erst vor vier Tagen besamt haben!"

Das hörte ich gar nicht gern! Rinder in den ersten sechs Wochen der Trächtigkeit sind diesbezüglich sehr empfindlich und reagieren auf Krankheit oder Stress in der Phase mit erneuter Brunst! Oft schon hatte ich die Bauern deshalb beschworen, ihre Kühe rechtzeitig und nicht erst am letzten Abdruck vor dem Transport auf die Alm befruchten zu lassen! Häufig kamen diese Tiere dann im Herbst nach Hause und es stellte sich zum allgemeinen Missvergnügen heraus, dass sie „galt“, also nicht trächtig, waren!

Kühe, die an Schmerzen in den Klauen laborieren, zu besamen, hat, meiner Erfahrung nach, überhaupt keinen Sinn! Solange das Problem nicht behoben ist, nehmen sie nicht auf!

Das Gleiche gilt für Infektionen!

Ich war mir also ziemlich sicher, in knapp drei Wochen die Elsa erneut mit der Besamungspistole traktieren zu müssen!

„Wir haben sie herausgehängt, damit sie sich besser erholen kann“, sagte der Aschenbrenner!

Elsa, eine brave und gemütliche Kuh, stand in einer kleineren Box, drehte uns den Rücken zu und hustete! Als sie uns hörte, drehte sie den Kopf nach hinten und erkannte mich sofort! In ihren Augen konnte ich deutlich lesen: „Mein Gott, nicht einmal als Kranker hat man vor dem Tierarzt seine Ruhe!“

Ich maß neununddreißigkommasechs Grad Fieber! Da Rinder von Haus aus eine höhere Körpertemperatur, nämlich so um die achtunddreißigsechs, besaßen, war das nicht weiter dramatisch!

Ich nahm das Stethoskop aus den Ohren: „Sie hat eine kleine Bronchitis! Das bekommen wir schon hin! Und Sie sollten täglich eine Inhalation mit Salzwasser vornehmen!“

„Bei einer Kuh? Wie macht man sowas?“

„Wie beim Menschen! Heißes Wasser, ordentlich Salz hinein, Decke über den Kopf und mindestens zehn Minuten lang darunter dunsten lassen. Dadurch löst sich nicht nur der Schleim, sondern es werden gleichzeitig die Atemwege befeuchtet! Das ist der Vorteil gegenüber den handelsüblichen Präparaten!“

Nach Elsas Behandlung tippte mir der Aschenbrenner auf die Schulter: „Herr Doktor, da hinten haben wir noch ein Kalb mit einem Nabelgeschwür!“

„Hat es noch getrunken!“

„Ja, ein bisschen! Aber man kennt ihm an, dass es ‚derb‘ ist!

„Derb“ kann man am besten mit dem veralteten Ausdruck „marode“ beschreiben und ein „Nabelgeschwür“ war kein Geschwür im eigentlichen Sinn, sondern eine Entzündung, die durch Bakterien im noch feuchten Nabel nach der Geburt entstand!

Wir gingen zu den Mutterkuhkälbern, wo ich keine Mühe hatte, das kranke Tier schon aus der Distanz zu identifizieren! Während nämlich seine

Kameraden, größere und kleinere, munter herumwuselten, stand es mit leicht nach oben gebogenem Rücken da! Der verdickte Nabelstrang unter dem Bauch war deutlich zu sehen!

Ich hockte mich neben das Kalb und befühlte die Stelle! Es zuckte leicht zusammen!

„Das ist keine einfache Entzündung mehr, das ist schon ein Nabelabszess!“, erklärte ich. „Da braucht es neben der Spritzen noch zusätzlich warme Erdäpfelumschläge, um den Eiter herauszuziehen!“

Während ich so in der Hocke dozierte, näherte sich ein größeres Stierkalb und drückte seinen Schädel sanft gegen meine Stirn! „Schleich dich!“, sagte ich!

Der Aschenbrenner lachte: „Das ist der Anton! Seine Mutter hat ihn nicht ans Euter gelassen, darum mussten wir ihn mit der Flasche aufziehen! Jetzt ist er natürlich sehr zugänglich und neugierig, vor allem mir rennt er nach wie ein Hund! Aber er tut nichts!“

„Trotzdem, er stört! Wissen Sie was? Schmeißen wir einfach all die anderen Kälber kurzfristig hinaus, dann sind wir unbehelligt!“

Der Aschenbrenner öffnete die kleine Tür im Trenngitter zum Kuhbereich und machte „ksch, ksch“, woraufhin die ganze Bande ungestüm hinüberstürmte, dass man glauben konnte, es sei Schulschluss!

Ich verabreichte meinem Kalb zwei Injektionen und sagte: „Bringen Sie es am besten auch zu seiner Mutter! Die Medikamente werden in wenigen Minuten zu wirken beginnen, und, wenn es keine Schmerzen mehr verspürt, wird es, anfangen zu trinken! Immerhin hat es seit der Früh noch einigen Nachholbedarf!“

Der Aschenbrenner schubste das Tier: „Na los! Essen fassen!“ Die Redewendung hatte er noch aus seiner Zeit bei der Wehrmacht! Der Kleine traute sich jedoch nicht, da packte es der Bauer an Schulter und Hintern und gemeinsam marschierten sie durch die Pforte! Aber kaum waren sie drüben, erschien schon wieder Anton auf der Bildfläche! Er stemmte seinen Kopf gegen den Hosenboden vom Aschenbrenner und schob ihn spielerisch wie ein Bulldozer mit einer Geschwindigkeit durch den Stall, dass sämtliche Kühe, die im Weg standen, fluchtartig zur Seite sprangen!

„Höhöhöhöhööö!“, rief der Aschenbrenner, der sich mit hohlem Kreuz und rasanten Trippelschritten dagegenwehrte, nach vorn auf die, wie man so schön sagt, „Papp'n“ zu fliegen! Erst drüben beim Gemeinschaftstränkbecken gelang es ihm, einen Haken zu schlagen, der jedem Osterhasen zur

Ehre gereicht hätte, und den verdutzten Anton geradeaus ins Leere laufen zu lassen!

Damit das Spielchen nicht aufs Neue losging, rettete er sich über die Absperrung hinüber in die Abteilung, wo die Milchkühe herumliefen! Dort stand er erst einmal heftig pumpend und wischte sich den Schweiß von der Stirn: „Das Bürschchen kommt langsam in die Flegeljahre", murmelte er besorgt.

Ich schlenderte grinsend über den Futtertisch heran: „Respekt! Sie sind ja der reinste Turbo-Bauer! Der erste, den ich kenne, mit eigenem Außenbordantrieb!"

Der Aschenbrenner konnte schon wieder zurückgrinsen: „Ja, aber für mein Alter hat er leider schon zu viele PS!"

Nette, fette Bernadette

„Wir brauchen eine neue Markise für die Terrasse", servierte mir Karin die Botschaft eines schönen Morgens zum Espresso.

„Soso!", knurrte ich, „was du nicht sagst!"

Zeitig in der Früh beschränkte sich meine Aufnahmefähigkeit höchstens auf ein paar Tassen Kaffee und die ersten Anrufe bezüglich der Visiten – Renovierungspläne, gleich welchen Ausmaßes, waren darin nicht vorgesehen.

Meiner Frau war der fatale Mangel an Enthusiasmus in meiner Stimme keineswegs entgangen: „Ja, hast du dir unsere einmal angeschaut? Die ist da, seit wir das Haus gekauft haben! Die Farben sind völlig verschossen und an einigen Stellen ist der Stoff bereits so dünn, dass man darunter auch Gefahr läuft, sich einen Sonnenbrand zu holen!"

Wenn ich ehrlich sein sollte, war mir dieser gravierende Textilschaden bisher tatsächlich entgangen! Allerdings klang die Montage eines neuen Markisenbezuges nicht allzu aufwändig, und obwohl ich es hasste, die kostbaren Stunden im trauten Heim zwischen Vormittags- und Nachmittagsvisiten, welche sowieso vom beständigen Läuten des Telefons unterbrochen wurden, mich zusätzlich mit Handwerkerlärm konfrontiert zu sehen, vertraute ich Karins Urteil: eine Neubespannung musste unbedingt her!

„Fein", sagte sie, „dann werde ich auf der Heimfahrt von der Schule gleich im Jalousiengeschäft vorbeischauen und ein paar Stoffmuster mitbringen! Die können wir uns dann in Ruhe anschauen und für nächste Woche die Montage bestellen!"

„Tu das!" Ich schüttete mir den letzten Mokka hinein, griff hastig nach Handy und Geldböse und fuhr in die Stiefel, während das Garagentor hochfuhr!

Die braungestreifte Katze aus der Nachbarschaft, keine Ahnung, wem sie gehörte, hatte, wie üblich, schon auf meine Abfahrt gelauert und wälzte sich unter lautem Maunzen auf dem Vorplatz!

Das war seit einem halben Jahr zum täglichen Ritual geworden. Zuerst wollte sie ausgiebig gestreichelt werden, dann erwartete sie ihre obligaten Wursthäppchen aus der Hundeabteilung, die ich im Auto eingerichtet hatte, mit denen sie anschließend im dichten Gebüsch verschwand!

Je weniger Streicheleinheiten aus Zeitmangel, desto mehr Wurst! So lautete unsere Abmachung!

Meine Tour führte mich unter anderem auf den Klenk-Hof! Das alte Mutterschwein hatte Rotlauf!

In einer weiter entfernten Bucht bemerkte ich noch eine halbwüchsige „Ranzin", wie Sauen bei uns genannt wurden!

„Das ist die Bernadette! Sie war die schwächste vom letzten Wurf und wäre unmöglich davongekommen! Deshalb haben wir sie von Hand aus aufgezogen! Jetzt ist sie wie ein Hund auf den Menschen fixiert und der Liebling der Familie, vor allem von der Ursl! Ich fürchte, sie wird hier am Hof an Altersschwäche sterben!"

Das gefiel mir am Klenk-Bauern! Extra ein Schwein behalten, damit sich das Töchterchen nicht grämte!

Jetzt kam, wie auf Kommando, die kleine Ursula mit einer jungen Henne auf dem Arm in den Stall gestolpert: „Onkel Doktor, kannst du dir die Henriette anschauen?"

Der Klenk grinste: „Das ist noch so ein Fall! Wir haben sie versehentlich im Heizraum eingesperrt und als wir sie dort nach Tagen gefunden haben, war sie halb verhungert und verdurstet. Meine Frau hat sie gemeinsam mit der Ursl wieder aufgepäppelt, jetzt ist sie ganz zahm, aber natürlich können wir sie nicht mehr zu den anderen Hendln lassen!"

Ich nickte! Hühner sind in solchen Angelegenheiten barbarisch! Sobald die Hackordnung in der Herde feststeht, wird jeder Neuankömmling gnadenlos attackiert. Die würden die Henriette umbringen!

„Bernadette, Henriette? Lauter klingende Namen, muss ich schon sagen!"

Der Klenk lächelte schief: „Naja, Kinder halt!"

Ich beugte mich zur Ursl hinunter: „Und? Was soll ich mir an deiner Henriette anschauen?"

„Ich glaube, sie hat ein wehes Auge!"

Davon konnte keine Rede sein, aber der Kleinen zuliebe wollte ich so tun, als ob!

Leider spielte Henriette dabei nicht mit! Als ich mich ihr näherte, stieß sie ein protestierendes Gackern aus und unter heftigem Flügelschlagen flatterte sie aus Ursls Armen in die Höhe und flog in hohem Bogen genau in die Box von Bernadette!

Scheiße, dachte ich, das bedeutet ihr Ende! Schweine waren Allesfresser bis hin zum Kannibalismus und außerdem flink und so ein saftiges Hendl in seinem Revier ließ sich im Normalfall kein Borstenvieh entgehen!

Aber Bernadette schnupperte, zu meinem Erstaunen, nur höchst interessiert an der unverhofften Besucherin und machte keinerlei Anstalten, zuzuschnappen. Sobald sich Henriettes Aufregung gelegt hatte, schien auch sie zu begreifen, dass ihr von der Hausherrin keine Gefahr drohte, und sie begann, mit gemächlichen Schritten in dem Kobel herumzustolzieren, Bernadette sanft grunzend hinterher!

Ursl war ganz begeistert und ich, ehrlich gestanden, auch! So viel Gutmütigkeit gehörte gewürdigt, deshalb streckte ich der Sau meine Hand durch das Gitter, und als sie ihre Rüsselscheibe daran rieb, sagte ich: „Na, du bist ja eine richtig nette fette Bernadette!"

Mehr hatten wir nicht gebraucht! „Haha", schrie Ursl und tanzte im Kreis, „nette fette Bernadette! Nette fette Bernadette! Nette fette Bernadette …!"

„Schon gut", unterbrach sie ihr Vater, „wir haben es alle gehört!"

Aber Ursls Repertoire war noch nicht erschöpft: „Nette fette Henriette! Nette fette Henriette!", wechselte sie ansatzlos den Text!

Nachdem wir sowieso fertig waren, gingen der Klenk und ich hinaus! Gefolgt von der weiterhin unausgesetzt „nette fette Henriette, nette fette Bernadette" plappernden Ursl.

Und sogar, als ich schon im Wagen saß, hüpfte sie sie wie ein Gummiball auf und ab und kicherte dabei: „Nette fette Bernadette! Nette fette Henriette!"

Als ich mittags nach Hause kam, erzählte ich Karin grinsend von der Begebenheit:

„Wahrscheinlich geht mir jetzt das Wortspielchen die nächsten Tage über nicht aus dem Kopf!"

„Vermutlich ist das so ähnlich wie bei einem Gassenhauer. Da sind übrigens die Stoffmuster für die Markise! Welches gefällt dir?"

„Also in Wahrheit gar keines! Grün-Weiß! Bin ich ein Rapidler? Gelb-Braun! Erinnert mich an Durchfall! Rot-Gelb! Schaut aus wie bei einer Gelateria in Jesolo! Müssen es unbedingt Streifen sein? Ich hasse Streifen! Einfärbig wäre neutraler!"

„Die einfarbigen Stoffe wirken alle ziemlich fad oder düster!"

„Wie wäre es mit einem fröhlichen Gelb? Oder noch besser Weiß? Das ist sommerlich und luftig und erinnert an die geblähten Segel eines stolzen Windjammers, der sich durch das blaue Meer seinen Weg in die Tropen bahnt!", geriet ich ins Schwärmen!

„Wir besitzen nicht einmal ein Ruderboot! Und hast du eine Ahnung, wie schnell Weiß verschmutzt?" Karin fasste mich ins Auge: „Nein, natürlich hast du keine! Woher auch?"

Ich war beleidigt! Immerhin kannte ich weiße Tischtücher und Hemden, von Unterhosen gar nicht zu reden! „Also gut, ich mache dir einen fairen Kompromissvorschlag: Kein Weiß, aber dafür auch keine Streifen! So hat jeder ein bisschen nachgegeben! Abgemacht?"

„Einverstanden! Jeder soll seine Vorstellungen ein wenig reduzieren! Ich liebe dich!"

Stolzgebläht wie das Großsegel eines Viermasters steuerte ich das Mittagessen an! Man musste Frauen nur entgegenkommen, dann klappte es auch mit der Ehe!

Am Tag, an dem die Markise montiert werden sollte, rief der Klenk-Bauer an, ob ich nicht rasch nach Bernadette sehen könne, sie wäre in ziemlich üblem Zustand!

Die Freundschaft zwischen ihr und dem Huhn hatte sich mittlerweile zu einer regelrechten Symbiose ausgewachsen. Wenn Bernadette über den Hof trabte, saß Henriette hoch auf ihrem Rücken und genoss dort neben der Aussicht auch das Gefühl absoluter Sicherheit! Sobald sie zu Boden flatterte, um selbst ein wenig im Erdreich nach Würmern und Käfern zu stöbern, strömte sämtliches Hühnervolk herbei, um sie zu vertreiben! Aber es hatte seine Rechnung ohne Bernadette gemacht! Mit wildem Schnauben stürmte der borstige Schutzengel herbei und vertrieb alles Federvieh im Umkreis ihrer Freundin! Nicht einmal der Hahn besaß eine Chance, wodurch Henriettes Jungfräulichkeit für alle Zeiten festgeschrieben stand!

Sie wiederum revanchierte sich für die geleisteten Bodyguard-Dienste mit ihrem täglichen Frühstücksei in einer Ecke der Box, welches Bernadette unter herzhaftem Schmatzen und wohligem Grunzen genüsslich verdrückte.

Jetzt aber hockte Henriette verstört auf dem Gitter der Schweinebucht und konnte sich augenscheinlich nicht erklären, was plötzlich mit ihrer Beschützerin los war! Die lag nämlich apathisch im Strohbett und ihre Beine zuckten in heftigen Krämpfen! Nur wenn man sie berührte, stieß sie ein heiseres Quieken aus!

Mir lief eine Gänsehaut über Rücken und Oberarme! Zu gut hatte ich noch die Vorlesung auf der Uni in Erinnerung und das Bild des Professors vor mir, wie er mit erhobenem Zeigefinger vor uns stand und dozierte: „Heiseres Schreien bei Schweinen? Achtung, Damen und Herren Kollegen: SCHWEINEPESTVERDACHT!!!" Das hatte er sogar mit drei Rufzeichen gesagt!

War das möglich? Gewiss, die Schweine am Klenk-Hof bekamen, wie auch auf anderen Bauernhöfen üblich, zu ihrem Spezialfutter auch noch die

Küchenabfälle vorgesetzt. Aber wie sollte der Pesterreger in die Pfannen und Töpfe der Klenk-Bäuerin gelangen?

Andererseits traten solche Krampfanfälle auch bei anderen Krankheiten auf! Zum Beispiel bei der Aujetzky'schen Infektion! Die Konsequenzen wären die gleichen: Anzeige nach dem Tierseuchengesetz bei der Amtstierärztin, Tötung des betroffenen Bestandes und Sperre des Betriebes!

Irgendetwas in mir sträubte sich jedoch, zum Telefon zu greifen und diesen Schritt zu unternehmen!

„Was hat sie", frug der Klenk-Bauer!

Während ich noch nach einer passenden Antwort suchte und dabei meine Augen ratlos in alle Richtungen kreisen ließ, entdeckte ich ein Stück Salzbrezel im Trog! Vielleicht ein Hoffnungsschimmer!

Ich packte den Bauern am Arm und deutete darauf: „Hat sie so was zu Fressen bekommen?"

Er lachte verlegen: „Ja, gestern war unser Nachbar da! Der arbeitet im

Supermarkt und hat mir einen großen Sack mit altem Gebäck mitgebracht!"

„Auch Salzgebäck?"

„Ein Haufen Soletti-Bruch und Salzbrezeln und, was weiß ich noch, war auch dabei! Er hat der Bernadette gleich eine Menge in den Trog geschüttet, weil es ihm so gefallen hat, wie es ihr geschmeckt hat!"

Ohne ein Wort zu sagen, stürzte ich in die Schweinebox, was Henriette mit empörtem Gegacker und Flügelschlagen quittierte, und hielt den Finger an den Nippeltränker! Der dünne Wasserstrahl hätte nicht einmal für den Manneken Pis in Brüssel gereicht!

Ich drehte mich triumphierend um und rief: „Bernadette hat eine Kochsalzvergiftung!"

„Kochsalzvergiftung?"

„Aber ja! Das ganze salzige Zeug vom Nachbarn auf einen Schlag und, seien Sie mir nicht böse, der Tränker gehört entweder geputzt oder stärker eingestellt!"

„Ich füll' ihr den Trog sofort mit Wasser an!", rief der Klenk und wollte stante pede fort!

„Um Gottes Willen, nur das nicht!" Ich hielt ihn gewaltsam zurück! „Damit würden Sie sie umbringen! Sie hat durch die Gefäßschädigung sowieso schon ein Gehirnödem, deshalb auch die Krämpfe, bei zu abrupter Flüssigkeitszufuhr wäre das tödlich! Wir müssen dosiert vorgehen!"

Unter der Beobachtung von zwei Augenpaaren, das vom Klenk-Bauern voller Zuversicht, das von Henriette voller Misstrauen, legte ich Bernadette eine Infusion von Ringer-Lactat an die Ohrvene und verabreichte ihr zusätzlich etwas Kortison, Diazepam, ein krampflösendes Mittel und Furosemid zur verstärkten Salzausscheidung!

„Morgen wiederhole ich die Behandlung und in ein paar Tagen ist sie so gut wie neu!", versprach ich!

Der Klenk-Bauer grinste schon wieder vertrauensselig: „Also dann bis morgen, Herr Primar!"

Als ich gegen Mittag heimkam, waren die Handwerker schon weg und Karin in der Schule! Ich ging auf die Terrasse und nahm unsere frisch montierte Markise in Augenschein!

Da prangte sie in aller Herrlichkeit!

Knallgelb mit dünnen blauen Streifen!

Naja, der Mensch gewöhnt sich bekanntlich an alles!

Schwerhörigkeit

Auf meiner Strecke in einen der hintersten Talwinkel zu einer Kuh, die „abgeschlaucht" hatte, also, dem regionalen Jargon nach, sich eine Hornscheide vom knöchernen Zapfen abgerissen hatte, was zu erheblichen Schmerzen und Blutungen führte, kam ich nach Langem wieder einmal am Eckl-Hof vorbei, der drüben auf der anderen Seite des Baches lag. Der Weg dorthin hatte früher über eine Holzbrücke geführt, die gerade so breit gewesen war, dass mein Wagen passieren konnte! Die Brücke war längst brüchig und morsch, heute würde ich mich nicht einmal mehr zu Fuß darüber wagen! Auch das alte Bauernhaus aus Holz mit dem danebenliegenden Stall konnte man nur mehr schwer erkennen, weil der bemooste Dachstuhl bereits eingesunken war!

Mit etwas Wehmut dachte ich an die alte Eckl-Bäuerin zurück, die mich zu Anfangszeiten meiner Praxis einiges an Mühen gekostet hatte, weil sie schwerhörig war und meistens das letzte Wort nur als verfälschtes Echo wahrgenommen hatte! An manchen Tagen hörte sie zwar etwas besser, aber mit ihr zu konferieren bedeutete meistens Schwerarbeit, bei der ich nicht wusste, was früher am Ende war: meine Stimmbänder oder meine Nerven!

So eine neumodische Erfindung wie ein Hörgerät kam am Eckl-Hof natürlich nicht in die nähere Erwägung!

Viel zu tun gab es dort aber sowieso nicht, weil sich der Viehbestand auf zwei Kühe, maximal ein Jungrind, zwei Ziegen sowie ein paar wohlgenährte Hühner reduzierte! Für eine kurze Weile waren noch ein paar Gänse mit von der Partie gewesen, aber die Eckl-Bäuerin hatte sie wieder weggegeben, weil sie, Ironie, das dauernde Geschnatter nicht ausgehalten hatte!

Wobei ich mich ernstlich fragte, wie die gute Frau festgestellt hatte, dass die Gänse schnatterten! Vermutlich an den Schnabelbewegungen!

Mein erster Besuch galt einer Kalbin, die bald kälbern sollte, aber die Eckl-Bäuerin, bereits hoch in den Siebzig, war sich nicht sicher, ob sie überhaupt trächtig wäre, weil das Euter noch keinerlei Anzeichen einer nahenden Geburt ahnen ließ! Dem Bauchumfang nach war ich mir zwar ziemlich sicher, dass sich hier ein Kalb demnächst auf den Weg machen würde, aber der Schein trog manchmal!

Bisweilen, wenn ich mit einem Bauern durch den Stall marschiert war und er beiläufig auf eine Kuh zeigte und frug: „Was meinen Sie, tragt die?", und meine Antwort lautete: „Das kann ich so nicht sagen, da muss ich hineingreifen!“, hatte ich das dumpfe Gefühl, dass er glaubte, ich wollte mit meiner Ansicht nur deshalb nicht herausrücken, weil es dafür kein Geld gab!

Von manchen Rindern glaubte man jedoch beim bloßen Ansehen, sie müssten mindestens Zwillinge mit sich herumschleppen und bei der Rektaluntersuchung stellte sich dann heraus, dass es sich lediglich um einen akribisch angefressenen Heubauch handelte!

Andererseits hatte ich auch schon Kühe untersucht, bei denen mein erster Gedanke war, wo soll denn, bitteschön, da ein Kalb sein, weil einen Rucksack hatten sie nicht umgeschnallt, und plötzlich stießen meine Fingerspitzen an zwei Vorderbeine, die zuckten!

Auch in diesem Fall ertastete ich mühelos die Klauen und sogar die Nase des vitalen Ungeborenen, aber was mir Sorgen machte, war die Größe des Kalbes!

Ich wandte mich an die Eckl-Bäuerin: „Im Moment ist alles in Ordnung! Aber das Kalb ist relativ groß …!“

„Wie? Was ist los?“

„Groß! Das Kalb! Kann eine enge Geburt werden! Ich rate Ihnen, sich rechtzeitig um genügend Hilfe zum Ziehen umzuschauen! Sonst kriegen Sie keinen in der Nacht her!“

„Was ist mit dem Schlachter?“ Die Eckl-Bäuerin krümmte die Hand um's Ohr!

„Nichts! Nur, dass das Kalb ziemlich groß ist ...!“

Ich wusste zu der Zeit noch nichts von der Existenz ihres Sohnes, dem Jakob! Der war stark wie ein Ochse, obwohl, intellektuell gesehen, der Ochse um Längen gewonnen hätte!

Jedenfalls hatte ich rechtzeitig aufmerksam gemacht!

Darum fiel ich aus allen Wolken, als mich anderntags der Metzger anrief und mir mitteilte, eine Fleischbeschau zu haben. „Die Kalbin vom Eckl-Bauern!“

„Waaas? Die war doch noch gar nicht so weit!“

„Keine Ahnung! Der Jakob hat mich heute früh angerufen, die Mutter habe ihm gesagt, die Kalbin muss sofort weg, der Tierarzt hat gemeint, das Kalb ist so groß, die kann nicht kälbern! Das Kalb haben wir zwar nach der Betäubung noch schnell herausgeschnitten, aber ob es überlebt? Ich weiß nicht!“

„Natürlich nicht! Die Frucht war ja noch unreif!“, rief ich verzweifelt!

Unfassbar! Da wollte ich in bester Absicht einen guten Rat erteilen und die derrische Fettl verstand nur Bahnhof und stach die arme Kalbin mir nichts dir nichts ab! Ich machte mir schwere Selbstvorwürfe: gut gemeint war halt oft das Gegenteil von gut gemacht!

Diese Erinnerung beschäftigte mich noch, als der versunkene Eckl-Hof schon längst hinter mir lag und ich auf der Wiese bei meiner „abgeschlauchten" Patientin anlangte! Der blaue Traktor vom Schloffer-Bauern war unübersehbar!

„Sie hat mit einer anderen gerauft, auf einmal hat es geknallt und das Horn ist weggeflogen! Ich hab' es aufgehoben! Da ist es! Die Kuh hab' ich drüben an einen Baum gebunden!"

Ich betrachtete die leere Hornscheide: „Gäb' ein hübsches Trinkhorn ab! Wie bei den alten Germanen!"

Die Kuh stand derweilen da, schüttelte den Kopf vor Schmerzen und wegen der Fliegenschwärme, die sich auf den blutigen Hornzapfen stürzten! Auch über ihre rechte Gesichtshälfte war das Blut gelaufen!

„Wie lang' ist das her?"

„Vor einer halben Stunde, wie ich Sie angerufen habe! Ich war zufällig dabei und habe alles mitgekriegt!"

„Prima! Dann haben wir vielleicht sogar noch die Chance, dass das Horn wieder anwächst!"

Ich spülte die leere Hülle mit Desinfektionsmittel aus und steckte sie nach einer kleinen Narkose und reichlich Blauspray auf den Knochenzapfen, wie ein Futteral, wieder an ihren ursprünglichen Platz zurück! Schließlich befestigte ich das Ganze mit einer zur Achterschleife gebundenen Mullbinde am gegenüberliegenden Horn!

„Einen natürlicheren Schutz gibt es nicht", sagte ich zum Bauern! „Schauen Sie nur, dass sie nicht wieder zu raufen anfängt!"

„Ich glaub', die hat fürs erste einmal genug davon!" Schmunzelnd band er seine Kuh los und beobachtete, wie sie, noch schwankend von der Narkose, über die ebene Weide davontapste!

Auf meiner Rückfahrt kam ich wieder an der Ruine vom Eckl-Hof vorbei und mir fiel die Episode mit „Kranz" ein!

„Der Kranz ist krank", hatte mir Karin noch auf dem Weg in die Garage nachgerufen, „am Eckl-Hof!"

„Wer ist Kranz?"

„Keine Ahnung! Ich habe gedacht, das weißt du! Die Frau am Telefon hat lediglich das gesagt und auf meine Nachfrage nicht reagiert, sondern aufgelegt!"

„Weil sie schwerhörig ist! Sie hätte deine Frage sowieso nicht verstanden!"

Wer oder was, zum Teufel, war Kranz?

Am Hof ging ich einfach ins Haus! Anklopfen wäre sowieso sinnlos gewesen!

Die Eckl führte mich in den Stall, wo hinter den zwei Kühen unter verwaisten Futtertrögen aus Holz eine Decke ausgebreitet war, auf der apathisch ein junger Hund lag.

„Hübscher Kerl", nickte ich. Das bezog sich aber nur auf sein Äußeres, sein Zustand war weniger schön! Nasenausfluss, Husten, Rasselgeräusche in der Lunge, vierzig Grad Fieber und das Deckenende an seinem Hinterteil kündete von blutigem Durchfall!

„Ist er geimpft?"

„Wie? Wer hat geschimpft?"

Blöde Frage!

„Wie alt ist der Hund?"

„Nein, er ist nicht g'sund!

Ich schluckte zuerst einmal! Dann brüllte ich: „Haben Sie Füchse um's Haus?" Nachdem der Waldrand nur hundert Meter weit weg war, war das sehr wahrscheinlich!

„Nein! Einen Fuchs hab' ich nicht im Haus! Aber rundherum! Vier Hennen hat mir das Ludervieh schon gestohlen! Deswegen hab' ich mir ja den Hund angeschafft …!"

„Ich fürchte, es ist die Staupe!"

„Aber natürlich ist er staubig! Er schläft ja im Stall!"

„Neinnnn!!!! Staupe! Eine Infektion!"

„Na, dann geben Sie ihm schon die Injektion!"

Es war hoffnungslos! An eine Überweisung in eine reguläre Kleintierpraxis, wo Kranz mit so einer Krankheit von Rechts wegen hingehört hätte, war angesichts dieser Umstände nicht zu denken! Also blieb mir nichts übrig, als die „Krot" der medizinischen Behandlung selbst zu schlucken!

Ich holte die nötigen Medikamente aus dem Auto und vermied es, während der Behandlung etwas zu sagen, um die Doppelkonference nicht neu zu beleben!

Als ich mich verabschiedete, rief ich doch noch: „Es kann aber sein, dass er stirbt!"

Ein Leuchten zog über das faltige Gesicht: „Wollen wir's hoffen, dass er wird!", nickte die Eckl-Bäuerin!

Derart fassungslos ob einer derartigen Schwerhörigkeit, gepaart mit ausreichender Fantasie, sich die Welt phonetisch nach eigenem Gutdünken zurecht zu legen, würgte ich rasch den Retourgang des Wagens ein, um auf der schmalen Zufahrt zurückzustoßen! Dabei, ein winziger Moment der Unkonzentriertheit, und ich fühlte einen leichten Ruck, dann hing das Auto ein wenig schief nach links hinten und rührte sich nicht von der Stelle! Ich krabbelte heraus und stellte mit Grimm fest, dass ich mit dem Hinterrad zu weit an den Wegrand geraten war, das weiche Erdreich nachgegeben hatte und ich jetzt in einem sanften Graben von einem halben Meter Tiefe hing! Keine Gefahr, aber auch keine Chance, aus eigener Kraft wieder herauszukommen! Hier hinten im Tal gab es nicht einmal Handyempfang!

Also ging ich wieder vor zum Haus, steckte meinen Kopf durch die Küchentür und rief: „Ich bin in den Graben gerutscht!"

„Wie? Wer ist futsch?"

Statt weiterer vergeblicher Erklärungsversuche schnappte ich die Bäuerin am mageren Oberarm, den ich durch die geblümte Kleiderschürze spürte, und führte sie sachte vor die Haustüre, wo ich auf mein schräg dastehendes Auto deutete: „Ich brauche Ihr Telefon!"

„Ah! Meinen Sohn! Jackl! Jackl! Wo bist d' denn! Komm her! Wir brauchen dich!"

„Nein, nicht Ihren Sohn! Telefon!" Wenn das so weiterging, würde ich noch überschnappen!

„Ach was! Der Jackl ist stark, der schafft das!"

Wie zur Bestätigung tauchte plötzlich eine Männergestalt aus der Botanik auf! Nicht besonders groß, aber furchteinflößend untersetzt! Ein Kleiderkasten hätte sich hinter ihm glatt verstecken können!

„Jackl, du musst zieh'n! Der Doktor ist im Graben gelandet! Hol ein Seil!"

„Nein, das ist doch Unsinn …!"

„Ah was! Nix wird hin! Zieh'n kann der Jackl am besten!"

Der war inzwischen mit einem stabilen Tau zurückgekehrt, das mit Not durch die Abschleppöse unter der vorderen Stoßstange passte! Er schlang sich das Doppelseil nach Bergsteigerart zweimal quer um Brust und Schulter. „Anfahren", brummte er und zeigte zuerst auf mich, dann auf das Lenkrad!

Ich kroch wieder ins Auto zurück, kochend vor Wut, und legte den Geländegang ein, bevor ich auf das Gaspedal trat! Anstatt, dass mich die Alte nach dem Schloffer-Bauern telefonieren ließ, der in fünfzehn

Minuten hier sein konnte, verplemperte ich meine kostbare Zeit mit sinnlosen Kraftmeiereien!

Aber was war das denn? Der Jackl hatte sich nach hinten gelehnt und bekam Halsadern wie Haselnussstecken! Und plötzlich begann sich das schwere Auto zu bewegen, die übrigen Räder mahlten zuerst über den Boden, dann erfolgte ein Ruck und ich stand wieder auf ebenem Weg! Es war unglaublich, der Kerl hatte tatsächlich über 2,5 Tonnen gezogen!

Meinen Dank nahm er so gleichmütig hin, als hätte er mir einen Apfel gepflückt! Er trollte sich, das Seil hinter sich her schleifend!

„Der Jakob ist ja wie ein Stier!", brüllte ich seiner Mutter ins Ohr!

„Wie? Nein, nein, er mag kein Bier!"

Unterwegs dachte ich, wenn Kranz eine ebensolche Konstitution hatte wie der Sohn des Hauses, könnte er es schaffen!

Und tatsächlich! Bei jedem Besuch ging es dem Hund etwas besser!

Aber als er endlich gesund war, hieß es kurz darauf, die Eckl-Bäuerin war gestorben! Kranz kam zum Schloffer-Bauern und eine Woche nach der Beerdigung verschwand auch der Jackl!

Es tobten die wildesten Gerüchte durchs Dorf, die einen behaupteten, er wäre ins Wasser gegangen, andere glaubten, er sei in einem Wanderzirkus als Schwerathlet untergekommen!

Das war alles Unsinn! Jedenfalls sind seither mehr als zwanzig Jahre ins Land gezogen, vom Jakob hatte man nie mehr etwas gehört und gesehen! Ein netter einfältiger Bursche, dem der Tod seiner Mutter eine dramatische Wendung in seinem Leben gab! Hoffentlich in seinem Leben!

Der Reitermösl-Bauer zählte zwar nicht zu den Schwerhörigen, dafür besaß er eine andere Eigenart, die einen zermürben konnte! An sich kein unebener Mensch, obwohl seine Frau, als sie ihm weggelaufen war, in dem Moment gegenteiliger Ansicht gewesen sein musste, wollte er partout, bevor man als Tierarzt mit der Arbeit beginnen durfte, wissen, wie teuer das werden würde!

Obwohl ich noch nie erlebt hatte, dass er im Anschluss die Behandlung verweigerte, was ja auch nicht besonders geschickt wäre, da er den Besuch auf jeden Fall würde zahlen müssen, und zwar ohne Kostenvoranschlag, bei dem er versuchte, etwas herunterzuhandeln, ging bei ihm gar nichts! Das war einfach ein Tick von ihm und er war auch nie eingeschnappt, wenn ich das sich anbahnende Geplänkel mit den Worten abbrach: „Passen Sie auf, wenn Sie Kamelhandel treiben wollen, dann rufen sie mich nicht zu einer Kuh!"

Daraufhin pflegte er zu grinsen, selbst wenn es sich um eine ernste Sache handelte, weil ein kleines Vergnügen gönnte man sich halt trotzdem.

Dabei war es manchmal gar nicht einfach, im Vorhinein eine Kalkulation abzugeben! Gewiss, Standardeingriffe und Wald- und Wiesenerkrankungen ließen sich ziemlich genau berechnen, weil in diesen Fällen Schwankungen höchstens durch das Gewicht des Tieres und dem dadurch entsprechenden Medikamentenaufwand zustande kamen, aber zum Beispiel so etwas banal Klingendes wie eine Verdauungsstörung war von vornherein schwer abzuschätzen! Die konnte nach einer Behandlung wieder im Lot sein, was glücklicherweise meistens der Fall war, ich hatte aber auch schon Fälle, bei denen ich alle internistische Kunst aufbieten musste, bis das Tier wieder fraß!

Selbstverständlich berechnete ich solche Nachbehandlungen in geringerer, d. h. angemessener Höhe, obwohl ich aus Kollegenkreisen schon die Meinung vernommen hatte, dies wäre ein Fehler, weil es nach schlechtem Gewissen aussähe! Das ist natürlich dummes Zeug! Im Spital wurde man auch nicht an einem Tag geheilt und meine Bauern wussten mittlerweile, dass ich sie darauf aufmerksam machte, wenn die Prognose sehr ungünstig lag und der unbedingt notwendige Behandlungsaufwand die Erfolgsaussichten zu übersteigen drohte!

An jenem Tag beim Reitermösl ging es um eine überzählige Zitze, was man als Afterzitzen bezeichnete! Die konnten einzeln oder paarig auftreten und entweder hinter den Hauptzitzen oder dazwischen sitzen! Zumeist handelte es sich um simple Hautanhängsel, aber hie und da waren sie mit einer Hauptzitze verbunden, sodass auch hier Milch austreten konnte, und in seltenen Fällen besaßen sie sogar ein eigenes fünftes Euterviertel, welches jedoch viel kleiner war und viel weniger Milch produzierte!

Genau mit letzterem Problem war ich nun konfrontiert!

„Ein Prachtexemplar von einer Kuh“, stieß ich hervor, als ich die junge Rot-Friesin, die gerade ihr erstes Kalb erwartet hatte, zu Gesicht bekam! Der typisch feingliederige Körperbau, der schlanke Kopf und das enorm drüsige Euter! Ihr Fell glänzte wie bei einem edlen Rennpferd!

„Nicht war?“, strahlte der Reitermösl, „sie soll mir bei der Versteigerung auch einen Batzen Geld bringen! Aber das Ding da stört!“

Afterzitzen galten züchterisch als Euterfehler und verminderten den Wert! Meistens entfernten die Bauern solche unfreiwilligen Zugaben der Natur mittels Abschnüren durch einen Gummiring, aber bei der „Gundi“ wollte ihr Besitzer kein Risiko eingehen, sondern die sachgemäß operative Entfernung der Zitze!

Ich tastete das Euter ab! Dabei fiel mir auf, dass das Afterviertel völlig isoliert vom restlichen Mammagewebe unter der Haut lag! Ich vergewisserte mich nochmals und ein drittes Mal, um ganz sicher zu gehen, denn so ein Fall war außerordentlich! Als ich keinen Zweifel mehr hatte, kam mir eine Idee: „Was ist, wenn wir nicht nur die Zitze, sondern gleich das ganze Viertel mitentfernen?"

Der Bauer riss die Augen auf: „Was sagen Sie? Das ganze Viertel?"

„Naja! Wenn wir nur die Zitze wegnehmen, füllt sich das Viertel trotzdem mit Milch und die Gundi hat eine unschöne Beule am Euter, zumindest so lange, bis sich die Milch dort wieder zurückbildet! Die elegantere Methode wäre es jedenfalls!"

„Und was wird mich der Spaß kosten?"

„Das weiß ich nicht! Ich habe das noch nie gemacht!", gestand ich! „Weil die anatomischen Gegebenheiten dafür nicht geschaffen sind! Aber hier liegt das Viertel schön abgegrenzt!

Der Reitermösl zuckte zusammen: „Sie haben das noch nie gemacht? Ich habe geglaubt, Sie haben schon Hunderte deswegen operiert!"

Zum ersten Mal zögerte er: „Seien Sie mir nicht bös', Herr Doktor, es ist nicht der Preis, aber was ist, wenn es schiefgeht?"

Jetzt hätte ich klarstellen müssen, dass dann meine Haftpflichtversicherung für den Schaden aufkommen würde, aber ich wusste, dass, wenn ich das sagte, der Bauer nie und nimmer zugestimmt hätte! Zu wertvoll war ihm die Kalbin!

Aber es juckte mich in allen Fingern,

Also tat ich das, was man unter keinen Umständen tun sollte, einen Tierbesitzer in eine bestimmte Richtung drängen, und meinte: „Es wird schon klappen!"

Der Reitermösl starrte unschlüssig auf das Euter, dann zuckte er die Schultern: „Also schön! Normalerweise wissen Sie ja, was Sie tun!"

„Abgemacht! Sie organisieren den Kippstand vom Züchterring und morgen Vormittag gehen wir die Sache an!"

„Morgen geht's nicht! Da muss ich auf die Bauernkammer!"

Auch das war typisch: Bezirksbauernkammer, Zahnarzt, Notar, Zaun richten … der Tierarzt stand immer als Letzter in der Reihe.

„Also dann eben Donnerstag!"

Doch komisch, je näher der Termin rückte, umso mulmiger wurde mir! Auf was hatte ich Depp mich da wieder eingelassen! Hätte ich mich bloß mit der Zitzenamputation begnügt! Mehr war ja von mir nicht verlangt worden!

Selbst Karin ging meine Einsilbigkeit langsam auf die Nerven!

Als ich ihr schilderte, was mich bedrückte, stellte sie nur lapidar fest: „Erst überlegen, dann reden! Sag' ich meinen Schülern auch immer!"

„Vielen Dank, Frau Lehrer, für den guten Rat!", knurrte ich zurück!

Karin lächelte mich liebevoll mitleidig an: „Das kommt halt von deinem Enthusiasmus und großem Mundwerk!"

Als der Donnerstag dann endlich da war, war ich direkt erleichtert! Jetzt gab es kein Zweifelreiten mehr und kein Zurück!

Die Gundi lag schon festgezurrt auf dem Kippstand! Der Reitermösl präsentierte sie stolz wie der Chefkoch eines Drei-Hauben-Restaurants sein Entrecote à la Tartuffes: „Ich hab' mir gedacht, dann können Sie gleich anfangen! Vielleicht wird es dadurch billiger!"

Nachdem ich das Operationsfeld desinfiziert und reichlich mit Lokalanästhetikum infiltriert hatte, setzte ich den ersten Hautschnitt! Anschließend präparierte ich die apfelgroße Drüse frei, bis sie nur mehr an ihrer Afterzitze hing! Die spritzenden Arterien wurden durch eine Ligatur unterbunden, die Venen mittels Gefäßklemme! In die Wundhöhle kam eine antibiotische Salbe!

Das Zunähen besorgte ich besonders sorgfältig, um eine breitere Narbenbildung zu verhindern! Obwohl die Arbeit genauso problemlos verlaufen war, wie ich es mir vorgestellt hatte, richtete ich mich schweißgebadet auf!

Der Reitermösl begutachtete den Wundverschluss: „Sauber wie mit einer Nähmaschine!"

„Falls Sie es noch nicht wissen sollten, mein zweiter Vorname ist Husquarna! In zehn Tagen komme ich, um die Fäden zu ziehen!"

„Brauche Sie dazu wieder den Stand?"

„Prinzipiell nicht, aber einfacher wäre es schon!"

„Dann soll der Statzlgraber gefälligst warten! Schneidet seinen Viechern alle zehn Jahre einmal die Klauen, aber wenn ich gerade den Stand habe, macht er ein Theater!"

Nach zehn Tagen war die Wunde trocken verheilt, lediglich eine kleine Einbuchtung ließ die Gewebsentnahme erkennen!

„Kann man da nicht Silikon reinspritzen?", frug der Reitermösl!

Ich musste lachen! Ideen haben die Leute! „Klar, und Botox gegen die Schwanzfalte! Die Kuh ist nicht Pamela Anderson! Sobald sich die Haut strafft, sieht man nichts mehr!

Einige Wochen später fand die Versteigerung in Maishofen statt! Am Abend fuhr ich zu einer Besamung beim Lugner-Bauern, der ebenfalls erst von dort zurückgekehrt war!

„Und? Wie ist es gelaufen?“

„Gut! Die Verkaufspreise waren hoch! Der Reitermösl hat übrigens mit seiner ‚Gundi‘ die zweitteuerste Kuh versteigert!“

Befriedigt setzte ich mich am Sonntag hin und schrieb dem Reitermösl die Rechnung! Eigentlich wäre, so überlegte ich, ein Erfolgshonorar, heutzutage Bonus genannt, angebracht! Aber das widersprach leider meinem Grundsatz: Die Arbeit, das Können und das Wissen ist der Wert an sich! Was es wiegt, das hat es! Bei Rechtsanwälten ist das anders: je höher die Summe, um die es geht, desto größer das Honorar!

Trotzdem darauf rief mich bald darauf der Reitermösl an: „Nochmals vielen Dank, Herr Doktor! Ich hab' Ihre Rechnung bekommen! Aber sagen Sie, kann man da nicht noch etwas nachlassen?“

Seufzend musste ich kurz an meinen Cousin, den Anwalt denken, und beschloss, mich taub zu stellen. Auf gewissen Ohren kann ich nämlich auch schwerhörig sein!

Ein Beruf, wie kein zweiter!

Obwohl „Oison“ mit seinen meterlangen Hörnern und den dichten Stirnfransen bedrohlich wie ein zotteliges Urvieh wirkte, war er sanft wie ein kastriertes Meerschweinchen!

Der eineinhalbjährige Hochlandstier stellte seit einem Tag den neuesten Stolz am Forner-Hof dar!

Nicht verwunderlich, hatte ihn doch der Bauer um schweres Geld direkt aus Schottland herunter transportieren lassen, um damit seine acht prämierten Kühe zu decken.

Der Forner legte nämlich großen Wert darauf, auch künftig als bester Züchter der Highland-Rasse in Österreich zu gelten, und der wertvolle und teuer gehandelte Nachwuchs an Kälbern gab ihm Recht!

Es handelte sich somit nicht nur um ein reines Hobby, wie andere Bauern hämisch vermuteten, weil ihnen der Forner seine Verkaufserlöse aus Klugheit nicht auf die Nase band, sondern auch um eine handfeste wirtschaftliche Investition!

Deshalb rief er schon am nächsten Morgen an, ich möge doch „Oison“ untersuchen, ob er die Reisestrapazen gut überstanden hätte!

Etwas misstrauisch näherte ich mich dem Stier! Immerhin zählen Hochlandrinder zu den extensiv gehaltenen und naturbelassenen Rassen, obwohl die Kühe vom Forner äußerst friedfertig und zutraulich waren, wie ich aus eigener Erfahrung schon herausgefunden hatte. Das lag daran, dass sie von ihrem Besitzer ständig umhegt und gehätschelt wurden! Aber was weiß man schon von einem echten Schotten aus dem originalen Herkunftsland!

Schließlich galten die Highlander nicht umsonst als ein raues Völkchen, das den Engländern jahrhundertelang ohne Unterhose erbitterten Widerstand entgegengesetzt hatte und noch heute gern mit Baumstämmen um sich wirft!

Dem Forner entging meine Vorsicht nicht: „Keine Angst, der ist ganz friedlich! Wenn er wild wäre, hätte ich ihn nicht gekauft! Da, geben Sie ihm das Stück Brot, dann schließt er gleich Freundschaft mit Ihnen!“ Er steckte mir ein trockenes Scherzl zu, welches ich gehorsam an „Oison“ weiterreichte! Mit seiner feuchten Schnauze nahm er die Bestechung bedächtig aus meinen Fingern und zerknurspelte sie genüsslich zwischen den Mahlzähnen.

Als ich ihm die Ponyfrisur aus der Stirn streifte, um seine Augen zu begutachten, blinzelte er mich mit sanfter Neugierde an!

„Zu meiner Jugendzeit hat man das noch ‚Beatle-Frisur' genannt! Na, schließlich kommt er ja auch von der Insel!"

„Oison", der das Brot mittlerweile hinuntergeschluckt hatte, streckte nun die Zunge aus dem Mund und tastete zuerst meine Hemd- und anschließend die Hosentasche ab, um sie auf das Vorhandensein von weiteren Leckerbissen zu prüfen! Die Untersuchung auf Herz und Nieren fand also gegenseitig statt!

Ich strich „Oison" mit der flachen Hand über das grobe Fell, das in langen rotbraunen Strähnen über den Körper herunterhing. Wie bei einem schilfgedeckten Haus, dachte ich, da geht auch kein Regen oder Schnee durch!

Schließlich war ich mit der Inspektion fertig: „Alles in Ordnung", wandte ich mich an den Forner, der jeden meiner Handgriffe mit gespannter Aufmerksamkeit verfolgt hatte, „bis auf einen winzigen Fehler!"

„Welchen den?", riss der Bauer erschrocken die Augen auf!

Ich lachte: „Er hat keinen Whisky von daheim im Gepäck!"

Aber das Lachen sollte mir bald vergehen!

Als nämlich der Forner einige Monate später anrief und seine Stimme höchst bekümmert klang: „Ich hab' da ein Problem mit dem ‚Oison'! Bis jetzt hat er mir drei Kühe gesprungen, tadellos, und vor zwei Tagen wollte ich die vierte mit ihm decken, da haut das Luder aus und trifft ihn genau an der Rute vor dem Beutel! Jetzt ist er dort mordsmäßig geschwollen und hat Fieber! Gestern hab' ich den Sonntagsdienst holen müssen, weil Sie nicht erreichbar waren (irrte ich mich oder schwang da ein leichter Vorwurf mit?), der hat ihm zwei Spritzen gegeben, aber die Schwellung ist noch genau so groß und der Stier hat noch immer vierzig Grad Fieber!"

„Klingt ganz nach einer schweren Penisquetschung", murmelte ich, „in einer Stunde bin ich bei Ihnen!"

„Oison" stand im Stall, weil er sich strikt weigerte, auch nur einen Schritt zu machen! Angesichts des Ausmaßes der Penisgeschwulst durchaus verständlich! Jede Bewegung musste ungeheuer spannen!

„Ein Hämatom!", nickte ich, „das sofort punktiert gehört!" Ich suchte unter dem Zottelfell die Halsvene und versah „Oison" mit einer leichten Sedierung! Als ich anschließend die dicke Nadel in den Bluterguss vor dem Hodensack einstach, zuckte er nicht einmal! Offenbar hatte er genügend Schmerzen, egal ob man noch zusätzlich piekte oder nicht! Nachdem so viel Flüssigkeit abgelaufen war, bis nichts mehr nachsickerte und die Beule nur noch ein schwaches Drittel des ursprünglichen Umfanges besaß, versorgte ich den Stier mit gehörig Antibiotikum und entzündungshemmenden Medikamenten!

Mehr konnte ich im Augenblick nicht tun und so ließ ich einen geknickten Bauern und einen Bullen mit geknicktem Penis zurück.

Aber als ich am nächsten Tag zur Nachbehandlung erschien, zeigte sich der Forner schon bedeutend zuversichtlicher: „Er hat kein Fieber mehr und sogar schon wieder etwas gefressen!“, rief er schon von Weitem!

„Ausgezeichnet! Dann wiederhole ich noch einmal die Spritzenkur und werde ihn dann gleich einer Präputialspülung unterziehen …!“

„Was wollen Sie spülen?“

„Na den gesamten Vorhautschlauch! Bis nach hinten! Mit einem warmen Gemisch aus Kresolsulfonsäure und physiologischer Kochsalzlösung! Und das mehrere Tage lang!“

„Muss das sein? Tut das weh? Ich meine, er ist auf dem Ding ziemlich empfindlich und ich möchte ihn mir nicht verderben!“ Der Forner war alles andere als begeistert!

„Also, vor Freude wird er natürlich nicht hüpfen, abgesehen davon, dass er momentan sowieso nicht hüpft! Aber wenn wir ihn nicht spülen, besteht die Gefahr, dass es im verletzten Bereich zu Verklebungen und Verwachsungen kommt und er den Penis nicht mehr ausfahren kann! Wiederkäuer besitzen nämlich keinen Schwellkörper, sondern einen Penis vom fibroelastischen Typ! In Ruhe liegt das Organ mit einer s-förmigen Krümmung zurückgezogen wie eine gespannte Feder, bei Erektion streckt sich die doppelte Biegung und der Penis schachtet aus!“

Der Bauer schien nicht überzeugt: „Schau’n Sie! Ihre Injektionen haben so gut gewirkt! Warum also ein Risiko eingehen und den Stier womöglich für immer widerspenstig machen!“

„Das Risiko ist aber größer, wenn wir nicht spülen!“, warnte ich!

„Ach was! Ich vertrau’ auf Ihre Spritzen! “

So widerborstig hatte ich den Forner, sonst ein verständnisvoller Mann, noch nie erlebt.

Aber wer zahlte, schaffte an! Er war der Besitzer! Mehr, als ihm zu der vorgeschlagenen Maßnahme zu raten, blieb mir nicht übrig! Außerdem gab es keine Gewährleistung, dass es nicht trotz der Spülung zu den Verwachsungen kommen könnte!

Trotzdem hätte ich mich bedeutend wohler gefühlt, wäre es mir gestattet worden, „Oisons“ Maskulinität ordentlich durchzuschwemmen!!

„Oison“ machte genesungsmäßig große Fortschritte, der Forner war zufrieden, nur mich beunruhigte der Umstand, dass an der ursprünglichen

Verletzungsstelle eine leichte, derbe Verdickung, wie ich deutlich spürte, zurückgeblieben war!

„Aber geh'n Sie! Der Stier ist wieder ganz der Alte, er interessiert sich sogar schon wieder für seine Damen", schmetterte der Bauer meine Bedenken ab!

Langsam, im Laufe der folgenden Wochen, wurde jedoch auch dem Froner bewusst, dass „Oisan" eben doch nicht mehr ganz der Alte war, wie er gemeint hatte! Der Stier stieg zwar brav seinen Damen nach, besprang sie auch, sobald sie den Duldungsreflex, also das Zeichen ihrer Brunst und Aufnahmebereitschaft, zeigten, aber der Penis kam nicht hervor!

„Verflixt!", rief der Bauer, als ich auf seinen Anruf hin neuerlich auf dem Hof aufkreuzte, „er bemüht sich und bemüht sich, aber das Ding scheint wie angewachsen! Sie haben Recht gehabt! Sollen wir ihn jetzt doch spülen?"

„Nach so einer langen Zeit bringt das überhaupt nichts mehr", wehrte ich ab, verzichtete aber, mit dem moralischen Finger in der Wunde zu bohren, „am besten, Sie bringen ihn an die Veterinär-Uni nach Wien, die sollen sich dort die Sache einmal mit Endoskop und Ultraschall anschauen, vielleicht kann man mit einer Operation wieder eine Beweglichkeit herstellen!"

Gesagt, getan!

„Oison" übersiedelte in die ehemalige Kaiserstadt oder den Wasserkopf, je nach Betrachtungsweise als Wiener oder Tiroler, und kehrte nach dem Eingriff zehn Tage später wieder zurück! Ausschachten konnte er zwar noch immer nicht, aber den Erfolg würde man erst nach vollständigem Abschluss der Behandlung sehen können!

Der Forner hatte nämlich für mich eine schriftliche Anweisung mit, nach der der Hoftierarzt eine Woche lang noch ein bestimmtes Medikament zu spritzen habe! Mein Glaube war zwar gering, aber wenn ich schon die hohe Wissenschaft eingeschaltet hatte, konnte ich mich schwer verweigern und meinen Zweifel anmelden! Also fuhr ich vorschriftsmäßig jeden Tag auf den Forner-Hof und gab „Oison" seine Injektion, obwohl man merken konnte, dass wir beide kein Vergnügen daran fanden!

Das Ergebnis fiel leider aus, wie erwartet! Der Stier war für die künftige Zucht unbrauchbar und das sagte ich dem Bauern auch!

„Vielleicht probier' ich es noch in München!", erwiderte der Froner, „darauf kommt's mir auch nicht mehr an!"

Aber schon am nächsten Tag ließ er mich wissen, dass ihm die dortige Universitätsklinik klipp und klar erklärt habe, dass man aufgrund der

Vorgeschichte keine Chancen sähe, die Deckfähigkeit des Tieres wiederherzustellen und man daher eine Aufnahme seriöserweise ablehnen müsse!

„Wo gibt's denn sonst noch so eine verdammte Uni-Klinik?", knirschte der Forner!

„Hannover!", fiel mir spontan ein, „aber die sagen Ihnen mit Sicherheit dasselbe!"

Der Forner war jedoch nicht so leicht gewillt, aufzugeben! Immerhin hatte ihn der Stier samt Importkosten ein Heidengeld gekostet. „Man hat mir da so einen Naturheiler in Osttirol empfohlen", kam er nach ein paar Tagen wieder zu mir, „so eine Art ‚Stierflüsterer'! Was halten Sie davon?" Anscheinend war er meinem fachlichen Urteil jetzt zugänglicher als damals, als ich ihm die Spülung nahegelegt hatte!

„Nix!", antwortete ich trocken, „aber wie ich Sie kenne, werden Sie trotzdem hinfahren! Und eine Enttäuschung erleben! Das kann ich Ihnen flüstern!"

Genau so war es! Als er aus Osttirol zurückkehrte, tobte er: „So ein Hundling! Der hat für eine Behandlungen mehr verrechnet als die ganze Universität samt Operation!"

„Was hat er denn gemacht?", frug ich belustigt, „dem Stier in die Vorhaut geflüstert?"

„Aber was! Mit einer scharfen Salbe hat er ihn eingerieben, ‚Blistern' hat er dazu gesagt und der Erfolg? Das Vieh hat wieder Schmerzen und jetzt noch Probleme beim Wasserlassen dazu!"

Gar nicht so blöd, dachte ich! Blistern galt als uralte Heilmethode, die man früher vor allem bei Pferden angewandt hatte, um eine chronische in eine akute Entzündung zu verwandeln!

Dazu hat man schwarzen Blister, der aus der berühmten „Spanischen Fliege", einer Ölkäferart, erzeugt worden war, hergenommen! Manchmal hatte diese Behandlung bei Verklebungen der Sehne mit der Sehnenscheide gute Erfolge gebracht!

Aber an so einer empfindlichen Stelle hätte ich mich das nie getraut!

Jedenfalls klang nach einer Weile die künstlich hergestellte Entzündung endlich ab, leider hatte sich am Zustand des Stieres nichts geändert! Offenbar war die Verwachsung zu massiv!

Als nun klar war, dass der gute „Oison" sein künftiges Dasein höchstens als funktionaler Eunuch fristen würde können, da Eunuchen in der Zucht jedoch wenig gefragt waren, rang sich der Forner schweren Herzens zu dem Entschluss durch, seinen ehemals wertvollen Bullen dem Metzger zu überantworten!

Zur Ehrenrettung des Bauern musste aber betont werden, dass ihm diese Entscheidung nicht nur wegen des materiellen Schadens schwer genug fiel, er hatte zu dem zutraulichen Stier eine regelrechte Sympathie aufgebaut!

Man hört oft die Meinung, den Bauern ginge es in erster Linie ums Geld! Natürlich bestreiten sie durch ihre Tiere ihren Lebensunterhalt, aber ich kenne genügend Beispiele, gerade bei uns im Gebirge, wo hartgesottene Bauern beim Abschied von einer alten treuen Kuh oder Stute feuchte Augen haben und die Verladung durch den Händler nicht mitansehen können!

Dem Forner ging es nicht anders, als er „Oison" zusah, wie der, im Ungewissen über sein nahes Schicksal, fröhlich das Heu aus der hölzernen Futterraufe zupfte, den Kopf zu uns herüberdrehte und ein freundliches Brummen ertönen ließ!

„Ich hätte da eine Idee!" Ich war zur Lebendbeschau auf dem Hof und gerade war mir eingefallen, wie man dem unvermeidlichen Tod des Tieres noch einen Sinn geben konnte! „Sobald ‚Oison' vom Metzger mit dem Schussapparat betäubt worden ist, lassen Sie sich die Hoden herunterschneiden, hauen Sie sie in einen Plastiksack mit Kühlziegel und rasen auf dem schnellsten Weg zur Besamungsstation Klessheim! Es gibt da so eine Methode, mit der man Spermien mittels Hohlnadel aus dem Hoden bzw. Nebenhoden ansaugen kann! TESE, glaub' ich, heißt das Verfahren! Und den so gewonnenen Samen lassen Sie dort wie normales Gefriersperma in Röhrchen abfüllen und in einen Stickstoffcontainer geben und lagern Sie die Portionen bei Ihnen auf dem Hof! Sobald eine Kuh stierig wird, komme ich und besame sie! Mit etwas Glück haben Sie neun Monate später einen ‚Oison Junior' im Stall!"

Die Augen vom Forner begannen wieder einigermaßen zu leuchten: „Das mach' ich, Herr Doktor! Tausend Dank!"

„Was war denn mit dem los?", frug mich der Metzger stirnrunzelnd, als ich anderntags zur Fleischbeschau aufkreuzte! „Der hat die Hoden geschnappt, rein in einen Plastiksack und in eine Sporttasche und wie ein Gehetzter raus bei der Tür …!"

„Der hat eine Verabredung", grinste ich!

„Und dazu braucht er fremde Hoden? Na habe die Ehre!"

„Das erklär' ich Ihnen beim nächsten Mal!", versicherte ich! Meine Frau rief an!

Es ging um ein schwerkrankes Kalb!

Die Pöltl-Bäuerin hatte Karin am Telefon ausdrücklich gebeten, ich solle mich beeilen, sonst wäre es zu spät!

Das war leichter gesagt, als getan! Der Pöltl-Hof lag mitten im Ortszentrum der Nachbargemeinde und die einzige Zufahrt dahin wurde von einem polnischen Reisebus vor dem Hotel Posthorn blockiert, dessen Fahrer gemächlich das Gepäck seiner Fahrgäste aus dem Stauraum holte und großzügig auf der Straße abstellte und sich dabei von meinem eingeschalteten Blaulicht völlig unbeeindruckt zeigte!

Erst als ich ihm durch das Seitenfenster lautstark auf Englisch verdeutschte, dass ich in spätestens zehn Sekunden über die Koffer drüberfahren würde, machte er Platz!

Das Kalb lag lang ausgestreckt auf der rechten Körperseite, völlig weggetreten bzw. somnolent, wie wir es auszudrücken pflegten, und ruderte ununterbrochen mit allen vier Beinen wild um sich! Das taten Kälber gewöhnlich kurz vor dem Exitus! Bei Koliken schlugen sie auch um sich, aber dazwischen gab es kurze Pausen!

„Auweh! Das schaut gar nicht gut aus!“, murmelte ich! „Seit wann hat es denn die Symptome?“

„Oh, bis gestern früh war es noch putzmunter! Sie müssen wissen, dass seine Mutter vor zwei Wochen gekalbt hatte, mitten in der Nacht, und als wir in der Früh in den Stall gekommen waren, lag sie tot da! Mit einem Gebärmuttervorfall!“

„Innerlich verblutet“, nickte ich, „und weiter?“

„Na ja, wir haben dem Kalb seither normale Kuhmilch gegeben! Milchaustauscher für die mutterlose Aufzucht ging nicht, weil wir ja ein Bio-Betrieb sind und nur einen Bio-Austauscher verwenden dürfen! Den hätten wir aber in Deutschland bestellen müssen und womit hätten wir es bis dahin füttern sollen? Mit Leberknödeln?“

Jaja, die strengen Bio-Richtlinien. Lieber ein Kalb verhungern lassen, als im Notfall eine Ausnahme zu gestatten!

Ich hatte in der Zwischenzeit die Körpertemperatur gemessen und staunte! Achtunddreissigkomavier! Das entsprach so gar nicht der Temperatur eines sterbenden Tieres!

„Aber was kann es denn dann bloß haben? Das ist ja nicht zum Anschauen! Das arme Tier!“

Die Pöltl betrachtete ihr konvulsivisch zuckendes Kalb voll Mitleid!

Langsam, ganz langsam, begann sich in mir eine Idee, die zu dem Krankheitsbild passte, zu entwickeln, ich konnte es fast körperlich greifen, wie sie sich aus dem Dunkel schälte, aber mit meinem Hirnkastl war es wie mit meinem Schreibtisch: Wenn ich etwas Bestimmtes suchte, konnte es eine Weile dauern, bis ich es fand! Meine Idee war, dass das Kalb an akutem Vitamin-B-Mangel litt, der die Funktion der Nerven und des Gehirns herabsetzte! Immerhin hatte es ja nie Biest-Milch erhalten und Kolostrum unterschied sich nicht nur in die Farbe und dem Gehalt an wertvollen Antikörpern von der späteren Milch, sondern auch durch den hohen Vitaminanteil! Bei Wiederkäuern übernahmen die Pansenbakterien die Aufgabe, Vitamin B zu synthetisieren, aber bei einem Neugeborenen war der Pansen noch nicht in Betrieb!

„Vielleicht weiß ich die Ursache", sagte ich und kratzte mich am Kinn, „es ist zwar lediglich eine Vermutung ...!"

„Egal! Wir können das Kalb ja nicht einfach so krepieren lassen! Tun Sie, was sie für richtig erachten!"

Das war der Startschuss! Ich bereitete zur Stärkung ein Gemisch aus Traubenzucker und Kochsalzlösung vor und verabreichte es dem heftig zappenden Tier subcutan! Nach der halben Flasche begann sich plötzlich auch die Kaumuskulatur zu verkrampfen, sodass sich der Unterkiefer öffnete und hässlich verzog!

„Jetzt wird es hin", stieß die Pöltl hervor!

„Scheint so", murmelte ich verwirrt, „aber die Infusion ist völlig harmlos, daran kann es nicht liegen!"

Trotzdem ließ ich die Flüssigkeit weiterrinnen, es war jetzt sowieso schon egal, und als der letzte Tropfen durch den Schlauch versickert war, lebte das Kalb noch immer! Daher spritzte ich ihm jetzt den ausgiebigen Vitamin-Coctail in die Oberarmmuskulatur!

„Rufen Sie mich morgen in der Früh an! Wenn es bis dahin überlebt hat, haben wir eine Chance!"

Die Pöltl versprach es hoch und heilig!

Die Vögel zwitscherten auf der Birke vor dem Schafzimmerfenster ihr erstes Morgenlied in die graue Dämmerung, als das Telefon läutete! Die Pöltl-Bäuerin! Der Begriff „Früh" verhielt sich halt sehr dehnbar!

„Ein Wunder, Herr Doktor, ein Wunder! Noch gestern am Abend ist das Kalb aufgestanden und hat sogar seine Milch getrunken! Heute geht es schon in der Box herum, macht aber noch einen müden Eindruck!"

„Na ja, immerhin ist es am Vortag, wenn man die ununterbrochenen Beinbewegungen in Rechnung stellt, einen ganzen Marathon gelaufen! Ich schau' auf jeden Fall nochmals vorbei!" Eine überglückliche Bäuerin und ein ruhig daliegendes Kalb erwarteten mich auf dem Hof!

Das heißt, das Kalb hatte mich weniger erwartet, denn, als ich ihm zur Sicherheit eine weitere Injektion mit B-Komplex gab, sprang es erschreckt auf und wollte weglaufen!

„Am besten, ich lasse Ihnen noch ein paar Vitamintabletten da, die Sie im Abstand von einigen Tagen in der Milch auflösen, bis das Tier zu wiederkäuen beginnt!", teilte ich der Pöltl mit, die mich hinaus zum Auto begleitete! Bevor ich jedoch die Tabletten hervorkramte, steckte ich mir zuerst voll Zufriedenheit eine Pfeife an! Maigret hat schließlich auch während seiner Arbeit geraucht!

„Tierarzt muss eigentlich ein schöner Beruf sein", bemerkte die Pöltl ehrfurchtsvoll, „einem derart kranken Tier mit einer einzigen Behandlung zu helfen, alle Achtung!"

Da hatte sie Recht! Wenn alles so gut abläuft wie in diesem Fall, war es sogar der schönste Beruf der Welt! Ich drehte den Zündschlüssel und sah beim Wegfahren im Rückspiegel, wie mir die Bäuerin noch nachwinkte!

Interessehalber rief ich nach dem Heimkommen am Abend beim Forner an, um mich zu erkundigen, wie es ihm in Klessheim ergangen war!

„Hörn S' mir auf, Herr Doktor", bellte er ins Telefon. „Zuerst hat mein Auto g'streikt! Bin ich gach mit der Bahn g'fahr'n!! Wie ich am Hauptbahnhof in Salzburg aussteig', merk ich erst, dass die Tasch'n weg! Die hat mir einer aus dem Gepäcksnetz g'stohlen! Ich bin natürlich sofort auf die Polizei und hab den Diebstahl angezeigt! Wissen Sie, was mir der Beamte dort, wie er mich gefragt hat, was in der Tasche drin war, und ich wahrheitsgemäß gesagt habe ‚zwei Stiereier', zur Antwort gegeben hat? Ich soll die Exekutive nicht verarschen! Stell'n Sie sich das vor! Stierhoden im Wert von zwanzigtausend Euro und der tut so, wie wenn es zwei Ostereier gewesen wären!"

Ich hatte größte Mühe, ernst zu bleiben! Allein die Vorstellung, dass ein Bauer mit zwei blutigen Hoden im Billa-Sackerl ÖBB zweiter Klasse reiste, war schon skurril genug! Dass ihm aber die am Schluss auch noch gestohlen wurden, setzte dem Ganzen die Krone auf!

„Sie sagen ja nix, Herr Doktor! Was sagen Sie dazu?", verlautete der Forner erbost durch das Telefon!

Ich platzte fast! Vor allem bei dem Gedanken, was der Räuber für Augen gemacht haben würde! „Also zumindest dürfte der Dieb ziemliche Schwierigkeiten haben, dafür einen Hehler zu finden!", brachte ich glucksend gerade noch heraus, dann musste ich auflegen, weil mich das Lachen nur so schüttelte!

Die Pöltl-Bäuerin hatte ganz Recht! Der Tierarztberuf konnte schön sein, anstrengend, dramatisch, traurig, gefährlich und manchmal lustig!

Jedenfalls ein Beruf wie kein zweiter!

Fast auf den Hund gekommen

Es begann schon leicht zu herbsteln! Zwar segelten noch weiße Wölkchen über den blauen Himmel, aber die Hochalmen hatten bereits ihr frisches Grün gegen ein leichtes Braun eingetauscht und auf den Telegraphenleitungen sammelten sich die Vogelschwärme Schwungvoll bremste ich vor der Haustüre vom Glatzner-Bauern!

Als ich ausstieg, watschelte vom danebenliegenden Neubau, den die Familie Glatzner junior seit zwei Jahren bewohnte, ein zottiges, semmelgelbes Vieh auf mich zu! Offenbar ein Hund, weil sein Hintergestell durch das Schweifwedeln hin und her wackelte!

„Ja, was bist denn du für einer?", rief ich überrascht!

Den Hund schien meine Aufmerksamkeit ihm gegenüber zu freuen, denn er beschleunigte seinen Schritt und das Wedeln, und als ich mich zur ihm hinhockte, begann er, meine streichelnden Hände abzulecken!

„Ah, der Herr Doktor!" Der Glatzner hatte mich durch das Küchenfenster bemerkt und war aus dem Haus gekommen.

„Wem gehört denn der Hund da?", frug ich.

„Das ist der Luis! Der gehört meinem Sohn!"

„Den hab' ich aber noch nie gesehen!", kam es undeutlich von mir, weil ich nicht aufgepasst hatte und Luis mir mit seiner Zunge großzügig über den Mund schlabberte!

„Kein Wunder! Im Sommer geht er fast nie ins Freie wegen der Hitze und im Winter wegen der Kälte! Aber jetzt taugt ihm die Jahreszeit! Komisch nur, dass er sich so an Sie ranschmeißt! Normalerweise ist er Fremden gegenüber sehr zurückhaltend! Aber Sie haben es ja mit den Hunden, wie überall erzählt wird!"

Das stimmte! Zu Hunden besaß ich eine ausgesprochene Affinität und das beruhte auf Gegenseitigkeit! Mit nahezu allen stand ich auf gutem Fuß! So gesehen hätte ich den idealen Briefträger abgegeben!

„Wieso haben Sie eigentlich keinen Hund?"

Ich schaute überrascht auf! Die Frage hatte ich mir innerlich schon selbst oft gestellt! Aber leider wusste ich die Antwort! Karin war berufstätig und bei meinem unvorhersehbaren und zeitintensiven Terminplan war es undenkbar, sich regelmäßig einem Haustier, ausgenommen vielleicht einem Goldfisch, zu widmen! Ich wusste zwar, dass nicht wenige Tierärzte, besonders die weiblichen, ihre Hunde mit auf Visiten nahmen, aber das Tier den ganzen Tag bei Hitze im Auto herumzuschleppen, schien mir nicht gerade erstrebenswert! Außerdem hatte mir ein Kollege erzählt, dass er das bald wieder aufgegeben hatte! Einmal hatte er seinen Münsterländer, nachdem er mit dem Hofhund in den Clinch geraten war, wieder zusammenflicken können, ein anderes Mal musste er zwei Hühner, die sein Arco zur Strecke gebracht hatte, der darob fürchterlich schimpfenden Bäuerin bezahlen und zwei Mal war er überhaupt ohne Hund heimgekehrt, weil der Rüde in der Nachbarschaft eine läufige Hündin ins Nasenradar bekommen und sich unauffindbar in amouröse Abenteuer gestürzt hatte!

Dazu kam, dass mein Wagen, wie erwähnt, seit Geraumen nur mehr ein Einsitzer war, sodass für einen Hund kein Platz mehr war! Höchstens für einen Chihuahua im Aschenbecher!

Ich tätschelte Luis den Kopf und erhob mich: „Komm Alter, jetzt muss ich arbeiten! Beschnuppere derweilen meine Autoreifen, die Kronenzeitung von euch Bauernhunden mit eigenen Beiträgen in Form gehobener Hinterbeine!!"

Ich folgte dem Glatzner in den Stall, wo er mir ein vier Wochen altes Kalb zeigte! Es verweigerte seit einigen Tagen die Tränke.

„Die Tierärztin vom Wochenenddienst hatte gemeint, es könnte Weißfleischigkeit sein, und hat ihm Selen und Vitamin E gespritzt! Es hat aber nichts genützt!"

Ich schaute mir das Kalb an. Fieber hatte es keines und machte einen relativ frischen Eindruck! Nur den Mund wollte es justament nicht aufmachen!

Ich holte die Taschenlampe aus dem Auto, bat den Glatzner, die Kiefer gewaltsam zu spreizen, und leuchtete die Mundhöhle ab! Ich wollte schon aufgeben, da bemerkte ich einen glänzenden Punkt zwischen Zahnfleisch und Wange. Als ich mit der Pinzette sanft darauf klopfte, gab es einen metallischen Klang und das Kalb zuckte zusammen!

„Da steckt was!"

Ich legte das Tier in eine leichte Narkose und versuchte den Fremdkörper mit der Pinzette zu fassen! Leider vergeblich! Er saß fest und das Instrument glitt immer wieder ab! Erst als ich den Glatzner um eine Kombizange geschickt hatte, kriegte ich das Ding zu fassen und zog es heraus: ein fünf Zentimeter langes, spitzes Drahtstück, dass sich durch den Unterkiefer gebohrt hatte!

„Sowas", staunte der Bauer, „an das hätte ich nie gedacht!"

Ich grinste zufrieden: „Na, wenigstens sind Ihre Kälber auf Draht! Und Ihr Tierarzt!"

Zu Mittag kehrte ich ins traute Heim zurück und traf, vollkommen unerwartet, Karin an, die am Herd hantierte: „Nanu? Solltest du nicht in einer halben Stunde in der Schule sein?"

„Der Nachmittagsunterricht ist ausgefallen! Chorprobe!"

Karins BORG legte den Schwerpunkt auf Musik, weswegen der übliche Stundenplan bisweilen außer Tritt geraten konnte!

„Prima! Was gibt es denn?"

„Filets mit Curryreis und Mandeln!"

„Fein!" Manchmal wurde behauptet, ich sei heikel! Aber das ist unwahr, ich esse alles, was mir schmeckt!

Zufrieden mit mir und der Welt räkelte ich mich hinterher in den Lehnstuhl, um ein Pfeifchen zum Mokka zu genießen!

Da sprang der Hörer vom Haustelefon nahezu aus der Gabel! Kreuzschlag beim Pfaffenbichler!

Der Pfaffenbichler veranstaltete als zweites Standbein Pferdekutschenfahrten für Kurgäste auf die Alm! Aber jetzt wäre die „Lara", eine Norikerstute, bei der ersten Kurve stockstarr stehen geblieben und rührte sich nicht mehr vom Fleck!

Ich hechtete geradezu in den Wagen und ratterte den Schotterweg hinauf, dass im Fond sämtliche Medikamentenflaschen und Instrumente schepperten!

Die Fahrgäste standen aufgeregt diskutierend um die Kutsche herum, der Pfaffenbichler hatte das Pferd bereits ausgespannt und abseits geführt!

Die Stute schwitzte am gesamten Körper und ihre Rückenmuskulatur war bretthart! Eindeutig Lumbago! Ich zog die mächtige Aderlassnadel aus dem Notfallkoffer und rammte sie in Laras Halsvene! Sobald das dunkle Blut mit dickem Strahl ins Gras plätscherte, wurde der erste weibliche Kurgast ohnmächtig! Doch um den konnte ich mich im Moment nicht kümmern! „Kaltes Wasser oder Schnaps!", rief ich der Urlaubergruppe wenigstens zu!

„Schnaps hat die heute schon genug getrunken", schrie einer der Urlauber im oberösterreichischen Akzent zurück! Typische Kur-Patientin also!

„Dann haut ihr ein paar Watschen runter!" Ich weiß, dieses Mittel entstammte nicht gerade dem Betriebshandbuch für Notärzte, aber meiner Erfahrung nach wirkte es!

Und richtig! Als ich den Aderlass nach vier Litern beendete, saß die Betreffende schon wieder aufrecht am Wegrand! Ich gab der Lara auf der anderen Halsseite noch eine Infusion und sagte zum Pfaffenbichler: Heute lassen Sie das Pferd an Ort und Stelle, ja nicht heimtreiben! Morgen bringen

Sie es behutsam in den Stall, wo ich es mir nochmals anschauen werde!"

„Aber was soll ich jetzt tun?", stöhnte der Bauer und zeigte auf die Kurgäste, „die haben gebucht!"

„Gibt es kein Ersatzpferd?"

„Schon, die Bianca! Aber die ist noch jung und geht nicht sicher im Geschirr!"

„Dann brechen Sie den Ausflug halt ab! Tiere sind nun einmal keine Maschinen und selbst ein Traktor kann streiken!"

Während ich meine Sachen zusammenpackte, hörte ich zu, wie der Pfaffenbichler seinen Fahrgästen die besonderen Umstände erklärte und dass sie selbstverständlich den Fahrtpreis rückerstattet bekämen. Plötzlich wurde der Dame mit dem Ohnmachtsanfall schlecht und sie spieh in das Farnkraut! Jetzt waren alle schlagartig damit einverstanden, die Tour abzubrechen, weil es klar war, dass bei dem Gerumpel und Geschaukel eines Almweges die Schnapsdrossel unweigerlich noch einmal in die Kutsche gereihert hätte.

Lara ging es am nächsten Tag schon besser, ein wenig steif vielleicht und der Urin war noch dunkel! Das bewirkte der aus den geschädigten Rückenpartien ausgetretene Muskelfarbstoff, das Myoglobin! Darum wurde in alten Lehrbüchern der Kreuzschlag auch als „schwarze Harnwinde" bezeichnet!

Ich wiederholte die Injektion! „Eine Zeitlang braucht sie noch Schonung, bevor sie mit langsamer Bewegung wieder anfangen kann!"

Der Bauer machte ein betretenes Gesicht: „Dann kann ich so lange nicht Kutschenfahren! Die Junge, die Bianca, geht noch nicht sicher im Geschirr und auf die Alm hinauf und vor allem herunter ist mir das zu gefährlich! Tja, da kann man nichts machen!" Er holte die Schnupftabakdose aus der Joppe und schlug sich eine beachtliche Dosis auf den Handrücken, die er dann geräuschvoll in die Nase zog! Anschließend hielt er sie mir hin: „Auch eine Prise?"

„Gern!" Ich war Schnupftabak gewohnt, seit in den Wirtshäusern Rauchverbot herrschte!

Weil auf eine Zigarettenlänge kann man ins Freie gehen, für die Dauer einer Pfeife jedoch nicht. Andernfalls brauchte man sich erst gar nicht mit Freunden zu einer geselligen Runde verabreden!

Plötzlich fiel mir etwas auf: „Wo ist denn die Bella?" Üblicherweise war es die Appenzeller-Hündin, die mein Kommen mit freudigem Gebell meldete und mich als erste in Empfang nahm!

Jetzt lächelte der Pfaffenbichler: „Oh, die ist momentan schwer beschäftigt, weil sie Junge hat! Acht Stück! Wollen Sie sie sehen?"

„Aber sicher!“

Wir wechselten vom Pferde- in den Kuhstall! Da sich die Kühe untertags noch auf der Herbstweide befanden, herrschte Stille im Raum, nur aus einer Ecke war mehrstimmiges Maunzen zu hören!

In einer geräumigen Kiste lag Bella und morste ihre Begrüßung freundlich mit dem Schwanz gegen die Kistenwand!

„Du hast aber eine hübsche Bande“, lobte ich sie! Dabei hing die „hübsche Bande“ wie Zecken an ihren Zitzen und besaß im Augenblick noch eher Ähnlichkeit mit überdimensionierten Maulwürfen!

„Das ist was für unseren Herrn Doktor, was?“ Die Pfaffenbichlerin war herzugetreten: „Lieb sind's! Und alle schon vergeben! Bis auf eines! Ein Weiberl!“ Sie bückte sich, hob einen Welpen hoch und drückte ihn mir in den Arm! „Na, wär die nix für Sie?“

Das hätte sie besser nicht gesagt, weil in dem Moment ritt mich der Beelzebub! Zum Teufel noch einmal, täglich begegnete ich Hunderten Leuten, die mit ihrem Hund auf der Straße spazieren gingen, zu mir in die Ordination kamen sie und ausgerechnet ich, der Hundenarr, hatte es seit meiner Studentenzeit zu keinem mehr gebracht! Dabei war ich von klein auf mit Hunden aufgewachsen!

Ich spürte die weiche Fellkugel in meiner Hand und sah eine kleine rosa Zunge, die sich auf der Suche nach der verlorenen Milchquelle aus dem Mund schob! Schnell legte ich die Welpin wieder an Bellas Gesäuge und sagte zur Pfaffenbichlerin: „Es heißt immer, der Geist ist stark, aber das Fleisch ist schwach! In diesem Fall ist bei mir wahrscheinlich auch der Geist schwach! Ich nehme den Rawuzzl!“

„Das freut mich! Ein paar Wochen werden sie aber noch warten müssen!“

„Klar doch!“ Wenigstens eine Galgenfrist, um Karin beizubringen, dass wir uns einen Hund zulegen würden!

Die Tage vergingen, ohne dass sich eine günstige Gelegenheit zur Beichte eingestellt hätte!

Bis ich eines Abends von einer herausfordernden Schwergeburt, die letztendlich gut ausgegangen war, heimkam und Karin bei einem Glas Rotwein auf der Terrasse sitzend vorfand! Verdammt noch mal, schoss mir in den Sinn, während ich mir das Stallgewand vom Leibe schälte, ich bin ein gestandener Tierarzt und tue so, als ob ich Angst vor meiner Frau hätte! Das sah ja so aus, als würde Karin keine Hunde mögen, dabei war das Gegenteil der Fall! Nach dem Tod meines Vaters hatte sie sich, ohne dass ich es wusste, liebevoll um meinen alten Spaniel gekümmert, während ich auf der Uni war!

Ich schnappte mir auch ein Glas und setzte mich zu Karin, bereit, den Stier bei den Hörnern zu packen: „Sag, was würdest du sagen, wenn ich dir sage, dass wir einen Hund kriegen?"

Karin sah mich lächelnd an: „Ich würde sagen, das ist nicht dein erstes Glas Wein!"

„Nein, im Ernst! Wir kriegen einen Hund! Vom Pfaffenbichler!", setzte ich hinzu, als ob das von Bedeutung wäre!

Jetzt machte Karin doch große Augen: „Du meinst das im Ernst! Du spinnst!"

„Wieso?", antwortete ich eingeschnappt!

Sie nahm meine Hand in ihre: „Schau, glaubst du, ich weiß nicht, wie gerne du einen Hund hättest? Aber denk' doch vernünftig! Wenn ich um acht in die Schule muss und du seit sechs Uhr bei einer Geburt bist, wer soll dann den Hund ‚Gassi' führen? Eine Windel bis Mittag ist schwerlich eine Lösung! Und bedenke die Urlaubszeit! Wer soll den Hund in Pflege nehmen, wenn wir verreisen! Dann müsste er in eine Hundepension, wo der arme Kerl nicht weiß, dass das ja nur vorrübergehend wäre, und furchtbare Ängste um das gewohnte Zuhause aussteht! Wir könnten natürlich nur mehr dort urlauben, wo Hunde mitkönnen! Aber das löst noch lange nicht das Problem, wie der Hund das restliche Jahr über zu seinem Auslauf kommt! Wenn du am Abend geschlaucht von den Visiten zurück bist, drehst du mit ihm dann noch regelmäßig eine Stunde lang eine Runde? Gerade du erklärst den Besitzern immer, sie wären zuallererst dem Tier, das ihnen Zutrauen und Liebe entgegenbringt, verpflichtet!"

Ich blies resigniert Luft aus! Karin hatte, wie meistens, Recht! Sie blieb einfach die Rationalere von uns, während ich das emotionale Übergewicht bildete! Auch hier waren mit mir die Pferde, besser gesagt, die Hunde durchgegangen! Dabei hätte ich sogar schon einen Namen für unseren Neuzugang gehabt: Mira!

Nun galt es, der Pfaffenbichlerin zu bekennen, dass aus dem Hundeerwerb doch nichts werden konnte!

Ich musste mir unbedingt etwas einfallen lassen, bis ich wieder auf den Hof gerufen wurde!

Dass das so schnell der Fall sein würde, damit konnte keiner rechnen! Der Anruf erreichte mich am späten Nachmittag! Sie hätten ein Kalb gefunden, erklärte der Pfaffenbichler, ungefähr zwei Tage alt, das von der Mutter, die kein Interesse daran bezeugte, einfach auf der Wiese liegen gelassen und dadurch von einem Fuchs bei lebendigem Leib angefressen worden war! Sie hätten das Tier gerade in den Stall gebracht!

Mir drehte sich bei der Vorstellung der Magen um! Was musste das hilflose Geschöpf an Angst und Qualen durchgemacht haben!

Es hob bei meiner Ankunft sogar ein wenig den Kopf und schrie jämmerlich! Im linken Oberschenkel klafften zwei große Löcher und der Schwanz war bis auf die Wurzel abgefressen!

„Hat es eine Chance?“, frug der Pfaffenbichler!

Am liebsten hätte ich das arme Wesen gleich von seinem Leiden erlöst, aber wahrheitsgemäß antwortete ich: „Ja!“

„Gut! Dann probieren wir es!“

Zuerst verpasste ich dem Kalb eine schmerzstillende und entzündungshemmende Injektion gemeinsam mit einem Antibiotikum! Da es, kein Wunder, nach zwei Tagen ohne Milch bereits einen leichten Grad der Austrocknung zeigte, ließ ich eine ausgiebige Traubenzucker-Kochsalz-Infusion folgen! Damit die Fliegen nicht auch noch ihre Eier in die tiefen Wunden legten, drückte ich dem Bauern eine Dose Blauspray in die Hand: „Da! Fliegen mögen keinen Blauspray!“

„Demnächst komme ich nachschauen“, versprach ich!

Da tauchte die Pfaffenbichlerin mit meinem babyspeckbehafteten Welpen am Arm auf: „Da schaun S', Herr Doktor, groß ist sie schon geworden!“

Die Kleine war wirklich ordentlich gewachsen und zeigte lebhaftes Interesse an meiner Person! Die machten es mir wirklich nicht leicht!

„Frau Gfrerer“, so hieß sie mit Schreibnamen, „Frau Gfrerer, äh ..., ich ... ich ...!“ Kruzidonnerwetter, ich stammelte ja wie weiland bei der Anatomieprüfung!

Die Pfaffenbichlerin setzte ein wissendes Lächeln auf: „Nein, nein, Herr Doktor, Sie brauchen für den Hund nichts zu zahlen! Wir sind froh, dass wir ihn weiterhaben!“

Peng, der nächste Schlag in die Magengrube! Jetzt stand ich auch noch als Schnorrer da!

„Frau Pfaffenbichler, ich meine, Frau Gfrerer, es geht nicht ums Zahlen ...!“

„Sondern?“

Ich schaute in die Augen der Bäuerin und die von „meinem“ Hund! Mir wurden die Knie weich!

„Ich wollte nur sagen, dass ich äh, den Hund nächste Woche abholen komme!“

„Fein! Die Bella hat eh keine Freude mehr an ihren Jungen! Jetzt werden sie ihr schon lästig!“

Elender Feigling, beschimpfte ich mich selbst auf der Rückfahrt! Zum Glück wusste Karin nicht, dass ich am Pfaffenbichler-Hof zu tun hatte!

Ein paar Tage später sah ich nach dem Kalb! Es machte Fortschritte! Sein Appetit war gut, also konnte es keine großen Schmerzen mehr haben, die Wundheilung gestaltete sich, den Umständen entsprechend, zufriedenstellend!

Ich war überzeugt, dass es das geplagte Wesen schaffen würde!

Mein anderes Sorgenkind wartete schon schwanzwedelnd in seiner Kiste! „Mira, Mira, was mach' ich bloß mit dir“, murmelte ich und kraulte ihr gedankenverloren den Bauch!

„Herr Doktor“, vernahm ich da das Organ der Pfaffenbichlerin in meinem Rücken, „stell'n S' Ihnen vor, was gestern war! Da ist meine Nichte mit ihrer Tochter, der Alexandra, angekommen, das arme Dirndl hat schon die zweite Herzoperation hinter sich, mit sieben Jahren, gelt, und darum sind sie jetzt für ein paar Wochen bei uns, damit sich das arme Madl ein bisschen erholen kann!

Und wie die Alexandra Ihren Hund sieht, na, da war es aus! Unbedingt will sie das Viecherl haben, und wie ich ihr gesagt habe, das gehört dem Herrn Doktor, da war es aus! Geweint hat sie und ganz blass ist sie geworden, dass wir schon Angst gekriegt haben! Darum hab' ich an Sie die Bitte, ob Sie den Hund nicht gleich jetzt mitnehmen können, damit ihn die Alexandra nicht mehr sehen muss!“

Ihr Götter, ich danke euch! Natürlich war ich auch froh, elegant aus der Bredouille herauszukommen, aber wer könnte, ganz ehrlich, so brutal sein und sich mit einem herzkranken Kind um einen jungen Hund streiten?

Mit einer scharfen Kehrtwendung drehte ich mich zur Pfaffenbichlerin: „Frau Gfrerer! Dann geben Sie doch der Alexandra den Hund!“

„Ja, aber, der gehört doch schon Ihnen!“

„Hören Sie! Ich bin pumperlgesund! Und wenn ein kleines Mädchen, das sowieso vom Schicksal geschlagen ist, eine Freude an dem Hund verspürt, dann soll sie sie gefälligst haben! Vielleicht hilft ihr das auf dem Weg der Genesung!“

Die Pfaffenbichlerin hatte jetzt eine Träne in beiden Augen: „Das … das ist schön von Ihnen, Herr Doktor! Ich muss gestehen, das hätte ich mich gar nicht zu fragen getraut! Das wird der Alexandra bestimmt helfen, gesund zu werden …!“

„Na, dann holen Sie sie endlich, zum Donnerwetter“, rief ich und schlug mit der Faust, um meine eigene Rührung zu vertuschen, auf die Welpenkiste, sodass Mira erschreckt zusammenfuhr!

„Der Herr Doktor hat dir den Hund geschenkt“, erklärte die Pfaffenbichlerin, als sie Alexandra an der Hand, zusammen mit deren Mutter, in den Stall führte!

Alexandra stürzte sich sofort auf die Kiste und knuddelte den quirligen Junghund!

„Wie sagt man?“, ermahnte die Pfaffenbichlerin!

„Danke!“, sagte Alexandra und sah mich mit Augen an, die für ein schmales Kindergesicht erschreckend groß waren!

Ich hockte mich neben sie, fasste zart die magere Schulter und antwortete, für die Umstehenden etwas kryptisch: „Ich danke Dir!“

Dann setzte ich hinzu: „Hab' viel Spaß mit der ‚Mira‘ und sei immer gut zu ihr! Verstanden?“

Sie nickte ernsthaft: „Mira heißt sie?“

„Ja!“ Wenn ich schon nicht der Besitzer sein konnte, so wenigstens der Taufpate!

Hinterher servierte mir die Pfaffenbichlerin einen großen Schnaps: „Was machen wir jetzt mit Ihnen, Herr Doktor? Jetzt haben Sie noch immer keinen eigenen Hund!“

„Oh doch“, nickte ich ernsthaft, „sogar einen ziemlich großen! Prost!“

„Na geh!“ Die Pfaffenbichlerin war einigermaßen konsterniert, „was denn für einen?“

Ich feixte: „Meinen inneren Schweinehund!“

Das Salz der Erde

Immer nervöser fielen meine ständigen Blicke auf die Armbanduhr. Es war bereits Samstagabend, viertel nach sechs, und ich stand bereits seit mehr als fünfundzwanzig Minuten in der regungslosen Autoschlange. Weit vorne an der Unfallstelle zuckten die Blaulichter noch immer in ihrer hektischen Monotonie. Verdammt!

Dabei hatte ich Karin fest versprochen, spätestens um sechs zuhause zu sein, weil wir heute bei einer ihrer Kolleginnen und deren Mann zum Essen eingeladen waren. Seit einem halben Jahr hatten wir dieses geplante Zusammentreffen immer wieder verschieben müssen, einerseits aufgrund meiner Wochenenddienste, dann bekamen die Kinder Keuchhusten und der Gatte, ein Bergsportler, was denn sonst, ein neues Knie und Karin anschließend die Grippe und so verrannen die Monate, bis es heute endlich klappen sollte. Alles gesund und ich frei!

Und jetzt der Stau, weil zwei Autofahrern wieder einmal die Straße zu eng geworden war.

Endlich kamen uns auf der ebenfalls abgesperrten Gegenfahrbahn die Rettungswagen mit Blaulicht und Sirene in Richtung Krankenhaus entgegengerast. Ein gutes Zeichen, außer man lag drinnen, weil jetzt der Unfallort geräumt werden konnte.

Weitere zehn Minuten später war es dann soweit. Wir setzten uns langsam wieder in Bewegung, und als wir die Unglücksstelle im Schritttempo passierten, wurde jedem klar, warum es so lange gedauert hatte: ein Auto lag auf dem Dach und ein anderes stand auf der Wiese. Allerdings um die komplette Vorderhälfte verkürzt!

Einmal tief durchschnaufen und Karin anrufen: „Ja, ich will nur Bescheid sagen, dass ich wieder flott bin!"

„Na Gott sei Dank, ich habe schon geglaubt, wir müssen neuerlich absagen!" Karins Stimme klang leicht genervt durch den Lautsprecher.

„Keine Angst", beruhigte ich, „in ein paar Minuten bin ich da!"

Zuhause sackte ich dann erst einmal auf das Sofa, um von der Stresspalme herunterzurutschen. Für ein Pfeifchen war die Zeit zu kurz, aber ein kleiner Whisky als Entspannungshilfe konnte nicht schaden.

Karin verfolgte das Einschenken mit skeptischen Blicken: „Du weißt aber schon, dass wir bis Zell mindestens fünfzig Minuten brauchen. Und duschen und umziehen musst du dich auch noch!"

„Klar, doch", brummte ich jetzt gereizt, „dann reiten wir eben die berühmte akademische Viertelstunde später ein und die blöde Pekingente wird es auch noch erwarten können!"

Die Kollegin, wie ich von früheren Einladungen wusste, besaß, ganz im Gegensatz zu mir, einen Faibel für die chinesische Küche. Ich wettete mit mir selbst, dass es als Aperitif wieder diesen warmen Pflaumenschnaps geben würde. Der Gedanke daran verlangte direkt einen weiteren Whisky als Vorspann.

Jetzt aber wurde Karin energisch: „Nichts da! Möchtest du dich nicht endlich fertigmachen und den Anrufbeantworter einschalten?"

Es gibt wenige Momente, in denen ich dem Junggesellenleben nachtrauerte, dieser war so einer!

Aber sie hatte ja, wie meistens, Recht!

Also stemmte ich mich hoch, warf der Whiskykaraffe einen wehmütigen Blick zu und schleppte mich zum Telefon.

Mein Zeigefinger schwebte nur mehr wenige Millimeter über der Umschalttaste, als es schmerzhaft läutete.

Automatisch, ich konnte gar nichts dagegen tun, hob ich ab. Es war ein Reflex, der für jemanden, der seit sechsundzwanzig Jahren mit dem Telefon in Konkubinat lebte, nicht verwundern durfte!

Im gleichen Augenblick bereute ich es schon: „Ist dort der Doktor?", kam es aus dem Hörer.

„Der Tierarzt!", präzisierte ich, in der schwachen Hoffnung, der Anrufer wünschte vielleicht einen Anwalt oder Urologen. Allerdings, am Samstagabend um sieben Uhr, konnte man ernsthaft wirklich nur bei einem Tierarzt anrufen.

Zuerst herrschte ein paar Sekunden Stille im Apparat, dann meldete sich die Gegenseite erneut: „Ja, den Tierarzt! Den brauch' ich! Eine Kuh kann nicht ‚derkälbern'!"

Himmelfix!

„Wer spricht denn da überhaupt?", schnappte ich, da mir die männliche Stimme gänzlich unbekannt war!

„Der Steinbach-Bauer aus dem Arl-Tal!"

„Und wieso rufen Sie da bei mir an? Euer Doktor hat doch dieses Wochenende sowieso Dienst!"

„Schon, aber der hat sich das Kreuz verrissen und kann sich nicht bewegen. Darum hat er gemeint, ich soll es einmal bei Ihnen probieren!"

„Was ist denn überhaupt los?"

„Weiß nicht! Sie plagt sich schon seit Stunden! Das Wasser ist auch schon gebrochen. Und einen Riesenbauch hat sie!"

Schöne Scheiße! Hier lag eindeutig ein Notfall vor, der nicht nach einfacher Geburt klang!

Allerdings hatte mir der Kollege, ein fröhlicher Geselle, in der Vergangenheit auch schon ein paar Mal hilfsbereit aus der Patsche geholfen, wenn ich zwei dringende Sachen auf einmal erledigen hätte sollen. So gesehen war es nur meine verdammte Pflicht und Schuldigkeit, ihn jetzt nicht hängen zu lassen. Das jedoch Karin beizubringen, bedeutete auch einen Notfall!

„Also gut, ich komme!", murmelte ich resigniert!

Karin stand schon unter der Dusche!

„Ein Problem ist aufgetaucht!", schrie ich gegen das Rauschen der Brause an!

„Ein Problem? Was für ein Problem?" Sie streckte den Kopf durch die Schiebetür! Entweder das Wasser dampfte oder sie!

Als ich ihr das Problem erklärte, war ich mir sicher, es war nicht das Wasser!

„Das ist doch die reinste Pflanzerei!", rief sie aufgebracht, „warum hast du des Telefon nicht schon vorher abgedreht?"

Ja, warum wohl. Schlechtes Karma! Andererseits, der Kuh hätte es auch nichts genützt! Das sagte ich jetzt in aller Entschiedenheit: „Es befindet sich ein Tier in Not. Und die Pekingente hat es sowieso schon hinter sich!"

„Entschuldigung! Du hast natürlich Recht!" Das war meine alte Karin! „Wie egoistisch von mir! Es ist nur so frustrierend! Was machen wir jetzt?"

„Ganz einfach! Du fährst voraus und ich komme, sobald ich fertig bin, mit dem Praxiswagen nach! Den Pflaumenschnaps müsst Ihr allerdings heute allein trinken", frohlockte ich.

Karin spitzte den Mund zum feuchten Kuss: „Fahr vorsichtig!"

„Aber nicht doch! Dann komm' ich noch später!"

Den Steinbach-Bauern zu finden, gestaltete sich nach seiner Wegbeschreibung, noch dazu bei einsetzender Dunkelheit, nicht einfach. Wenn einer Steinbach hieß, nahm man an, dass er unten im Tal neben einem Wasser lag. Weit gefehlt! Der Hof lag oben am Berg, der Bach schoss daneben im steilen Gefälle hinunter zur Ache und der Güterweg dort hinauf wies mehr Gabelungen auf als ein Krake Fangarme!

Schließlich war ich doch am Ziel! Der Bauer entpuppte sich als knorriger Typ und das, wie sich gleich herausstellte, nicht nur optisch. Kein „Grüß Gott" oder „Danke" nur „Höchste Zeit, dass Sie kommen!"

„Im nächsten Leben werde ich Pilot", versprach ich, „dann kann ich fliegen!"

Irgendetwas an meinem Tonfall schien ihn zu warnen, weil er brummte: „Ich mein' ja nur …!"

„Fein", warf ich ein, „ich brauche warmes Wasser, Handtuch und einen Stuhl"

„Wollen Sie bei der Arbeit vielleicht sitzen?"

„Blödsinn! Meinen Koffer will ich draufstellen!"

„Ah so! Unser Doktor stellt seine Tasche immer auf den Boden!" Er schlurfte davon, offensichtlich war ich in seinen Augen ein überaus kapriziöser Mensch!

Schließlich kam er mit einem Sessel, der auch schon bessere Zeiten gesehen hatte – und die lagen jedenfalls lange zurück.

Der gesamte Stuhl inklusive Lehne war instabil und das eine Bein wackelte bedenklich.

„Haben Sie keinen anderen?"

„Für den Stall nicht!"

„Und wo bleibt das Wasser?"

Der Steinbach schrie Richtung Haus hinüber: „Resiiiiii! Bring endlich das Wasser!"

Ich lehnte den Stuhl mehr an die Mauer, als ich ihn stellte und balancierte vorsichtig den Geburtskoffer drauf: „Hoffentlich bricht er nicht zusammen!"

„Ah, der hält schon!"

Vielleicht hätte das malträtierte Möbel dieser Herausforderung tatsächlich getrotzt, leider kam die Resi jetzt mit dem Wasserkübel und stieß mit ihrem ausladenden Hinterteil dagegen, als sie den Eimer abstellte!

Das Sesselbein machte sanft „knacks" und mein Koffer samt Inhalt krachte auf den Boden.

„Jetzt schauen Sie sich das an!", schrie ich, „alles im Dreck!"

„Halb so schlimm! Ist ja nur Kuhmist. Ist gesund! Früher haben den sich die Leute aufgelegt!"

Das hätte ich bei ihm jetzt auch am liebsten getan! Aber da stand noch immer die kalbende Kuh und wartete auf Hilfe.

„So helfen Sie mir wenigstens, die Sachen einzusammeln", schnauzte ich, während ich Instrumente, Geburtsstricke und Nahtmaterial unter den trippelnden Beinen der nervös gewordenen Rinder hervorklaubte.

In der Zeit, in der der Steinbach zwei Pinzetten aufhob, hatte ich das restliche Zeug geborgen. Nur nach der Glasspritze und den beiden Flaschen mit

Wehenmittel und Anästhetikum brauchte ich mich nicht mehr bücken, hier genügte ein Besen vollauf.

Alles, was ich nicht unmittelbar brauchte, schichtete ich zu einem schmierigen Haufen, tränkte die Stricke und den Augenhaken mit reichlich Desinfektionsmittel und schob in banger Erwartung, den überdimensionalen Kuhbauch vor Augen, meinen nackten Arm in die vorher gesäuberte Vulva!

„Vielleicht ist es ja gar kein so großes Kalb, sondern Zwillinge!" Offenbar fand in diesem Augenblick sogar der Steinbach, ich hätte ein wenig Trost nötig.

Da machte mein Herz einen freudigen Sprung: „Also wenn das Vieh da drinnen keine Hydra mit mehreren Köpfen ist, dann sind es Drillinge!"

Es ist nicht ungewöhnlich, bei Zwillingen beide Köpfe mit einem Griff zu ertasten, aber bei seltenen Drillingen liegt normalerweise ein Kalb weiter hinten und ist erst zu spüren, wenn die anderen schon heraußen sind. Bei diesen drei Brüdern jedoch lagen alle drei Köpfe nebeneinander auf gleicher Höhe, als wären sie, wie beim Hunderennen, an der Startlinie aufgestellt. Dafür erwiesen sich die dünnen Beinchen verschlungen wie eine Portion Spaghetti! Es kostete mich einige Mühe, Kraft und mehrere Versuche, die entsprechenden Füße einem dazugehörigen Kopf zuzuordnen. Mehrmals, als ich schon glaubte, den richtigen Kandidaten an der Angel zu haben, merkte ich beim Anziehen, dass das nicht der Fall war und das eine Bein dem Nachbarn gehörte.

Aber endlich hatte ich ein komplettes Kalb beisammen, da flutschte es auch schon heraus, dann das nächste und schließlich das Letzte. Nach einem kalten Wasserguss lagen drei schwer atmende Kälber, keines über dreißig Kilo, auf dem Stallboden. Zwei Stiere und ein weibliches Tier!

Kaum war das Problem gelöst, begann das nächste. Die Kuh, von ihrer Last befreit, krümmte sich plötzlich unter heftigen Nachwehen!

„Hoffentlich kommt sie mir nicht mit dem ‚Tragsack', machte der Steinbach ein besorgtes Gesicht, „voriges Jahr hab' ich auch so eine gehabt!"

„Mit dem Tragsack kommen" ist die örtliche Bezeichnung für einen Gebärmuttervorfall!

Da ich nicht die geringste Lust verspürte, womöglich noch einmal in der Nacht anreisen zu müssen, sagte ich: „Dann geben Sie ihr halt Schnaps ein! Aber rasch!"

„Schnaps? Wozu denn?"

„Weil die Wehentätigkeit über Reflexbögen abläuft! Und bei Besoffenen lassen bekanntlich die Reflexe nach!" Das war jetzt nicht gerade die wissenschaftlichste Erklärung, aber in der Situation schien sie mir ausreichend.

„Wieviel denn?“

Ich zuckte die Schultern: „Na so eineinhalb bis zwei Liter dürfen es schon sein. Ein bisschen mit Wasser gestreckt, damit er nicht zu scharf wird!“

„Und was für einen Schnaps?“

Herrgott, war der Mensch umständlich: „Irgendeinen halt! Den billigsten!“

Der Steinbach eilte ins Haus. Da schau her, dachte ich, auf einmal konnte er laufen. Gleich darauf kam er zurück und hielt mir ein gut eingeschenktes „Buddei“, eine winzige Schnapskaraffe, hin: „Da Herr Doktor, zum Wohl!“

Sehr aufmerksam, fand ich, dass er auch an mich dachte. Ich kippte den Inhalt in mich hinein und spürte die Katastrophe, noch bevor das Gesöff den Magen erreichte. Um Himmels willen, was war denn das für ein Fusel? Den Geschmack würde ich glatte zwei Wochen nicht mehr aus dem Mund bringen:

„Und?“ Der Steinbach schaute mich mit erwartungsvollen Augen an wie ein Kind, das Lob für seine Ölkreidezeichnung, die den Familienhund darstellen sollte, in Wahrheit aber die Abbildung einer über die grüne Wiese galoppierenden fetten Ratte ähnelte, erwartete! Sehr schön, pflegte man in solchen Fällen zu sagen.

Auch meine gute Erziehung verbot es mir, dem Steinbach zur Erfindung eines neuen Raketentreibstoffes zu gratulieren, stattdessen hustete ich mit tränenden Augen: „Na, in Ordnung …!“

„Glauben Sie, er geht für die Kuh?“

Hätte ich im verätzten Mund noch Spucke gehabt, mir wäre sie glatt weg geblieben! Also, man wurde im Laufe der Jahre mit so manchem konfrontiert, aber als Vorkoster für ein Rindvieh zu fungieren, das war eine absolute Novität!

„Für die Kuh nicht, für den Tierarzt schon!“, krächzte ich, jedoch die Ironie erschloss sich dem Steinbach nicht!

„Resiiiii“, schrie er zum Haus hinüber, „der Tierarzt hat gesagt, er geht für die Kuh! Bring’ mir den Schnaps und eine Zweiliterflasche!“

Während er der sich heftig sträubenden Kuh, wofür ich ihr mein vollstes Verständnis entgegenbrachte, den Schnaps einflößte, säuberte ich in der Milchkammer mühselig den Inhalt des Geburtskoffers!

Endlich war ich fertig und ging zum Auto.

Der nach Schnaps stinkende Steinbach kam aus der Dunkelheit auf mich zu und fragte; „Was kriegen Sie, Herr Doktor?“

„Moment!" Ich tippte die Zahlen rasch in den Taschenrechner und nannte ihm dann die Summe!

Da zogen sich seine Augenbrauen missbilligend zusammen: „Hören Sie, Herr Doktor, nur weil es Drillinge waren, müssen Sie nicht gleich den dreifachen Preis verlangen! Unser Doktor macht das um die Hälfte!"

Nun wurde ich fuchtig: „Jetzt passen Sie einmal auf! Euer Doktor hat nur den Drittelweg und schauen Sie auf die Uhr, wie spät es ist!" Gütiger Himmel, halb zehn! Karin wartete in Zell auf mein Eintreffen und ich stand da auf dem Berg und stritt mit einem Geizkragen um das Honorar! „Ich verrechne stets angemessen, aber seriös! Aus Prinzip! Wenn Sie mir das nicht glauben, kann ich Ihnen auch nicht helfen!"

„Na schön!" Der Steinbach klappte seine Börse auf, was ihm sichtlich seelische Qualen bereitete! Er nahm demonstrativ nur kleine Scheine heraus und bei jeder Banknote, die er mir in die Hand drückte, fixierte er mich, ob ich nicht doch einknicken wollte!

Es war demütigend, da zu stehen, mit aufgehaltener Hand, und auf den Empfang des Geldes zu warten! Ich empfinde bei Barzahlung sowieso immer das Gefühl einer Krämerseele!

Schließlich wurde es mir zu bunt!

„Wissen Sie was? Machen wir dem traurigen Schauspiel ein Ende!" Ich stopfte ihm die bisher in Zeitlupe empfangenen Geldscheine in die Brusttasche und setzte mich ins Auto. „Im Laufe der nächsten Tage kriegen Sie einfach eine Honorarnote, die Sie mir überweisen!"

Damit ließ ich ihn stehen!

Der Steinbach rief mir aufsässig nach: „Hoffentlich wird unser Doktor bald wieder g'sund!"

„Das hoffe ich auch! Im allseitigen Interesse!", schrie ich aus den Seitenfenster zurück und drückte aufs Gaspedal, dass der Kies nur so spritzte. Vielleicht traf ja eines der Steinchen den Steinbach am Hirn! Oder dort, wo es normalerweise zu sitzen pflegt!

Bauern!
Das Salz unserer Erde!
Und Salz kann bekanntlich den Blutdruck erhöhen!

Von Hans Christ bereits erschienen:

ISBN 978-3-85365-204-6

ISBN 978-3-85365-220-6

ISBN 978-3-85365-233-6

ISBN 978-3-85365-252-7

V. F. SAMMLER